《北京大学数学教学系列丛书》编委会

名誉主编：姜伯驹

主　　编：张继平

副 主 编：李　忠

编　　委：(按姓氏笔画为序)
　　　　　　　王长平　刘张炬　陈大岳　何书元
　　　　　　　张平文　郑志明

编委会秘书：方新贵

责任编辑：刘　勇

内 容 简 介

本书是为高等院校数学各专业"复变函数"课程编写的教材. 它的先修课程是数学分析或高等数学. 全书共分八章, 内容包括: 复平面, 扩充复平面, 解析函数, 分式线性变换, Cauchy 定理, Cauchy 公式, 幂级数, 最大模原理, Schwarz 引理, Laurent 级数, 留数及其应用, 调和函数, 解析开拓, Riemann 存在定理等.

本书在选材上注重少而精, 突出了复变量与实变量之间的关系、级数和积分表示方法, 使之尽可能地满足数学各专业的需求, 并充分地反映了复变函数的核心内容; 在内容的处理上, 体现了实分析与复分析的相同与不同之处, 既注重定理的严格证明, 又充分考虑了读者学习高等数学时的不同背景; 在内容安排上, 由浅入深、循序渐进、深入浅出, 便于教学与自学; 在叙述表达上, 力求严谨精炼、清晰易读. 为拓广所学知识, 本书还增加了许多课堂之外供阅读的内容. 另外, 本书每章都配置了适量的习题, 并在书末附有部分习题的解答或提示, 供读者参考.

本书可作为数学、物理学、力学等专业和相关学科的本科生教材或教学参考书, 也可供从事数学或物理研究的科技人员参考.

作 者 简 介

谭小江 北京大学数学科学学院教授、博士生导师. 1984 年在美国韦恩州立大学获博士学位. 主要研究方向是多复分析、复几何. 已出版(与彭立中合编)教材:《数学分析》(Ⅰ,Ⅱ,Ⅲ).

伍胜健 北京大学数学科学学院教授、博士生导师. 1992 年在中国科学院数学研究所获博士学位. 主要研究方向是复分析.

北京大学数学教学系列丛书

复变函数简明教程

谭小江　伍胜健　编著

图书在版编目(CIP)数据

复变函数简明教程/谭小江,伍胜健编著. —北京:北京大学出版社,2006.2
(北京大学数学教学系列丛书)
ISBN 978-7-301-08530-1

Ⅰ.复… Ⅱ.①谭…②伍… Ⅲ.复变函数－高等学校－教材
Ⅳ.O174.5

中国版本图书馆CIP数据核字(2005)第155501号

书　　　名：复变函数简明教程
著 作 责 任 者：谭小江　伍胜健　编著
责 任 编 辑：曾琬婷
标 准 书 号：ISBN 978-7-301-08530-1/O・0635
出 版 发 行：北京大学出版社
地　　　　址：北京市海淀区成府路205号　100871
网　　　　址：http://www.pup.cn
新浪官方微博：@北京大学出版社
电 子 信 箱：zpup@pup.cn
电　　　　话：邮购部 62752015　发行部 62750672
　　　　　　　编辑部 62767347　出版部 62754962
印　刷　者：三河市北燕印装有限公司
经　销　者：新华书店
　　　　　　890mm×1240mm　A5　7.25印张　215千字
　　　　　　2006年2月第1版　2025年6月第9次印刷
定　　　　价：34.00元

未经许可,不得以任何方式复制或抄袭本书之部分或全部内容。
版权所有,侵权必究
举报电话：(010)62752024　电子信箱：fd@pup.pku.edu.cn

序　言

自1995年以来，在姜伯驹院士的主持下，北京大学数学科学学院根据国际数学发展的要求和北京大学数学教育的实际，创造性地贯彻教育部"加强基础，淡化专业，因材施教，分流培养"的办学方针，全面发挥我院学科门类齐全和师资力量雄厚的综合优势，在培养模式的转变、教学计划的修订、教学内容与方法的革新，以及教材建设等方面进行了全方位、大力度的改革，取得了显著的成效。2001年，北京大学数学科学学院的这项改革成果荣获全国教学成果特等奖，在国内外产生很大反响。

在本科教育改革方面，我们按照加强基础、淡化专业的要求，对教学各主要环节进行了调整，使数学科学学院的全体学生在数学分析、高等代数、几何学、计算机等主干基础课程上，接受学时充分、强度足够的严格训练；在对学生分流培养阶段，我们在课程内容上坚决贯彻"少而精"的原则，大力压缩后续课程中多年逐步形成的过窄、过深和过繁的教学内容，为新的培养方向、实践性教学环节，以及为培养学生的创新能力所进行的基础科研训练争取到了必要的学时和空间。这样既使学生打下宽广、坚实的基础，又充分照顾到每个人的不同特长、爱好和发展取向。与上述改革相适应，积极而慎重地进行教学计划的修订，适当压缩常微、复变、偏微、实变、微分几何、抽象代数、泛函分析等后续课程的周学时。并增加了数学模型和计算机的相关课程，使学生有更大的选课余地。

在研究生教育中，在注重专题课程的同时，我们制定了30多门研究生普选基础课程（其中数学系18门），重点拓宽学生的专业基础和加强学生对数学整体发展及最新进展的了解。

教材建设是教学成果的一个重要体现。与修订的教学计划相配合，我们进行了有组织的教材建设，计划自1999年起用8年的时间修订、编写和出版40余种教材,这就是将陆续呈现在大家面前的《北京大学数学教学系列丛书》。这套丛书凝聚了我们近十年在人才培养方面的思考,记录了我们教学实践的足迹,体现了我们教学改革的成果,反映了我们对新世纪人才培养的理念,代表了我们新时期的数学教学水平。

经过20世纪的空前发展,数学的基本理论更加深入和完善,而计算机技术的发展使得数学的应用更加直接和广泛,而且活跃于生产第一线,促进着技术和经济的发展,所有这些都正在改变着人们对数学的传统认识。同时也促使数学研究的方式发生巨大变化。作为整个科学技术基础的数学,正突破传统的范围而向人类一切知识领域渗透。作为一种文化,数学科学已成为推动人类文明进化、知识创新的重要因素,将更深刻地改变着客观现实的面貌和人们对世界的认识。数学素质已成为今天培养高层次创新人才的重要基础。数学的理论和应用的巨大发展必然引起数学教育的深刻变革。我们现在的改革还是初步的。教学改革无禁区,但要十分稳重和积极;人才培养无止境,既要遵循基本规律,更要不断创新。我们现在推出这套丛书,目的是向大家学习。让我们大家携起手来,为提高中国数学教育水平和建设世界一流数学强国而共同努力。

张 继 平

2002年5月18日

于北京大学蓝旗营

前　　言

"复变函数"是大学数学系的一门基础课，这门课程经过国内外学者多年的努力，现已经有了许多很好的教材。而本书作为北京大学数学科学学院这几年教学改革的尝试，我们是有一些自己的想法的。这里作一点简单说明，希望能对使用本书的读者有一些帮助。

1995年，在原数学系和概率统计系的基础上，北京大学成立了数学科学学院。学院包括数学系、概率统计系、科学与工程计算系、信息科学系和金融数学系。"复变函数"作为全院每个专业都必修的基础课，教学改革需要考虑的第一个问题是怎样将原来主要为基础数学的同学设计的教学内容，按照加强基础、淡化专业的原则进行调整，使之更适合各个专业对基本训练和知识结构的要求。教学改革面临的第二个问题是学期缩短，课时压缩，使实际教学时间不足40学时。因此，在李忠教授的倡仪下，我们决定另写一本教材，其中的一个想法是将以解析函数理论作为主要教学内容改为以解析函数为主线，重点介绍复分析的问题和方法。

在本书中，我们认为有以下一些特色：

(1) 强调复变量 z 和 $\bar{z}$ 的作用，利用其实现实变量 x 和 y 与复变量之间对于各种关系和公式的互换。希望读者能掌握怎样将实分析的问题用复变量表示；怎样将复分析的各种漂亮的定理用到其他方面。

(2) 突出级数和积分表示方法，将这两种方法交替出现使之成为本书的主线。我们尽可能将涉及的定理用这两种方法或者其推论给出。例如开映射定理是作为幂级数局部性质的推论给出的；单值性定理则利用了幂级数收敛圆的性质得到。我们希望读者能通过本课程较好地掌握这两种方法。

(3) 对一些特别重要的定理，如 Cauchy 定理、对称原理、单值性定理等我们的证明仅是提供概要。如果能抓住这些概要，读者不仅能抓住证明的精髓部分，而且能更加容易地记住定理。

对教学内容我们也做了一些较为灵活的安排,其中部分内容标了"＊"号。这些内容在实际教学中可讲可不讲,可以留给同学作为阅读材料。对于基础数学专业的同学,我们建议第一章少讲,第七章和第八章多讲;而对其他专业的同学,由于以后分析方面的课较少,我们建议第一章多讲,而第七章和第八章可以仅作介绍。第六章根据教学时间安排可讲可不讲。

考虑到"复变函数"不论在国内或者国外都是研究生考试的主要课程,本书配置了适量的习题,其中部分来自近年研究生的考题,有一定难度。虽然书后面给了一些提示,我们仍然希望读者能够尽量不使用这些提示。一时不会,返回去多读定理,动手证一证定理,大部分都能做出来。如果能与他人多讨论效果会更好。两位作者多年来一直从事"数学分析"和"复变函数"的教学,深感基本训练对今后学习的重要性,提倡讲定义、讲定理,提倡相互之间多讨论。我们认为这对读者是有益的。

本书初稿由谭小江教授在北京大学数学科学学院 2002 级试用过。以后做了一些修改,由刘张矩教授和范后宏教授在北京大学数学科学学院 2003 级试用过。之后作者又在文字上做了些改动。尽管如此,书中仍不免会有错误和不恰当之处,欢迎读者批评指正。

作者特别要感谢李忠教授,本书从开始的章节安排到初稿审定,李忠教授或者直接参与,或者提供了大量宝贵的建议。作者还要感谢刘张矩教授和范后宏教授,他们在使用本书第二稿时克服了许多困难,与他们的讨论使作者受益匪浅。另外,感谢北京大学出版社对此书的支持。

谭小江　伍胜健
2005 年 7 月于北京大学

目 录

第一章 复数和复函数 ……………………………………… (1)
  §1.1 复数域 …………………………………………… (1)
  §1.2 复平面的拓扑 …………………………………… (7)
  §1.3 复函数 …………………………………………… (19)
  §1.4 扩充复平面(Riemann 球面) …………………… (24)
  习题一 ………………………………………………… (29)

第二章 解析函数 …………………………………………… (32)
  §2.1 解析函数 ………………………………………… (32)
  §2.2 Cauchy-Riemann 方程 ………………………… (35)
  §2.3 导数的几何意义 ………………………………… (44)
  §2.4 幂级数 …………………………………………… (49)
  *§2.5 多值函数与反函数 ……………………………… (57)
  §2.6 分式线性变换 …………………………………… (66)
  习题二 ………………………………………………… (75)

第三章 Cauchy 定理和 Cauchy 公式 …………………… (80)
  §3.1 路径积分 ………………………………………… (80)
  §3.2 Cauchy 定理 …………………………………… (84)
  §3.3 Cauchy 公式 …………………………………… (87)
  §3.4 利用幂级数研究解析函数 ……………………… (94)
  §3.5 Cauchy 不等式 ………………………………… (100)
  *§3.6 平方可积解析函数 ……………………………… (105)
  §3.7 Schwarz 引理和非欧几何介绍 ………………… (111)
  习题三 ………………………………………………… (117)

第四章 Laurent 级数 ……………………………………… (122)
  §4.1 Laurent 级数 …………………………………… (122)
  §4.2 孤立奇点的分类 ………………………………… (128)

§4.3 亚纯函数 ⋯⋯⋯⋯⋯⋯⋯⋯⋯⋯⋯⋯⋯⋯⋯⋯⋯⋯(135)
习题四 ⋯⋯⋯⋯⋯⋯⋯⋯⋯⋯⋯⋯⋯⋯⋯⋯⋯⋯⋯⋯(140)

第五章 留数 ⋯⋯⋯⋯⋯⋯⋯⋯⋯⋯⋯⋯⋯⋯⋯⋯⋯⋯⋯⋯(143)
§5.1 留数的概念与计算 ⋯⋯⋯⋯⋯⋯⋯⋯⋯⋯⋯⋯⋯(143)
§5.2 辐角原理与 Rouché 定理 ⋯⋯⋯⋯⋯⋯⋯⋯⋯(148)
*§5.3 一些定积分的计算 ⋯⋯⋯⋯⋯⋯⋯⋯⋯⋯⋯⋯(158)
习题五 ⋯⋯⋯⋯⋯⋯⋯⋯⋯⋯⋯⋯⋯⋯⋯⋯⋯⋯⋯⋯(164)

第六章 调和函数 ⋯⋯⋯⋯⋯⋯⋯⋯⋯⋯⋯⋯⋯⋯⋯⋯⋯(167)
§6.1 调和函数的基本性质 ⋯⋯⋯⋯⋯⋯⋯⋯⋯⋯⋯(167)
§6.2 圆盘上的 Dirichlet 问题 ⋯⋯⋯⋯⋯⋯⋯⋯⋯⋯(169)
习题六 ⋯⋯⋯⋯⋯⋯⋯⋯⋯⋯⋯⋯⋯⋯⋯⋯⋯⋯⋯⋯(173)

第七章 解析开拓 ⋯⋯⋯⋯⋯⋯⋯⋯⋯⋯⋯⋯⋯⋯⋯⋯⋯(175)
§7.1 解析开拓的幂级数方法与单值性定理 ⋯⋯⋯⋯(175)
*§7.2 完全解析元素与二元多项式方程 ⋯⋯⋯⋯⋯(181)
§7.3 对称原理 ⋯⋯⋯⋯⋯⋯⋯⋯⋯⋯⋯⋯⋯⋯⋯⋯(186)
习题七 ⋯⋯⋯⋯⋯⋯⋯⋯⋯⋯⋯⋯⋯⋯⋯⋯⋯⋯⋯⋯(188)

第八章 共形映射 ⋯⋯⋯⋯⋯⋯⋯⋯⋯⋯⋯⋯⋯⋯⋯⋯⋯(191)
§8.1 共形映射的性质 ⋯⋯⋯⋯⋯⋯⋯⋯⋯⋯⋯⋯⋯(191)
§8.2 Riemann 存在定理 ⋯⋯⋯⋯⋯⋯⋯⋯⋯⋯⋯⋯(194)
§8.3 边界对应 ⋯⋯⋯⋯⋯⋯⋯⋯⋯⋯⋯⋯⋯⋯⋯⋯(200)
§8.4 共形映射的例子 ⋯⋯⋯⋯⋯⋯⋯⋯⋯⋯⋯⋯⋯(204)
习题八 ⋯⋯⋯⋯⋯⋯⋯⋯⋯⋯⋯⋯⋯⋯⋯⋯⋯⋯⋯⋯(210)

部分习题的参考解答或提示 ⋯⋯⋯⋯⋯⋯⋯⋯⋯⋯⋯⋯⋯(212)
符号说明 ⋯⋯⋯⋯⋯⋯⋯⋯⋯⋯⋯⋯⋯⋯⋯⋯⋯⋯⋯⋯⋯(216)
参考文献 ⋯⋯⋯⋯⋯⋯⋯⋯⋯⋯⋯⋯⋯⋯⋯⋯⋯⋯⋯⋯⋯(218)
名词索引 ⋯⋯⋯⋯⋯⋯⋯⋯⋯⋯⋯⋯⋯⋯⋯⋯⋯⋯⋯⋯⋯(219)

第一章 复数和复函数

顾名思义,"复变函数"是研究以复数为变量的函数.在这一章中,我们首先复习中学所学过的复数的各种表示及代数运算,讨论复平面的拓扑;然后将平面 $\mathbb{R}^2$ 上的极限理论推广到复平面,将实函数关于实变量 x 和 y 的可导性和求导关系用复变量来表示;最后我们将介绍扩充复平面.

§1.1 复 数 域

在中学数学中我们已经学过复数的表示和代数运算,本节我们将从复数的定义开始,介绍复数的一些基本性质.

二次方程 $x^2+1=0$ 在实数中无解,为此我们需要形式地引进**虚根** i,规定 i 满足 $i^2=-1$.令 $z=a+ib$,其中 a,b 都是实数.我们称 z 为**复数**,其中 a 称为复数 z 的**实部**,记为 $\mathrm{Re}z$;b 称为复数 z 的**虚部**,记为 $\mathrm{Im}z$.如果 $a=0$,则 z 也称为**虚数**.

通常我们以 $\mathbb{C}$ 记复数全体,即
$$\mathbb{C}=\{z=a+ib\mid a,b\in\mathbb{R}\}.$$
我们约定将复数 $0+i0$ 记为 0.

设 $z_1=a_1+ib_1, z_2=a_2+ib_2\in\mathbb{C}$.我们定义复数的**加法**为
$$z_1+z_2=(a_1+a_2)+i(b_1+b_2).$$
显然,$\forall\, z=a+ib\in\mathbb{C}, 0+z=z$.

而如果令 $-z=(-a)+i(-b)$,则 $z+(-z)=0$.因此我们定义复数的**减法**为
$$z_1-z_2=z_1+(-z_2).$$
我们依据乘法的分配律,定义复数的**乘法**为
$$z_1z_2=(a_1+ib_1)(a_2+ib_2)=a_1a_2+ia_1b_2+ia_2b_1+i^2(b_1b_2).$$

将 $i^2 = -1$ 代入,得
$$z_1 z_2 = (a_1 a_2 - b_1 b_2) + i(a_1 b_2 + a_2 b_1).$$

显然复数的加法和乘法运算满足交换律、结合律和分配律. 我们容易验证全体复数构成的集合 $\mathbb{C}$ 在这样定义的加法和乘法运算下构成一个域(以后称为**复数域**). 事实上我们只需要进一步说明每个非零复数在乘法运算下有唯一的逆元素即可.

引理 1 如果 $z = a + ib \neq 0$, 则存在唯一的复数 z^{-1} 使得
$$z \cdot z^{-1} = 1.$$

证明 令
$$z^{-1} = \frac{a}{a^2 + b^2} - i \frac{b}{a^2 + b^2}.$$
直接计算得 $z \cdot z^{-1} = 1$. 而如果 w 也满足 $zw = 1$, 两边同乘 z^{-1} 即得 $w = z^{-1}$. 证毕.

利用引理 1 我们可以定义复数的除法: 如果 $z_2 \neq 0$, 则定义 z_1 除以 z_2 为
$$\frac{z_1}{z_2} = z_1 \cdot z_2^{-1}.$$

我们将实数看做虚部为零的复数, 上面关于复数的运算限制在实数上就是实数相应的运算. 因此**复数域** $\mathbb{C}$ 可以看做**实数域** $\mathbb{R}$ 添加了方程 $x^2 + 1 = 0$ 的根 i 后的域扩张.

每一个复数 $z = a + ib$ 唯一地对应一个有序实数对 (a, b), 从而它唯一地对应平面 $\mathbb{R}^2$ 中的一个点. 由此我们得到 $\mathbb{C}$ 到 $\mathbb{R}^2$ 的一一对应: $\mathbb{C} \leftrightarrow \mathbb{R}^2$, 即
$$z = a + ib \leftrightarrow (a, b) \in \mathbb{R}^2.$$
这一表示是实数用数轴表示的推广, 即每个复数代表平面的一个点. 全体复数构成的平面称为**复平面**, 仍以 $\mathbb{C}$ 表示.

平面上每一个点 $P = (a, b)$ 代表一个以原点 O 为起点, P 为终点的向量 $\overrightarrow{OP}$, 因此每一个复数 $z = a + ib$ 也表示一个相应的向量 $\overrightarrow{OP}$. 我们称其为向量的复数表示, 或称为**复向量**, 仍以 z 记之. 由复数加法的定义不难看出复数的加法就是其代表的向量的加法. 但是需要特别注意的是, 与平面内的向量不同, 复数还有乘法和除法. 这些运算也有明确的

几何意义. 应当说明的是,利用这些运算,我们就有可能将微积分中在实数域上建立的许多概念和方法推广到复数域上,或者从几何上说推广到平面上. 由于平面与数轴又有许多不同之处,因此我们将建立有别于微积分的新的理论.

回到复数表示. 我们将复数 $z=a+ib$ 对应的向量 (a,b) 的长度 $r=\sqrt{a^2+b^2}$ 称为复数 z 的**模**,记为 $|z|$. 非零复向量 z 与 x 轴正向的夹角 θ 称为 z 的**辐角**,记为 $\mathrm{Arg}z$. $\mathrm{Arg}z$ 是一个有方向的角,它是正半实轴按逆时针方向或顺时针方向旋转至向量 z 所在的射线的位置时所扫过的角的角度. 沿逆时针为正,沿顺时针为负. 由于一个向量按顺时针方向或按逆时针方向旋转一圈回到原始位置后仍是同一个向量,因此 $\mathrm{Arg}z$ 并不是唯一的,它是一个多值函数,不同值之间相差 2π 的整数倍. 但如果 $z\neq 0$,则存在唯一的一个角 $\theta_0\in[0,2\pi)$,使得 θ_0 是 z 的一个辐角. θ_0 称为 z 的**主辐角**,记为 $\mathrm{arg}z$. 有时为了方便,我们也将主辐角的取值区间改为 $(-\pi,\pi]$. 显然

$$\mathrm{Arg}z = \mathrm{arg}z + 2n\pi, \quad n\in\mathbb{Z}.$$

利用模和辐角,复数 $z=a+ib$ 可表为

$$z = r(\cos\theta + \mathrm{i}\sin\theta).$$

这一表示称为复数的**三角表示**(如图 1.1),其中

$$r = \sqrt{a^2+b^2},$$

$$\theta = \begin{cases} \arctan\dfrac{b}{a}, & z \text{ 在第一象限}, \\ \arctan\dfrac{b}{a}+\pi, & z \text{ 在第二、第三象限}, \\ \arctan\dfrac{b}{a}+2\pi, & z \text{ 在第四象限}. \end{cases}$$

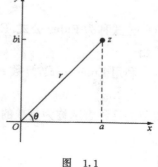

图 1.1

利用复数的三角表示,不难直接验证复数的乘法和除法有下面简单的关系.

引理 2 如果 $z_1=r_1(\cos\theta_1+\mathrm{i}\sin\theta_1), z_2=r_2(\cos\theta_2+\mathrm{i}\sin\theta_2)$,则

$$z_1 z_2 = r_1 r_2 [\cos(\theta_1+\theta_2) + \mathrm{i}\sin(\theta_1+\theta_2)],$$

$$\frac{z_1}{z_2} = \frac{r_1}{r_2}[\cos(\theta_1-\theta_2) + \mathrm{i}\sin(\theta_1-\theta_2)].$$

以上引理表明：复数相乘时,模相乘,辐角相加；复数相除时,模相除,辐角相减. 引理的证明留给读者.

另一方面,在微积分中对函数 e^x, $\sin x$ 和 $\cos x$,我们有下面的幂级数展开式：

$$e^x = 1 + \frac{x}{1!} + \frac{x^2}{2!} + \cdots + \frac{x^n}{n!} + \cdots,$$

$$\sin x = x - \frac{x^3}{3!} + \frac{x^5}{5!} + \cdots + (-1)^n \frac{x^{2n+1}}{(2n+1)!} + \cdots,$$

$$\cos x = 1 - \frac{x^2}{2!} + \frac{x^4}{4!} + \cdots + (-1)^n \frac{x^{2n}}{(2n)!} + \cdots,$$

其中 $x \in \mathbb{R}$.

如果形式地令

$$e^{ix} = 1 + \frac{ix}{1!} + \frac{(ix)^2}{2!} + \cdots + \frac{(ix)^n}{n!} + \cdots,$$

并将 $i^2 = -1$ 代入,则我们得到

$$e^{ix} = \cos x + i\sin x.$$

这一公式称为 **Euler 公式**. Euler 公式的严格定义和证明将在下一节中给出.

利用 Euler 公式,复数 $z = r(\cos\theta + i\sin\theta)$ 可表为

$$z = re^{i\theta}.$$

复数的这种表示称为复数的**指数形式**.

设

$$z_1 = r_1 e^{i\theta_1}, \quad z_2 = r_2 e^{i\theta_2},$$

则与通常指数函数的运算相同,我们有

$$z_1 z_2 = r_1 r_2 e^{i(\theta_1 + \theta_2)}, \quad \frac{z_1}{z_2} = \frac{r_1}{r_2} e^{i(\theta_1 - \theta_2)}.$$

这一关系式使得复数表示为指数形式时,乘方和开方运算更为方便.

例 1 设 $z = a + ib$,求复向量 z 按逆时针方向旋转 $\frac{\pi}{2}$ 后所得的向量.

解 因为 $\arg i = \frac{\pi}{2}$, $|i| = 1$,而

$$\mathrm{Arg} z_1 z_2 = \mathrm{Arg} z_1 + \mathrm{Arg} z_2, \quad |z_1 \cdot z_2| = |z_1| \cdot |z_2|,$$

因此 $iz = i(a+ib) = -b+ia$ 即为所求向量.

例 2 求解方程 $z^n = a$，其中 $a \in \mathbb{C}, n \in \mathbb{N}$.

解 如果 $a=0$，显然有 $z=0$. 设 $a = r_0 e^{i(\theta_0 + 2k\pi)}$，其中 $\theta_0 \in [0, 2\pi)$，$k \in \mathbb{N}, r_0 \neq 0$. 如果 $z = re^{i\theta}$，则由方程 $z^n = a$ 得
$$r^n e^{in\theta} = r_0 e^{i(\theta_0 + 2k\pi)}.$$
因此我们有
$$r = r_0^{\frac{1}{n}}, \quad \theta = \frac{\theta_0 + 2k\pi}{n}, \quad k = 0, 1, \cdots, n-1.$$
方程 $z^n = a$ 有 n 个不同的根，它们是
$$r_0^{\frac{1}{n}} e^{i\frac{\theta_0 + 2k\pi}{n}}, \quad k = 0, 1, \cdots, n-1.$$

除了加和乘的运算外，复数还有另一运算——**共轭运算**.

设 $z = a + ib$，定义：
$$\bar{z} = a - ib.$$
$\bar{z}$ 称为 z 的**共轭复数**，$\bar{z}$ 代表的点是复平面中点 z 关于实轴的对称点（如图1.2）.

关于共轭运算，我们有以下的关系式：

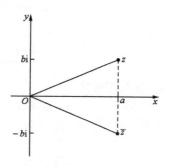

图 1.2

$$\overline{z_1 + z_2} = \bar{z}_1 + \bar{z}_2, \quad \overline{z_1 z_2} = \bar{z}_1 \bar{z}_2,$$
$$\overline{re^{i\theta}} = re^{-i\theta}, \quad \mathrm{Arg}\,\bar{z} = -\mathrm{Arg}\,z, \quad |\bar{z}| = |z|, \quad |z|^2 = z\bar{z}.$$

另外，$z \in \mathbb{C}$ 为实数等价于 $\bar{z} = z$；$z \in \mathbb{C}$ 为虚数等价于 $\bar{z} = -z$.

直接计算不难得到
$$\mathrm{Re}\,z = \frac{z + \bar{z}}{2}, \quad \mathrm{Im}\,z = \frac{z - \bar{z}}{2i}.$$

对于共轭复数，如果从变量的角度来看，x 和 y 作为平面的**实变量**，z 作为平面的**复变量**，我们有关系式
$$z = x + iy.$$
但反之 x 和 y 不能简单地用 z 的表达式给出（事实上，我们以后将证

明 x 和 y 不能用 z 的幂级数 $\sum_{n=0}^{+\infty} a_n z^n$ 表示). 而在实际应用中,我们往往需要将用实变量表示的关系式转换为用复变量来表示,或将用复变量表示的关系式转换为用实变量来表示. 为此就需要形式的利用 z 的共轭复数 $\bar{z}=x-\mathrm{i}y$ 作为新的变量. 利用 z 和 $\bar{z}$ 我们得到

$$x=\frac{z+\bar{z}}{2}, \quad y=\frac{z-\bar{z}}{2\mathrm{i}}.$$

由此凡是能用 x 和 y 表达的关系式都可以用复变量 z 和 $\bar{z}$ 来表示,反之也成立.

例 3 直线方程.

利用平面实数坐标 (x,y),直线方程可表示为

$$ax+by+c=0,$$

其中 a,b,c 都是实数且 $a^2+b^2\neq 0$. 以

$$x=\frac{z+\bar{z}}{2}, \quad y=\frac{z-\bar{z}}{2\mathrm{i}}$$

代入,直线方程化为

$$a\frac{z+\bar{z}}{2}+b\frac{z-\bar{z}}{2\mathrm{i}}+c=0,$$

即

$$\frac{a-\mathrm{i}b}{2}z+\frac{a+\mathrm{i}b}{2}\bar{z}+c=0.$$

如果令 $B=\frac{a+\mathrm{i}b}{2}$,则 B 为非零复数,直线方程用复变量可表示为

$$\bar{B}z+B\bar{z}+c=0.$$

反之任给 $B\in\mathbb{C}, c\in\mathbb{R}, B\neq 0$,则 $\bar{B}z+B\bar{z}+c=0$ 是一平面的直线方程.

注 对于任意复数 A,B,C,变量 z 和 $\bar{z}$ 的线性关系式 $A\bar{z}+Bz+C=0$ 一般并不是直线的方程,其包含了两个实方程

$$\begin{cases} \mathrm{Re}(A\bar{z}+Bz+C)=0, \\ \mathrm{Im}(A\bar{z}+Bz+C)=0. \end{cases}$$

例如 $3z+4\bar{z}+5=0$ 化为实方程是 $7x+5=0$ 和 $-y=0$,其解为 $\left(-\frac{5}{7},0\right)$,仅是平面的一个点. 但是如果方程 $Az+B\bar{z}+C=0$ 满足

$$\overline{Az+B\bar{z}+C}=Az+B\bar{z}+C,$$

其表明方程的虚部为零,这时必须 $A=\overline{B},C\in\mathbb{R}$,方程是一实方程,其表示的才是一直线.

例 4 圆方程.

以点 $B\in\mathbb{C}$ 为圆心,$R>0$ 为半径的圆可表示为方程 $|z-B|=R$ 或 $(z-B)(\bar{z}-\overline{B})=R^2$,即
$$z\bar{z}-B\bar{z}-\overline{B}z+B\overline{B}-R^2=0.$$
值得注意的是这里 $z\bar{z}$ 的系数和常数项 $B\overline{B}-R^2$ 均为实数.

反之,任给 $A,C\in\mathbb{R}(A\neq0),B\in\mathbb{C}$,二次方程
$$Az\bar{z}+B\bar{z}+\overline{B}z+C=0$$
可化为
$$\left(z+\frac{B}{A}\right)\left(\bar{z}+\frac{\overline{B}}{A}\right)=\frac{B\overline{B}}{A^2}-\frac{C}{A}.$$
当 $B\overline{B}-AC>0$ 时,它表示一个以 $-\frac{B}{A}$ 为圆心,$\sqrt{\frac{B\overline{B}-AC}{A^2}}$ 为半径的圆的方程.因此圆方程用复变量一般可表示为
$$Az\bar{z}+B\bar{z}+\overline{B}z+C=0,$$
其中 $A,C\in\mathbb{R}(A\neq0),B\in\mathbb{C},B\overline{B}-AC>0$.

结合例 3 和例 4,我们得到圆和直线的方程可统一地表示为
$$Az\bar{z}+B\bar{z}+\overline{B}z+C=0,$$
其中 $A,C\in\mathbb{R},B\in\mathbb{C}$ 且 $B\overline{B}-AC>0$.当 $A=0$ 时,其为直线方程;当 $A\neq0$ 时,其为圆的方程.

§1.2 复平面的拓扑

要将微积分理论中的概念和方法推广到以复数为变量的函数上,我们首先需要将实数域上的极限理论推广到复数域上.

设 $z,w\in\mathbb{C}$,定义 z 与 w 之间的**距离**为
$$d(z,w)=|z-w|.$$
设 $z=x_1+\mathrm{i}y_1$,$w=x_2+\mathrm{i}y_2$,显然 $d(z,w)$ 与 z 和 w 在平面 $\mathbb{R}^2$ 中代表的点 $P_1=(x_1,y_1)$ 和 $P_2=(x_2,y_2)$ 之间的距离
$$d(P_1,P_2)=\sqrt{(x_1-x_2)^2+(y_1-y_2)^2}$$

相同.因此下面我们利用 $d(z,w)$ 在复平面 $\mathbb{C}$ 上建立的极限理论与在微积分中熟知的欧氏平面 $\mathbb{R}^2$ 上的极限理论相同.这里为了大家进一步熟悉复数的性质和运算,我们将用复变量的形式表述相应的结果,部分证明留给读者.

引理 1(三角不等式) 对于任意复数 z 和 w,恒有
$$|z+w| \leqslant |z|+|w|,$$
并且其中等式成立当且仅当存在实数 $a \geqslant 0$,使得 $z=aw$.

证明 由定义我们有
$$|z+w|^2 = (z+w)(\bar{z}+\bar{w}) = z\bar{z} + z\bar{w} + \bar{z}w + w\bar{w}$$
$$= |z|^2 + 2\mathrm{Re}z\bar{w} + |w|^2$$
$$\leqslant |z|^2 + 2|zw| + |w|^2 = (|z|+|w|)^2.$$
由此得到不等式.

如果 $|z+w| \leqslant |z|+|w|$ 中等式成立,则应有 $\mathrm{Re}z\bar{w}=|z\bar{w}|$.由此得 $\mathrm{Im}z\bar{w}=0$,即 $z\bar{w}=|z\bar{w}| \geqslant 0$.因此
$$\mathrm{Arg}(z\bar{w}) = \mathrm{Arg}z - \mathrm{Arg}w = \mathrm{Arg}|z\bar{w}| = 2n\pi.$$
这说明 $\mathrm{Arg}z = \mathrm{Arg}w + 2n\pi$,复向量 z 与 w 同向.所以存在实数 $a \geqslant 0$,使得 $z=aw$. 证毕.

引理 1 的几何意义是明显的:三角形两边之和大于第三边(见图 1.3).

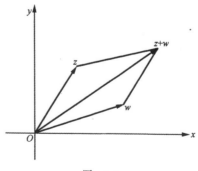

图 1.3

引理 1 有下面两个常用的推论.

推论 1 对于任意复数 z 和 w,恒有 $||z|-|w|| \leqslant |z-w|$.

证明 利用三角不等式,得
$$|z| = |z-w+w| \leqslant |z-w| + |w|.$$
同理
$$|w| = |w-z+z| \leqslant |w-z| + |z|.$$
因此
$$\pm(|z| - |w|) \leqslant |z-w|.$$
证毕.

推论 2 对于任意复数 z_1, z_2, z_3,恒有
$$|z_1 - z_2| \leqslant |z_1 - z_3| + |z_3 - z_2|.$$

证明 $|z_1-z_2| = |z_1-z_3+z_3-z_2| \leqslant |z_1-z_3| + |z_3-z_2|$. 证毕.

推论 2 是三角不等式的另一种形式.

有了距离 $d(z,w)$,我们可以在 $\mathbb{C}$ 中定义极限.

定义 1 设 $\{z_n\}$ 为一个复数序列. 如果存在 $z_0 \in \mathbb{C}$, 使得 $\forall \varepsilon > 0$, $\exists N$, 只要 $n > N$, 就有 $|z_n - z_0| < \varepsilon$, 则称 $\{z_n\}$ **收敛**于 z_0, 记为
$$\lim_{n \to +\infty} z_n = z_0.$$

同时称序列 $\{z_n\}$ 为 $\mathbb{C}$ 中的**收敛序列**, z_0 为序列 $\{z_n\}$ 的**极限**.

在上面定义中,设 $z_n = x_n + \mathrm{i}y_n, z_0 = x_0 + \mathrm{i}y_0$,由复数的模的定义,不难得到以下不等式:
$$\max\{|x_n - x_0|, |y_n - y_0|\} \leqslant |z_n - z_0|$$
$$\leqslant |x_n - x_0| + |y_n - y_0|.$$

因此我们推知:如果 $|z_n - z_0| \to 0$, 则有 $|x_n - x_0| \to 0$ 和 $|y_n - y_0| \to 0$; 反之,如果 $|x_n - x_0| \to 0$ 和 $|y_n - y_0| \to 0$, 则 $|z_n - z_0| \to 0$. 由此我们得到下面的引理.

引理 2 序列 $\{z_n\}$ 收敛于 z_0 的充分必要条件是
$$\lim_{n \to +\infty} \mathrm{Re} z_n = \mathrm{Re} z_0 \quad \text{和} \quad \lim_{n \to +\infty} \mathrm{Im} z_n = \mathrm{Im} z_0.$$

复数的序列极限与实数的序列极限有很多类似的性质. 例如同样有:

(1) 如果 $\{z_n\}$ 收敛,则其极限是唯一的;

(2) 如果 $\lim\limits_{n \to +\infty} z_n = z_0, \lim\limits_{n \to +\infty} w_n = w_0$, 则
$$\lim_{n \to +\infty}(z_n + w_n) = z_0 + w_0, \quad \lim_{n \to +\infty}(z_n w_n) = z_0 w_0.$$

当然由于复数是无序的(即复数之间没有大小关系),因而实数极限理论中的保序性(保号性)和夹逼定理等不能推广到复数极限.读者可以自己叙述复数极限的其他一些性质,我们这里就不再一一说明了.

实数域的**完备性**是实数极限理论的基础,微积分的主要定理都是建立在实数域完备性的基础上的.实数域的完备性可以用 **Cauchy 准则**来表述:

实数序列 $\{x_n\}$ 称为是一个 **Cauchy 序列**,如果 $\forall \varepsilon > 0$,$\exists N$,使得只要 $n > N, m > N$,就有 $|x_n - x_m| < \varepsilon$.

Cauchy 准则(实数域完备性定理) 实数序列 $\{x_n\}$ 收敛的充分必要条件是 $\{x_n\}$ 为 Cauchy 序列.

类似的,要在复数极限的基础上对复变量推广微积分的理论,我们同样需要复数域的完备性.

定义 2 复数序列 $\{z_n\}$ 称为是一个 **Cauchy 序列**,如果 $\forall \varepsilon > 0$,$\exists N$,使得只要 $n > N, m > N$,就有 $|z_n - z_m| < \varepsilon$.

复数域的完备性是建立在实数域完备性的基础上的,对此我们有下面的定理.

定理 1(Cauchy 准则或复数域完备性定理) 复数序列 $\{z_n\}$ 在 $\mathbb{C}$ 中收敛的充分必要条件是 $\{z_n\}$ 为一 Cauchy 序列.

证明 设 $z_n = x_n + \mathrm{i} y_n$,由不等式

$$\max\{|x_n - x_m|, |y_n - y_m|\} \leqslant |z_n - z_m| \leqslant |x_n - x_m| + |y_n - y_m|,$$

我们得到复数序列 $\{z_n\}$ 为 Cauchy 序列等价于实数序列 $\{\mathrm{Re} z_n = x_n\}$ 和 $\{\mathrm{Im} z_n = y_n\}$ 为 Cauchy 序列.而由实数的 Cauchy 准则得这等价于 $\{\mathrm{Re} z_n\}$ 和 $\{\mathrm{Im} z_n\}$ 在 $\mathbb{R}$ 中收敛.利用引理 2 得这与 $\{z_n\}$ 在 $\mathbb{C}$ 中收敛等价. 证毕.

例 1 设 $z \in \mathbb{C}$. 对 $n = 1, 2, \cdots$,令 $z_n = 1 + \dfrac{z}{1!} + \dfrac{z^2}{2!} + \cdots + \dfrac{z^n}{n!}$,得一序列 $\{z_n\}$. 设 $m > n$,利用三角不等式得

$$|z_n - z_m| \leqslant \frac{|z^{n+1}|}{(n+1)!} + \cdots + \frac{|z^m|}{m!}.$$

而实数序列 $\left\{ a_n = 1 + \dfrac{|z|}{1!} + \dfrac{|z|^2}{2!} + \cdots + \dfrac{|z|^n}{n!} \right\}$ 在 $\mathbb{R}$ 中收敛于 $\mathrm{e}^{|z|}$,因而是 Cauchy 序列.于是得 $\{z_n\}$ 也是 Cauchy 序列,所以其在 $\mathbb{C}$ 中收敛.我们记其极限为 e^z,即 $\forall z \in \mathbb{C}$,定义:

§1.2 复平面的拓扑

$$e^z = 1 + \frac{z}{1!} + \frac{z^2}{2!} + \cdots + \frac{z^n}{n!}\cdots.$$

同理,利用 Cauchy 准则不难证明 $\forall z \in \mathbb{C}$,下面两个级数

$$z - \frac{z^3}{3!} + \frac{z^5}{5!} + \cdots + (-1)^n \frac{z^{2n+1}}{(2n+1)!} + \cdots,$$

$$1 - \frac{z^2}{2!} + \frac{z^4}{4!} + \cdots + (-1)^n \frac{z^{2n}}{(2n)!} + \cdots$$

都收敛. 我们将其极限分别记为 $\sin z$ 和 $\cos z$. 由此得到指数函数和三角函数对复变量的推广. 利用直接计算不难看出 $\forall z \in \mathbb{C}$,我们有下面的 **Euler 公式**:

$$e^{iz} = \cos z + i\sin z.$$

描述极限的另一方法是利用开集. 我们首先定义邻域的概念.

定义 3 设 $z_0 \in \mathbb{C}$. 对于任意 $\varepsilon > 0$,令

$$D(z_0, \varepsilon) = \{z \mid |z - z_0| < \varepsilon\},$$

称 $D(z_0, \varepsilon)$ 为 z_0 的 **ε-圆盘邻域**. 记

$$D_0(z_0, \varepsilon) = D(z_0, \varepsilon) - \{z_0\},$$

称 $D_0(z_0, \varepsilon)$ 为 z_0 的 **ε-空心圆盘邻域**.

利用邻域,序列 $\{z_n\}$ 收敛于 z_0 可表示为:序列 $\{z_n\}$ 收敛于 z_0 的充分必要条件是对于任意 $\varepsilon > 0$, $\exists N$,使得只要 $n > N$,就有 $z_n \in D(z_0, \varepsilon)$.

定义 4 集合 $S \subset \mathbb{C}$ 称为**开集**,如果 $\forall z \in S, \exists \varepsilon > 0$,使得 z 的 ε-圆盘邻域 $D(z, \varepsilon) = \{w \mid |w - z| < \varepsilon\} \subset S$.

空集 $\emptyset$ 总认为是开集.

序列 $\{z_n\}$ 收敛于 z_0 利用开集可表示为:

引理 3 序列 $\{z_n\}$ 收敛于 z_0 的充分必要条件是对于包含 z_0 的任意开集 $U, \exists N$,使得只要 $n > N$,就有 $z_n \in U$.

由开集的定义不难得到:

定理 2 (1) $\mathbb{C}$ 和空集 $\emptyset$ 是开集;
(2) 任意多个开集的并是开集;
(3) 有限多个开集的交是开集.

定义 5 开集在 $\mathbb{C}$ 中的余集称为**闭集**.

利用集合的运算关系

$$A - \bigcap_i B_i = \bigcup_i (A - B_i), \quad A - \bigcup_i B_i = \bigcap_i (A - B_i),$$

则有：

定理 3 （1）$\mathbb{C}$ 和空集 $\varnothing$ 是闭集；

（2）任意多个闭集的交是闭集；

（3）有限多个闭集的并是闭集.

描述闭集的另一方法是利用**极限点**. 为此我们给出下面的定义.

定义 6 设 $S \subset \mathbb{C}$ 是给定的集合，点 $z_0 \in \mathbb{C}$ 称为集合 S 的**极限点**，如果 $\forall \varepsilon > 0$，z_0 的 ε-空心圆盘邻域 $D_0(z_0, \varepsilon) = D(z_0, \varepsilon) - \{z_0\}$ 与 S 的交都不为空集.

由定义 6 不难得到：

引理 4 点 z_0 为集合 S 的极限点的充分必要条件是存在 $S - \{z_0\}$ 中的序列 $\{z_n\}$，使得 $\lim\limits_{n \to +\infty} z_n = z_0$.

读者应该注意的是 z_0 是 S 的极限点与 z_0 是否属于 S 无关.

利用极限点，我们可以给出闭集的等价描述.

引理 5 一个集合 $F \subset \mathbb{C}$ 为闭集的充分必要条件是 F 包含其所有的极限点.

证明 如果 F 是闭集，则 $\mathbb{C} - F$ 为开集. 因此 $\forall z_0 \in \mathbb{C} - F$，$\exists \varepsilon > 0$，使 $D(z_0, \varepsilon) \subset \mathbb{C} - F$. 于是得 $D(z_0, \varepsilon) \cap F = \varnothing$. 所以 z_0 不能是 F 的极限点，从而得 F 包含其所有极限点.

反之，设 F 包含其所有极限点，则 $\forall z_0 \in \mathbb{C} - F$，$z_0$ 不是 F 的极限点，从而 $\exists \varepsilon > 0$，使得 $D(z_0, \varepsilon) \cap F = \varnothing$. 所以 $D(z_0, \varepsilon) \subset \mathbb{C} - F$，即 $\mathbb{C} - F$ 为开集. 由定义得 F 是闭集. 证毕.

有了上面关于开集和闭集的定义和性质，$\mathbb{C}$ 中其他集合则可借助开集和闭集来进行讨论. 设 $S \subset \mathbb{C}$ 为任意集合，我们考虑所有包含在 S 中的开集的并，记为 S^0. 显然 S^0 是包含在 S 中的唯一的最大开集，称为 S 的**内点集**. S^0 中的点称为 S 的**内点**. 我们令 $\bar{S}$ 为所有包含 S 的闭集的交，则 $\bar{S}$ 仍是闭集，其是包含 S 的最小闭集. 我们称 $\bar{S}$ 为集合 S 的**闭包**.

由定义得

$$S^0 \subseteq S \subseteq \bar{S}.$$

令 $\partial S = \bar{S} - S^0$. ∂S 称为集合 S 的**边界**，而 ∂S 中的点称为 S 的**边界点**. 由定义容易看出：$z_0 \in \mathbb{C}$ 是 S 的边界点的充分必要条件是 $\forall \varepsilon > 0$，圆

盘 $D(z_0,\varepsilon)$ 与 S 的交以及 $D(z_0,\varepsilon)$ 与 $\mathbb{C}-S$ 的交都不为空集. ∂S 中的点分为两类,一类是不在 S^0 中的 S 的极限点,其余的称为 S 的**孤立点**. 不难看出: $z\in S$ 是 S 的孤立点的充分必要条件是存在 $\varepsilon>0$,使得
$$D(z,\varepsilon)\bigcap S=\{z\}.$$

例 2 令 $S=\{z\mid 0\leqslant \mathrm{Re}z<1, 0<\mathrm{Im}z\leqslant 1\}$,则
$S^0=\{z\mid 0<\mathrm{Re}z<1, 0<\mathrm{Im}z<1\}$,
$\overline{S}=\{z\mid 0\leqslant \mathrm{Re}z\leqslant 1, 0\leqslant \mathrm{Im}z\leqslant 1\}$,
$\partial S=\{z\mid \mathrm{Re}z=0 \text{ 或 } \mathrm{Re}z=1, \text{而 } 0\leqslant \mathrm{Im}z\leqslant 1\}$
$\bigcup\{z\mid 0\leqslant \mathrm{Re}z\leqslant 1, \text{而 } \mathrm{Im}z=0 \text{ 或 } \mathrm{Im}z=1\}.$

对于 $S,\partial S$ 中有部分点在 S 内,有部分点不在 S 内.

设 S_1,S_2 是 $\mathbb{C}$ 中两个非空集合,令
$$\mathrm{dist}(S_1,S_2)=\mathrm{Inf}\{|z_1-z_2|\,\big|\,z_1\in S_1, z_2\in S_2\}.$$
$\mathrm{dist}(S_1,S_2)$ 称为集合 S_1 与 S_2 的距离.

设 $F\subset\mathbb{C}$ 为任意不空的集合,我们定义 F 的**直径** $\mathrm{diam}F$ 为
$$\mathrm{diam}F=\sup\{|z-w|\,\big|\,z,w\in F\}.$$
例如当 S 是上例中所给的集合时, $\mathrm{diam}S=\sqrt{2}$.

下面的定理是实数轴上的**闭区间套定理**在复平面上的推广.

定理 4 设 $\{F_n\}$ 是 $\mathbb{C}$ 中一列非空闭集. 若对于 $n=1,2,\cdots$,满足 $F_{n+1}\subset F_n$,并且 $\mathrm{diam}F_n\to 0$,则存在唯一的一个点 $z_0\in\mathbb{C}$,使得
$$\{z_0\}=\bigcap_{n=1}^{+\infty}F_n.$$

证明 对任意 n,由于 F_n 非空,可取 $z_n\in F_n$. 由此得一序列 $\{z_n\}$. 而由 $\mathrm{diam}F_n\to 0$,易于验证 $\{z_n\}$ 是一个 Cauchy 序列,因而 $\{z_n\}$ 是一个收敛序列. 设 $\lim\limits_{n\to+\infty}z_n=z_0$. 现证对任意的 $m=1,2,\cdots$,有 $z_0\in F_m$. 倘若结论不真,则存在 m_0 使得 $z_0\notin F_{m_0}$. 由于当 $n\geqslant m_0$ 时 $z_n\in F_n\subset F_{m_0}$,我们推知 z_0 是 F_{m_0} 的一个极限点. 注意到 F_{m_0} 是闭集,从而有 $z_0\in F_{m_0}$. 此矛盾便证明了我们的断言. 由此我们推知 $z_0\in\bigcap\limits_{n=1}^{+\infty}F_n$. 再由 $\mathrm{diam}F_n\to 0$,容易推出定理中 z_0 的唯一性. 证毕.

定理 4 的一个重要推论是有界闭集的**紧性**,为此我们需要下面的定义.

定义 7 设 $F\subset\mathbb{C}$ 是一给定的集合，F 的一个**开覆盖**是一簇开集 $\{U_\alpha\}_{\alpha\in A}$，使得 $F\subset\bigcup_{\alpha\in A}U_\alpha$，其中 A 是一个指标集．

定义 8 我们称集合 $F\subset\mathbb{C}$ 为**紧集**，如果对 F 的任意一个开覆盖 $\{U_\alpha\}_{\alpha\in A}$，都存在 $\{U_\alpha\}_{\alpha\in A}$ 中有限个元素 $U_{\alpha_1},U_{\alpha_2},\cdots,U_{\alpha_k}$，使得集合 $\{U_{\alpha_1},U_{\alpha_2},\cdots,U_{\alpha_k}\}$ 也构成 F 的开覆盖．

定理 5（开覆盖定理） $\mathbb{C}$ 中任意有界闭集都是紧集．

证明 设 $F\subset\mathbb{C}$ 是有界闭集，$\{U_\alpha\}_{\alpha\in A}$ 是 F 的一个开覆盖．用反证法．设不能从 $\{U_\alpha\}_{\alpha\in A}$ 中找到有限个元素使之也构成 F 的开覆盖．由 F 有界，因而可假设 F 包含在一个闭矩形

$$D=[a,b]\times[c,d]=\{z\,|\,a\leqslant\mathrm{Re}\,z\leqslant b,c\leqslant\mathrm{Im}\,z\leqslant d\}$$

中．连接矩形 $[a,b]\times[c,d]$ 边界对边的中点将其等分为四个闭矩形，其中必有一个与 F 的交不能被 $\{U_\alpha\}_{\alpha\in A}$ 中有限个元素覆盖，记其为 D_1．再将 D_1 四等分，依次类推，我们得一列闭矩形 $\{D_n\}_{n=1,2,\cdots}$，使得对每一个 n，$D_n\cap F$ 都不能被 $\{U_\alpha\}_{\alpha\in A}$ 中有限个元素覆盖．由定理 4 知，存在 z_0，使得 $\{z_0\}=\bigcap_{n=1}^{+\infty}(D_n\cap F)$．特别地我们有 $z_0\in F$，因此存在 $\alpha\in A$ 使得 $z_0\in U_\alpha$．由于 U_α 是开集，而 $\lim\limits_{n\to+\infty}\mathrm{diam}(D_n\cap F)=0$，因而 n 充分大时，必有 $D_n\cap F\subset U_\alpha$．这与 $D_n\cap F$ 不能被 $\{U_\alpha\}_{\alpha\in A}$ 中有限个元素覆盖矛盾．证毕．

注 定理 5 的逆也是成立的，请读者自己给出它的证明．

定理 6（极限点原理） $\mathbb{C}$ 中任意有界无穷集合必有极限点．

证明 设 $F\subset\mathbb{C}$ 是有界无穷集，不妨设 F 包含在闭矩形 $D=[a,b]\times[c,d]$ 中．如果任意 $z\in D$ 都不是 F 的极限点，则对 z，存在 $\varepsilon_z>0$，使得 $D(z,\varepsilon_z)$ 中最多含 F 的有限个元素．这样一来我们就得到 D 的一个开覆盖 $\{D(z,\varepsilon_z)\}_{z\in D}$．由于 D 是有界闭集，因而是紧集，由定理 5 得可在 $\{D(z,\varepsilon_z)\}_{z\in D}$ 中找到有限个元素 $D_1,D_2,\cdots,D_N$，使得它们也构成 D 的覆盖．由于每个 D_j 中最多含 F 的有限个元素且 $F\subset\bigcup_{j=1}^{N}D_j$，这说明 F 是一个有限集．这与 F 是无穷集矛盾．因而 F 必有极限点．证毕．

定理 6 也可等价地表述为：

定理 6′（Weierstrass-Bolzano 定理） $\mathbb{C}$ 中任意有界序列必有收敛子列.

如果我们以 Weierstrass-Bolzano 定理为基础,则不难由其直接推出 Cauchy 准则.因此上面的定理 1,定理 4,定理 5,定理 6 和定理 6′ 都是关于复数域完备性的等价描述.同时我们不难看出以上的讨论在实数域中均有相应的结论.

下面我们讨论今后经常会遇到的平面集合的**连通性**问题.

我们先从曲线开始.复平面上一条**连续曲线** γ 是指一个映射 $\gamma:[a,b]\to\mathbb{C}, \gamma(t)=(x(t),y(t))$,其中 $x(t),y(t)$ 都是 $[a,b]$ 上的连续函数.曲线 γ 称为**光滑曲线**,如果 $x(t)$ 和 $y(t)$ 在 $[a,b]$ 上连续可导,且 $\sqrt{[x'(t)]^2+[y'(t)]^2}$ 处处不为零.γ 称为**逐段光滑**的,如果其可分解为有限段光滑曲线,即存在 $[a,b]$ 的分割 $a=x_0<x_1<\cdots<x_n=b$,使得 γ 在 $[x_{i-1},x_i](i=1,2,\cdots,n)$ 是光滑曲线.

如果 $\gamma: t\mapsto \gamma(t)=(x(t),y(t))$ 是 $\mathbb{C}$ 中的光滑曲线,其中 $t\in[a,b]$,在微积分中证明了这时 γ 是**可求长曲线**,其弧长可表示为

$$\int_a^b \sqrt{[x'(t)]^2+[y'(t)]^2}\,dt = \int_\gamma ds,$$

其中

$$ds = \sqrt{[x'(t)]^2+[y'(t)]^2}\,dt = \sqrt{(dx)^2+(dy)^2}$$

为**弧长微元**.

利用复坐标,曲线可表示为 $z(t)=x(t)+iy(t)$.我们定义

$$z'(t)=x'(t)+iy'(t),\quad dz=x'(t)dt+iy'(t)dt.$$

利用此,则

$$|dz|=\sqrt{[x'(t)]^2+[y'(t)]^2}\,dt=ds,$$

即 $|dz|$ 就是曲线 l 的弧长微元.因此 l 的弧长可表示为

$$\int_\gamma |dz|.$$

$\mathbb{C}$ 中的集合 S 称为**曲线连通**的,如果对 S 中任意两点 z_1 和 z_2,都存在连续曲线 $\gamma:[a,b]\to\mathbb{C}$,使得 $\gamma(a)=z_1, \gamma(b)=z_2$,并且 $\forall t\in[a,b], \gamma(t)\in S$.曲线连通的开集称为**区域**.

定理 7 $\mathbb{C}$ 中开集 Ω 是曲线连通的充分必要条件是 Ω 不能表示

为两个非空、不交的开集的并,即如果 $\Omega=\Omega_1\bigcup\Omega_2$, Ω_1, Ω_2 都是开集,并且 $\Omega_1\bigcap\Omega_2=\varnothing$,则必须 $\Omega_1=\varnothing$ 或 $\Omega_2=\varnothing$.

证明 设 Ω 不能表为两个互不相交、非空的开集的并. 取 $z_0\in\Omega$, 并令

$$\Omega_1 = \{z\in\Omega\,|\,\Omega \text{ 中存在连接 } z_0, z \text{ 的连续曲线}\},$$
$$\Omega_2 = \Omega - \Omega_1.$$

首先我们证明 Ω_1 是开集. 事实上,设 $z_1\in\Omega_1$,由 Ω 是开集知 $\exists \varepsilon>0$,使得 $D(z_1,\varepsilon)\subset\Omega$. 由于在 Ω 中存在连接 z_0, z_1 的连续曲线,而对任意的 $z\in D(z_1,\varepsilon)$,显然存在 $D(z_1,\varepsilon)$ 中连接 z, z_1 的连续曲线,因此得存在 Ω 中连接 z_0, z 的连续曲线,从而 $D(z_1,\varepsilon)\subset\Omega_1$. 这说明了 Ω_1 为开集.

下面我们证明 Ω_2 也是开集. 事实上,设 $z_2\in\Omega_2$,取 $\varepsilon>0$,使 $D(z_2,\varepsilon)\subset\Omega$. 如果 $D(z_2,\varepsilon)$ 中有一点 $\tilde{z}\in\Omega_1$,由定义存在 Ω 中连接 $z_0,\tilde{z}$ 的连续曲线. 在 $D(z_2,\varepsilon)$ 中我们可以将这一曲线连续地延拓到 z_2,因此有 $z_2\in\Omega_1$. 这与 z_2 的选取矛盾. 于是得 $D(z_2,\varepsilon)\subset\Omega_2$. 这证明了 Ω_2 是开集.

由假设有 $\Omega_1\neq\varnothing$, $\Omega_1\bigcap\Omega_2=\varnothing$,因此必须 $\Omega=\Omega_1$. 这就证明了 Ω 是曲线连通的.

反之,设 Ω 是曲线连通的. 倘若存在非空开集 Ω_1 和 Ω_2,使得 $\Omega=\Omega_1\bigcup\Omega_2$, $\Omega_1\bigcap\Omega_2=\varnothing$,我们希望推出矛盾. 为此我们取 $z_1\in\Omega_1$, $z_2\in\Omega_2$. 由 Ω 的曲线连通性知,存在 Ω 中连续曲线 $\gamma:[a,b]\to\Omega$,使得 $\gamma(a)=z_1$, $\gamma(b)=z_2$. 令 $a_1=a, b_1=b$. 考虑 $\gamma\left(\dfrac{a_1+b_1}{2}\right)$. 如果 $\gamma\left(\dfrac{a_1+b_1}{2}\right)\in\Omega_1$,则令 $a_2=\dfrac{a_1+b_1}{2}, b_2=b_1$;如果 $\gamma\left(\dfrac{a_1+b_1}{2}\right)\in\Omega_2$,则令 $a_2=a_1, b_2=\dfrac{a_1+b_1}{2}$. 依此类推可得一列闭区间 $[a_n,b_n]$,它们满足

$$[a_{n+1},b_{n+1}]\subset[a_n,b_n],\quad b_{n+1}-a_{n+1}=\frac{1}{2}(b_n-a_n),$$

并且 $\gamma(a_n)\in\Omega_1$, $\gamma(b_n)\in\Omega_2$. 由区间套定理知,存在 $t_0\in[a,b]$,使得

$$\lim_{n\to+\infty}a_n = \lim_{n\to+\infty}b_n = t_0.$$

假设 $\gamma(t_0)\in\Omega_1$. 由于 Ω_1 是开集,存在 $\varepsilon>0$,使 $D(\gamma(t_0),\varepsilon)\subset\Omega_1$. 因为 $\gamma(t)$ 是连续曲线,我们有

$$\lim_{n\to+\infty}\gamma(b_n) = \gamma(t_0).$$

因此存在 N,当 $n>N$ 时,有 $|\gamma(t_0)-\gamma(b_n)|<\varepsilon$. 由此推出
$$\gamma(b_n) \subset D(\gamma(t_0),\varepsilon) \subset \Omega_1.$$
这与 $\gamma(b_n)$ 的选取矛盾. 同理 $\gamma(t_0)\in\Omega_2$ 也不能成立. 此矛盾便证明了我们的假设是错误的. 定理得证.

利用定理 7,相对于曲线连通,对于一般的集合,我们有以下关于连通的定义.

定义 9 集合 $S\subseteq\mathbb{C}$ 称为**连通**的,如果不存在 $\mathbb{C}$ 中开集 O_1,O_2,使得 $S\subseteq O_1\cup O_2,O_1\cap S\neq\varnothing,O_2\cap S\neq\varnothing$,但 $(O_1\cap S)\cap(O_2\cap S)=\varnothing$.

定理 7 说明了对于开集而言,连通与曲线连通是等价的. 需要指出的是对于一般的集合,定理 7 并不一定成立:曲线连通的集合当然是连通的,但连通的集合不一定曲线连通. 下面是这方面的一个典型例子.

例 3 令
$$S = \{iy\,|\,|y|\leqslant 1\}\cup\left\{x+i\sin\frac{1}{x}\,\Big|\,0<x\leqslant 1\right\}.$$

容易看出 S 是连通的. 由于 S 中在虚轴上的点(例如 0)与不在虚轴上的点 $\left(\text{例如}\ \frac{1}{2}+i\sin 2\right)$ 不能用 S 中的连续曲线连接起来,因此它不是曲线连通的(见图 1.4).

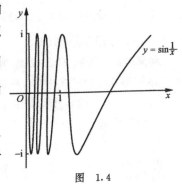

图 1.4

设 $S\subseteq\mathbb{C}$ 是一给定的集合,$z_0\in S$. 令 $L(z_0)$ 为 S 中所有包含 z_0 的连通子集合的并,即
$$L(z_0) = \bigcup U,$$
其中 U 满足 $z_0\in U$,且 $U\subset S$ 是连通,则 $L(z_0)$ 必是连通的. 事实上如果 $L(z_0)$ 不连通,则存在开集 O_1,O_2,使得 $L(z_0)\subseteq O_1\cup O_2, L(z_0)\cap O_1\neq\varnothing, L(z_0)\cap O_2\neq\varnothing$,而
$$(L(z_0)\cap O_1)\cap(L(z_0)\cap O_2)=\varnothing.$$
设 $z_0\in L(z_0)\cap O_1$,取 $z_1\in L(z_0)\cap O_2$,并设 U 是 S 中包含 z_0,z_1 的连通集,则 $U\cap O_1\neq\varnothing, U\cap O_2\neq\varnothing$,但

$$(U \cap O_1) \cap (U \cap O_2) = \varnothing,$$

这与 U 的连通性矛盾. 因此 $L(z_0)$ 是连通的, 其是 S 中包含 z_0 的最大连通子集. 由上面的证明不难看出这样的集合是唯一的. $L(z_0)$ 称为 S 中包含 z_0 的**最大连通分支**, 也简称为 S 的一个**连通分支**. 由于 S 中每一个点都唯一的包含在一个最大连通分支内, 从而 S 可分解为有限或无穷多个互不相交的最大连通分支的并.

设 $L=\gamma(t),t\in[a,b]$ 是 $\mathbb{C}$ 中一连续曲线. 如果 $\gamma(a)=\gamma(b)$, 并且 $\forall\, t_1,t_2\in[a,b],t_1<t_2$, 且 $a\neq t_1$ 或 $t_2\neq b$, 都有 $\gamma(t_1)\neq\gamma(t_2)$, 即 L 除了它的两个端点相等外, 自身无其他交点, 则称 L 为**简单闭曲线**. 简单闭曲线也称为 **Jordan 曲线**.

定义 10 区域 D 称为**单连通**的, 如果对于 D 中任意简单闭曲线 L, 都存在 D 中的有界区域 $\tilde{D}$, 使得 $L=\partial\tilde{D}$.

例如复平面, 单位圆盘和右半平面 $\{z\,|\,\mathrm{Re}z>0\}$ 都是单连通的, 而圆环 $\{z\,|\,r<|z|<R\}$ 则不是单连通的. 这里 $0\leqslant r<R<+\infty$.

以下的例子说明了单连通的区域也可以有很复杂的边界.

例 4 令 $D=(0,1)\times(0,1)-\left\{\dfrac{1}{n}+\mathrm{i}y\,\Big|\,n=2,3,\cdots;0<y<\dfrac{1}{2}\right\}$ (如图 1.5), 则 D 是单连通的.

定义 11 区域 $D\subset\mathbb{C}$ 称为**有光滑边界的区域**, 如果对 $\forall\, z_0\in\partial D$, 存在 z_0 的邻域 O 和 O 上的光滑实函数 $\rho(x,y)$, 使得

$$D\cap O=\{(x,y)\,|\,\rho(x,y)<0\}$$

且 $\left(\dfrac{\partial\rho}{\partial x},\dfrac{\partial\rho}{\partial y}\right)$ 在 $\rho(x,y)=0$ 的点上处处不为零. 区域 $D\subset\mathbb{C}$ 称为**有分段光滑边界的区域**, 如果 ∂D 上除去有限个点外都满足上面条件.

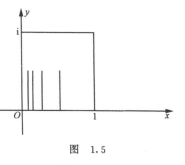

图 1.5

上面例 4 中的区域 D 是单连通的, 但其边界非常复杂, 不是由有限条光滑曲线组成的. 对于以有限条光滑曲线为边界的区域 D, 我们可以推出 $\mathbb{C}-D$ 仅有有限个连通分支 (这时称 D 是**有限连通**的.)

从上面讨论中我们看到: $\mathbb{C}$ 中的开集就是 $\mathbb{R}^2$ 中的开集; $\mathbb{C}$ 中的

极限就是 $\mathbb{R}^2$ 的极限;$\mathbb{C}$ 的完备性就是 $\mathbb{R}^2$ 的完备性;$\mathbb{C}$ 中集合的连通性与 $\mathbb{R}^2$ 中集合的连通性也是一致的.

§1.3 复 函 数

设 S 是 $\mathbb{C}$ 中一给定的集合,S 上的一**复值函数** $f(z)$ 是一映射 $f: S \to \mathbb{C}$,表示为 $w = f(z), z \in S$.

例1 $f(z) = 3z\bar{z} + 2z - 3\bar{z} - 4$ 以及 $f(z) = \bar{z}$ 均是 $\mathbb{C}$ 上的函数;$f(z) = \dfrac{1}{z}$ 和 $f(z) = \arg z$ 均是 $\mathbb{C} - \{0\}$ 上的函数.

例2 上节中我们定义了 e^z,$\sin z$ 和 $\cos z$,它们都是 $\mathbb{C}$ 上的函数.

如果令 $z = x + iy, w = u + iv$,则 S 上的复值函数 $w = f(z)$ 又可表示为 $u + iv = f(x + iy)$,其中 $u = u(x, y), v = v(x, y)$,它们是 S 上的实值函数,分别称为函数 $f(z)$ 的实部和虚部. 反之任给 S 上两个实值函数 $u = u(x, y)$ 和 $v = v(x, y)$,只要令 $z = x + iy, w = u + iv = f(z)$,则得到 S 上一个复值函数. 因此集合 S 上给一个复值函数可以看做是 S 上给定有序的两个二元实函数.

例3 利用复变量将向量函数 $(x, y) \mapsto (x^2, x + y)$ 表示为复值函数.

解 由 $x = \dfrac{z + \bar{z}}{2}, y = \dfrac{z - \bar{z}}{2i}$,上面的映射为
$$w = x^2 + i(x + y) = \left(\frac{z + \bar{z}}{2}\right)^2 + i\left(\frac{z + \bar{z}}{2} + \frac{z - \bar{z}}{2i}\right)$$
$$= \frac{z^2}{4} + \frac{z\bar{z}}{2} + \frac{\bar{z}^2}{4} + \left(\frac{1}{2} + \frac{i}{2}\right)z + \left(-\frac{1}{2} + \frac{i}{2}\right)\bar{z}.$$

下面讨论的函数如无特别说明都假定是复函数.

定义1 设 $f(z)$ 是定义在集合 S 上的函数,z_0 是 S 的极限点. 如果存在 $A \in \mathbb{C}$,使得 $\forall \varepsilon > 0, \exists \delta > 0$,只要 $z \in D_0(z_0, \delta) \cap S$,就有 $f(z) \in D(A, \varepsilon)$,则称 A 是 $z \in S$ 且 $z \to z_0$ 时函数 $f(z)$ 的**极限**,记为
$$\lim_{z \to z_0} f(z) = A.$$
并称 $z \in S$ 且 $z \to z_0$ 时,$f(z)$ **收敛**.

与序列极限类似我们有:

引理 1 设 $f(z)$ 是定义在集合 S 上的函数,z_0 是集合的极限点,则 $\lim\limits_{z\to z_0}f(z)=A$ 的充分必要条件是

$$\lim_{z\to z_0}\operatorname{Re}f(z)=\operatorname{Re}A,\quad \lim_{z\to z_0}\operatorname{Im}f(z)=\operatorname{Im}A.$$

定义 2 设 $f(z)$ 是定义在集合 S 上的函数,并设 $z_0\in S$. 如果 $\forall \varepsilon>0$,$\exists \delta>0$,使得只要 $z\in D(z_0,\delta)\cap S$,就有 $f(z)\in D(f(z_0),\varepsilon)$,则称 $f(z)$ 在 z_0 **连续**. 如果 $f(z)$ 在 S 的每一点都连续,则称 $f(z)$ 为集合 S 上的**连续函数**.

显然,如果 $z_0\in S$ 是 S 的孤立点,则 S 上的任意函数 $f(z)$ 在 z_0 都是连续的. 如果 $z_0\in S$ 是 S 的极限点,则 $f(z)$ 在 z_0 连续的充分必要条件是 $\lim\limits_{z\to z_0}f(z)=f(z_0)$.

设 $f(z)=u(x,y)+\mathrm{i}v(x,y)$. 由引理 1 不难看出 $f(z)$ 在 S 上连续的充分必要条件是实值函数 $u(x,y)$ 和 $v(x,y)$ 在 S 上都连续.

一元实值连续函数的许多性质都可推广到复值连续函数. 下面的定理是实连续函数介值定理的推广.

定理 1 如果 S 是连通集合,$f(z)$ 是 S 上的连续函数,则 f 的像集 $f(S)$ 连通.

证明 反证法. 如果 $f(S)$ 不连通,则存在开集 O_1,O_2,使得 $f(S)\subset O_1\cup O_2$,$f(S)\cap O_1\neq\varnothing$,$f(S)\cap O_2\neq\varnothing$,但

$$(f(S)\cap O_1)\cap (f(S)\cap O_2)=\varnothing.$$

由 $f(z)$ 的连续性,对 $\forall z\in S$,如果 $f(z)\in O_1$(或 O_2),则 $\exists \varepsilon(z)>0$,使得 $f(D(z,\varepsilon(z))\cap S)\subset O_1$(或 O_2). 令

$$\hat{O}_1=\bigcup_{f(z)\in O_1}D(z,\varepsilon(z)),$$

$$\hat{O}_2=\bigcup_{f(z)\in O_2}D(z,\varepsilon(z)),$$

则 $\hat{O}_1,\hat{O}_2$ 均为非空开集,且 $S\subset \hat{O}_1\cup\hat{O}_2$,$S\cap\hat{O}_1\neq\varnothing$,$S\cap\hat{O}_2\neq\varnothing$,但

$$(S\cap\hat{O}_1)\cap(S\cap\hat{O}_2)=\varnothing.$$

这与 S 的连通性矛盾. 证毕.

对于一个复函数 $f(z)=u(x,y)+\mathrm{i}v(x,y)$,由于它的模 $|f(z)|$ 可以表示为二元实函数 $\sqrt{u^2(x,y)+v^2(x,y)}$,因而与闭区间上连续函数一样,有界闭集上的复值连续函数同样有**最大(最小)模定理**和**一致连**

续定理.

定理 2 设 S 是有界闭集, $f(z)$ 是 S 上的连续函数, 则 $|f(z)|$ 在 S 上有界, 并取到 $|f(z)|$ 在 S 上的上、下确界, 即存在 $z_1 \in S, z_2 \in S$ 使得 $\forall z \in S$ 恒有
$$|f(z_1)| \leqslant |f(z)| \leqslant |f(z_2)|.$$

这一定理也可发展为: 如果 S 是紧集, $f(z)$ 在 S 上连续, 则 f 的像集 $f(S)$ 是紧集.

定理 3 设 S 是有界闭集, $f(z)$ 是 S 上的连续函数, 则 $f(z)$ 在 S 上一致连续. 即 $\forall \varepsilon > 0, \exists \delta > 0$, 使得只要 $z_1 \in S, z_2 \in S$, 且 $|z_1 - z_2| < \delta$, 就有 $|f(z_1) - f(z_2)| < \varepsilon$.

两个定理的证明与闭区间上一元实连续函数相应定理的证明基本相同, 留给读者作为练习.

从上面讨论我们看到对于连续函数的性质而言, 实函数与复函数没有本质差别. 复变函数作为一门学科, 其与实函数理论主要不同之处在于函数对复变量的可导性. 下一章我们将定义关于复变量 z 可导的函数——解析函数, 这是复变函数要讨论的主要对象. 这里我们仅就函数对于实变量 x 和 y 的可导性, 以及怎样用复变量 z 和 $\bar{z}$ 来表示这种可导性、偏导数和微分作一些说明.

定义 3 设 $f(z) = u(x,y) + iv(x,y)$ 是区域 D 上的复函数, $z_0 = x_0 + iy_0 \in D$, 称 $f(z)$ 在 z_0 对 x **可导**, 如果实函数 $u(x,y)$ 和 $v(x,y)$ 在 (x_0, y_0) 都存在关于 x 的偏导数. 我们定义
$$\frac{\partial f}{\partial x}(z_0) = \frac{\partial u}{\partial x}(x_0, y_0) + i \frac{\partial v}{\partial x}(x_0, y_0)$$
为函数 $f(z)$ **关于 x 的偏导数**.

同理, 我们定义 $f(z)$ **关于 y 的偏导数**为
$$\frac{\partial f}{\partial y}(z_0) = \frac{\partial u}{\partial y}(x_0, y_0) + i \frac{\partial v}{\partial y}(x_0, y_0).$$

我们称 $f(z) \in C^r(D)$, 如果 $u(x,y) \in C^r(D)$ 和 $v(x,y) \in C^r(D)$, 即 $u(x,y)$ 和 $v(x,y)$ 在 D 内所有小于或等于 r 阶的偏导都存在并连续; 称 $f(z) \in C^\infty(D)$, 如果 $u(x,y)$ 和 $v(x,y)$ 在 D 内任意阶连续可导.

定义 4 设 $f(z) = u(x,y) + iv(x,y) \in C^1(D)$, 定义
$$df(z) = du(x,y) + idv(x,y).$$

$\mathrm{d}f(z)$ 称为 $f(z)$ 在 D 上的**微分**.

利用定义,$\mathrm{d}f(z)$ 可表示为
$$\mathrm{d}f(z) = \frac{\partial f}{\partial x}(z)\mathrm{d}x + \frac{\partial f}{\partial y}(z)\mathrm{d}y.$$

我们希望将微分用复变量来表示.

由 $z=x+\mathrm{i}y, \bar{z}=x-\mathrm{i}y$, 得 $\mathrm{d}z=\mathrm{d}x+\mathrm{i}\mathrm{d}y, \mathrm{d}\bar{z}=\mathrm{d}x-\mathrm{i}\mathrm{d}y$, 因此
$$\mathrm{d}x = \frac{\mathrm{d}z + \mathrm{d}\bar{z}}{2}, \quad \mathrm{d}y = \frac{\mathrm{d}z - \mathrm{d}\bar{z}}{2\mathrm{i}}.$$

代入 $\mathrm{d}f(z)$ 得
$$\mathrm{d}f(z) = \frac{1}{2}\left(\frac{\partial f}{\partial x} - \mathrm{i}\frac{\partial f}{\partial y}\right)\mathrm{d}z + \frac{1}{2}\left(\frac{\partial f}{\partial x} + \mathrm{i}\frac{\partial f}{\partial y}\right)\mathrm{d}\bar{z}.$$

利用这一关系式,我们形式地定义函数关于复变量 z 和 $\bar{z}$ 的偏导数为
$$\frac{\partial}{\partial z} = \frac{1}{2}\left(\frac{\partial}{\partial x} - \mathrm{i}\frac{\partial}{\partial y}\right), \quad \frac{\partial}{\partial \bar{z}} = \frac{1}{2}\left(\frac{\partial}{\partial x} + \mathrm{i}\frac{\partial}{\partial y}\right).$$

利用这样定义的偏导数,函数 $f(z)$ 的微分 $\mathrm{d}f(z)$ 用复变量可表示为
$$\mathrm{d}f(z) = \frac{\partial f}{\partial z}\mathrm{d}z + \frac{\partial f}{\partial \bar{z}}\mathrm{d}\bar{z}.$$

其在形式上与函数的微分关于实变量的表示相同.

引理 2 $\frac{\partial}{\partial z}(\bar{z})=0; \frac{\partial}{\partial \bar{z}}(z)=0; \frac{\partial}{\partial z}(z)=1; \frac{\partial}{\partial \bar{z}}(\bar{z})=1.$

证明 我们以计算 $\frac{\partial}{\partial \bar{z}}(z)$ 为例,其余的计算请读者自己完成.
$$\begin{aligned}\frac{\partial}{\partial \bar{z}}(z) &= \frac{1}{2}\left(\frac{\partial}{\partial x} + \mathrm{i}\frac{\partial}{\partial y}\right)(x+\mathrm{i}y) \\ &= \frac{1}{2}\left(\frac{\partial x}{\partial x} + \mathrm{i}\frac{\partial y}{\partial x} + \mathrm{i}\frac{\partial x}{\partial y} - \frac{\partial y}{\partial y}\right) \\ &= \frac{1}{2}(1 + 0 + 0 - 1) = 0.\end{aligned}$$

证毕.

上面引理说明虽然与实变量 x 和 y 不同,复变量 z 和 $\bar{z}$ 并不是相互独立的变量,但是 $\frac{\partial}{\partial z}$ 和 $\frac{\partial}{\partial \bar{z}}$ 之间的求导关系和规则与 $\frac{\partial}{\partial x}$ 和 $\frac{\partial}{\partial y}$ 之间的求导关系和规则完全类似. 换句话说,在实际求偏导的过程中可以将 z 和 $\bar{z}$ 视为是相互独立的变量. 另外关于 z 和 $\bar{z}$ 的求导同样有**线性性**,有 **Leibniz 法则**等.

§1.3 复函数

例 4 设 $f(z)=z\bar{z}^2+2z+3\bar{z}-5$,求 $\dfrac{\partial f}{\partial z}$ 和 $\dfrac{\partial^2 f}{\partial z \partial \bar{z}}$.

解 $\dfrac{\partial f}{\partial z}=\bar{z}^2+2$, $\dfrac{\partial^2 f}{\partial z \partial \bar{z}}=2\bar{z}$.

由于复数还有**共轭运算**,自然的问题是求导与共轭运算有何关系. 对此由定义利用直接计算不难得到下面的关系式,证明留给读者.

引理 3 $\dfrac{\partial \bar{f}}{\partial z}=\overline{\left(\dfrac{\partial f}{\partial \bar{z}}\right)}$, $\dfrac{\partial \bar{f}}{\partial \bar{z}}=\overline{\left(\dfrac{\partial f}{\partial z}\right)}$.

*切映射

下面我们以**切空间**和**切映射**为例,对复变量 z 和 $\bar{z}$ 作进一步的说明.

设 $p=(0,0)$ 是 $\mathbb{R}^2$ 的原点,$l: t \mapsto (x(t),y(t))$ 是过 p 点的一条光滑曲线,$p=(x(0),y(0))$,则 $\alpha=(x'(0),y'(0))$ 是曲线 l 在 p 点的切向量. 将所有过 p 点的光滑曲线在 p 点的切向量全体记为 T_p,则 T_p 是一线性空间,称为 $\mathbb{R}^2$ 在 p 点的**切空间**(**切平面**).

如果 $f(x,y)=(u(x,y),v(x,y))$ 是 p 点邻域到 $q=(0,0)$ 点邻域的可微映射,$f(0,0)=(0,0)$,则对过 p 点的光滑曲线

$$l: t \mapsto (x(t),y(t)),$$

$f(l): t \mapsto f(x(t),y(t))$ 是过 q 点的光滑曲线,$\beta=\left(\dfrac{\mathrm{d}u}{\mathrm{d}t}(0),\dfrac{\mathrm{d}v}{\mathrm{d}t}(0)\right)$ 是 $f(l)$ 在 q 点的切向量. f 由此诱导了映射 $f^*: \alpha \mapsto \beta$. 如果我们考虑所有过 p 点的光滑曲线,则得线性映射 $f^*: T_p \to T_q$. 映射 f^* 称为 $f(x,y)$ 在 $p=(0,0)$ 点的**切映射**,其是映射 f 的线性项. f^* 对应的矩阵就是映射 $(x,y) \mapsto (u(x,y),v(x,y))$ 在 $p=(0,0)$ 的 Jacobi 矩阵.

如果利用复变量 z 来表示上面的映射,则 l 可表为 $z(t)=x(t)+\mathrm{i}y(t)$,切向量 $\alpha=z'(0)=x'(0)+\mathrm{i}y'(0)$. 令 $f(z)=u+\mathrm{i}v$,则切映射可表示为

$$f^*: \alpha \mapsto \beta = \dfrac{\mathrm{d}f(z(t))}{\mathrm{d}t}\bigg|_{t=0}=\dfrac{\partial f}{\partial z}z'(0)+\dfrac{\partial f}{\partial \bar{z}}\bar{z}'(0).$$

这一映射是实线性的,但当 $\dfrac{\partial f}{\partial \bar{z}} \neq 0$ 时,由于有 $\bar{z}'(0)$,因而其不是复线性的,即

$$f^*(c_1\alpha_1+c_2\alpha_2)=c_1 f^*(\alpha_1)+c_2 f^*(\alpha_2)$$

仅当 c_1, c_2 为实数时成立,对复数不成立.

如何才能使复平面的切空间和由可微映射诱导的切映射都是复线性的呢?为此我们就需要利用复变量 $\bar{z}$ 将曲线 l 表示为 $t \mapsto (z(t), \bar{z}(t))$ 的形式,并以 $(z'(t), \bar{z}'(t))$ 表示 l 的切向量. 令
$$T_p(\mathbb{C}) = \{(z'(0), \bar{z}'(0)) \mid z(t) \text{ 是过 } p \text{ 点的光滑曲线}, z(0) = p\}.$$
$T_p(\mathbb{C})$ 称为**复切空间**. 利用 $T_p(\mathbb{C})$,可微映射 f 的切映射可表示为

$$(z'(t), \bar{z}'(t)) \mapsto \left(\frac{\mathrm{d} f(z(t))}{\mathrm{d} t}, \overline{\frac{\mathrm{d} f(z(t))}{\mathrm{d} t}} \right) = (z'(t), \bar{z}'(t)) \begin{bmatrix} \frac{\partial f}{\partial z} & \frac{\partial \bar{f}}{\partial z} \\ \frac{\partial f}{\partial \bar{z}} & \frac{\partial \bar{f}}{\partial \bar{z}} \end{bmatrix}.$$

只有这样切映射才是复线性的.

§1.4 扩充复平面(Riemann 球面)

在微积分中我们知道闭区间上连续函数有许多好的性质,如取到最大(最小)值,一致连续等.这些性质对于开区间上的连续函数一般并不成立.究其原因是因为闭区间是紧的,而开区间不是紧的.上节中我们证明了 $\mathbb{C}$ 中有界闭集是紧集,但 $\mathbb{C}$ 显然不是紧的.因此一个自然的问题是能否对 $\mathbb{C}$ 进行扩充,使扩充后的空间为一紧空间.在本节中我们将讨论这个问题.

设 $\mathbb{R}^3 = \{(x, y, u)\}$ 为实的三维欧氏空间,令
$$S = \{(x, y, u) \in \mathbb{R}^3 \mid x^2 + y^2 + (u - 1/2)^2 = 1/4\}.$$
S 是 $\mathbb{R}^3$ 中以 $\left(0, 0, \frac{1}{2}\right)$ 为球心,$\frac{1}{2}$ 为半径的球面. 由于 S 在 $\mathbb{R}^3$ 中是有界闭集,所以它是紧集. 因此如果 S 中的序列 $\{p_n\}$ 在 $\mathbb{R}^3$ 中收敛于点 p_0,则必有 $p_0 \in S$. 从另一角度,我们也可在 S 中以如下方式定义开集: $\tilde{O} \subset S$ 称为 S 中的开集,如果存在 $\mathbb{R}^3$ 中开集 O,使得 $\tilde{O} = O \cap S$. 我们希望以 S 作为模型将 $\mathbb{C}$ 扩充为紧空间,并将上面我们在 $\mathbb{C}$ 中定义的极限,连续和可微等概念都推广到扩充后的空间上.

如图 1.6,取复平面 $\mathbb{C}$,记其原点为 O. 在 O 处放一半径为 $\frac{1}{2}$ 的球面 S. 设 N 是连接 O 与球心的直线与球面的另一交点. 对球面上任一

点 q,作 q 与 N 的连接直线,则此直线必与复平面 $\mathbb{C}$ 交于一点,设此点为 p. 我们得到 $S-\{N\}$ 到 $\mathbb{C}$ 的映射 $q \mapsto p$. 反之,对复平面 $\mathbb{C}$ 中任意一点 p,过 p 与 N 的直线必与 S 交于一个点 q. 利用此法则,我们建立了 $S-\{N\}$ 与 $\mathbb{C}$ 的一个一一对应. 通常我们把 S 上的点 q 由此法则对应的复平面中的 p 称为 q 关于 N 的**球极射影**.

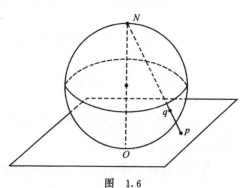

图 1.6

显然,$S-\{N\}$ 中的点列 $\{q_n\}$ 趋于 N 当且仅当 $\{q_n\}$ 的球极射影的点列 $\{p_n\}$ 趋于 ∞. 因此我们自然地将 N 与 ∞ 对应. 这样一来,我们就在 S 与集合 $\mathbb{C} \cup \{\infty\}$ 之间建立了一个一一对应. 利用此对应法则,我们将 S 与 $\mathbb{C} \cup \{\infty\}$ 等同起来,并以 $\overline{\mathbb{C}} = \mathbb{C} \cup \{\infty\} = S$ 记之. 我们称 $\overline{\mathbb{C}}$ 为**扩充复平面**. 上面讨论表明 $\overline{\mathbb{C}}$ 是一紧曲面.

任给 $p \in \overline{\mathbb{C}}, \varepsilon > 0$,如果 $p = z_0 \in \mathbb{C}$,则我们称

$$D(z_0, \varepsilon) = \{z \in \mathbb{C} \mid |z - z_0| < \varepsilon\}$$

为 p 在 $\overline{\mathbb{C}}$ 中的 ε-**邻域**;如果 $p = \infty$,则令

$$D(\infty, \varepsilon) = \overline{\mathbb{C}} - \left\{z \in \mathbb{C} \mid |z| \leqslant \frac{1}{\varepsilon}\right\},$$

称为 ∞ 在 $\overline{\mathbb{C}}$ 中的 ε-**邻域**. $\overline{\mathbb{C}}$ 中序列 $\{p_n\}$ 称为在 $\overline{\mathbb{C}}$ 中**收敛**于 p_0,如果 $\forall \varepsilon > 0, \exists N$,使得 $n > N$ 时,就有 $p_n \in D(p_0, \varepsilon)$. 由这一定义不难看出如果 $p_n = z_n \in \mathbb{C}$,则当 $z_0 \in \mathbb{C}$ 时,$\{p_n\}$ 在 $\overline{\mathbb{C}}$ 中收敛于 z_0 等价于 $\{z_n\}$ 在 $\mathbb{C}$ 中收敛于 z_0;而 $\{p_n\}$ 在 $\overline{\mathbb{C}}$ 中收敛于 ∞ 等价于

$$\lim_{n \to +\infty} z_n = \infty.$$

这样我们就将 $\mathbb{C}$ 中的极限概念推广到 $\overline{\mathbb{C}}$ 上.

定理 1 $\overline{\mathbb{C}}$ 中任意序列 $\{p_n\}$ 都有收敛子列.

证明 如果 $\{p_n\}$ 中有无穷多项为 ∞,则此无穷多项构成 $\overline{\mathbb{C}}$ 中收敛到 ∞ 的子列. 设 $p_n=z_n\in\mathbb{C}$,如果 $\{z_n\}$ 在 $\mathbb{C}$ 中有界,则由 Bolzano 定理,$\{z_n\}$ 在 $\mathbb{C}$ 中存在收敛子列,因而在 $\overline{\mathbb{C}}$ 中存在收敛子列. 如果 $\{z_n\}$ 在 $\mathbb{C}$ 中无界,则有一子列 $\{z_{n_k}\}$ 满足 $z_{n_k}\to\infty$. 证毕.

同理不难证明:

定理 2 $\overline{\mathbb{C}}$ 中任意闭集均是紧集,特别地 $\overline{\mathbb{C}}$ 自身是紧集.

定理的证明留给读者.

设 $D\subseteq\overline{\mathbb{C}}$,$f$ 是 D 上的函数(即 f 是 D 到 $\mathbb{C}$ 或 $\overline{\mathbb{C}}$ 的映射). 再设 $z_0\in D$. 如果 $\forall\,\varepsilon>0,\exists\,\delta>0$,使得 $f(D(z_0,\delta)\cap D)\subseteq D(f(z_0),\varepsilon)$,则称 f 在 z_0 连续. 如果 f 在 D 的每一点都连续,则称 f 在 D 上连续. 显然,如果 $D\subseteq\mathbb{C}\subseteq\overline{\mathbb{C}}$,则不论将 D 看做 $\mathbb{C}$ 中的子集,或者是 $\overline{\mathbb{C}}$ 的子集,f 的连续性是不变的. 这样我们就将 $\mathbb{C}$ 中的关于函数连续的概念推广到 $\overline{\mathbb{C}}$ 上.

例 1 令 $f(z)=\dfrac{z-1}{z^2+1}$,并令 $f(\mathrm{i})=f(-\mathrm{i})=\infty,f(\infty)=0$,则 $f(z)$ 是 $\overline{\mathbb{C}}$ 到 $\overline{\mathbb{C}}$ 的连续映射.

$\overline{\mathbb{C}}$ 称为 $\mathbb{C}$ 的**紧致化**.

*扩充复平面 $\overline{\mathbb{C}}$ 上函数的可微性

上面我们将 $\mathbb{C}$ 上的极限和连续的概念推广到扩充复平面 $\overline{\mathbb{C}}$ 上. 为了今后的应用,我们还需要在 ∞ 的邻域上定义坐标,以便将 $\mathbb{C}$ 上关于函数的可微性也推广到 $\overline{\mathbb{C}}$ 中区域上的函数.

如图 1.7,在三维空间 $\mathbb{R}^3=\{(x,y,u)|x,y,u\in\mathbb{R}\}$ 中,令 $\mathbb{C}_1$ 为由 $u=0$ 给出的平面:
$$\mathbb{C}_1=\{(x,y,0)|x,y\in\mathbb{R}\}.$$
我们以 $z=x+\mathrm{i}y$ 表示 $\mathbb{C}_1$ 中点 $(x,y,0)$ 的复坐标. 令 $\mathbb{C}_2$ 为由 $u=1$ 给出的平面:
$$\mathbb{C}_2=\{(x,y,1)|x,y\in\mathbb{R}\}.$$
我们以 $w=x-\mathrm{i}y$ 表示 $\mathbb{C}_2$ 中点 $(x,y,1)$ 的复坐标. 其中 w 取为 $x-\mathrm{i}y$ 的形式表示复平面 $\mathbb{C}_2$ 的正面朝下,即将原正面朝上的复平面 $\mathbb{C}_2$ 沿实

轴转 180 度,同一点对应到其共轭点.

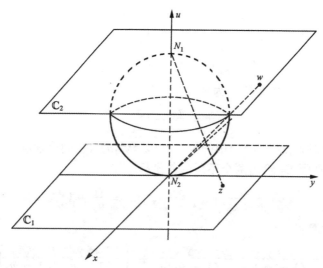

图 1.7

令 S 为以 $\left(0,0,\dfrac{1}{2}\right)$ 为球心,$\dfrac{1}{2}$ 为半径的球面:
$$S = \left\{(x,y,u) \in \mathbb{R}^3 \,\Big|\, x^2 + y^2 + \left(u - \dfrac{1}{2}\right)^2 = \dfrac{1}{4}\right\}.$$
如果将 $\overline{\mathbb{C}} = \mathbb{C}_1 \bigcup \{\infty\}$ 看做 S,其中 $\infty = (0,0,1) = N_1$,则对于任意 $(x_0, y_0, u_0) \in S$,$(x_0, y_0, u_0) \neq \infty$,其在 $\mathbb{C}_1$ 中对应的点为直线
$$(x,y,u) = (0,0,1) + t((x_0, y_0, u_0) - (0,0,1)), \quad t \in \mathbb{R}$$
与 $\mathbb{C}_1$ 的交点.令 $u = 0$,得
$$t = -\dfrac{1}{u_0 - 1}.$$
因此
$$x = \dfrac{x_0}{1 - u_0}, \quad y = \dfrac{y_0}{1 - u_0}.$$
由此推知 (x_0, y_0, u_0) 的对应点 z 为
$$z = \dfrac{x_0}{1 - u_0} + \mathrm{i}\dfrac{y_0}{1 - u_0}.$$
同样的如果将 $S = \overline{\mathbb{C}}$ 看做 $\mathbb{C}_2 \bigcup \{\infty\}$,其中 $\infty = (0,0,0) = N_2$,则对

任意 $(x_0, y_0, u_0) \in S$, $(x_0, y_0, u_0) \neq \infty$, 其在 $\mathbb{C}_2$ 中对应的点为直线
$$(x, y, u) = t(x_0, y_0, u_0), \quad t \in \mathbb{R}$$
与 $\mathbb{C}_2$ 的交点. 但 $\mathbb{C}_2$ 由 $u=1$ 给出, 解得
$$t = \frac{1}{u_0}, \quad x = \frac{x_0}{u_0}, \quad y = \frac{y_0}{u_0}.$$
得 (x_0, y_0, u_0) 的对应点 w 为
$$w = \frac{x_0}{u_0} - \mathrm{i}\frac{y_0}{u_0}.$$

因此对 $S - \{N_1, N_2\}$ 中的同一点 (x_0, y_0, u_0), 我们分别利用复平面 $\mathbb{C}_1$ 和复平面 $\mathbb{C}_2$ 给出两个不同的复坐标
$$z = \frac{x_0}{1 - u_0} + \mathrm{i}\frac{y_0}{1 - u_0}, \quad w = \frac{x_0}{u_0} - \mathrm{i}\frac{y_0}{u_0}.$$
由直接计算得
$$zw = \frac{x_0^2}{(1-u_0)u_0} + \frac{y_0^2}{(1-u_0)u_0} + \mathrm{i}\left(-\frac{x_0 y_0}{1-u_0} + \frac{y_0 x_0}{1-u_0}\right)$$
$$= \frac{x_0^2 + y_0^2}{u_0(1-u_0)} = \frac{\frac{1}{4} - \left(u_0 - \frac{1}{2}\right)^2}{u_0(1-u_0)} = 1.$$

上面对应诱导了 $\mathbb{C}_1 - \{N_2\}$ 与 $\mathbb{C}_2 - \{N_1\}$ 之间的一一映射:
$$z \mapsto \frac{1}{z} = w.$$

这一映射称为 $S - \{N_1, N_2\}$ 上坐标 z 与坐标 w 之间的**坐标变换**.

设 $D \subseteq \overline{\mathbb{C}} = S$ 是 $\overline{\mathbb{C}}$ 中的区域, $f: D \to \overline{\mathbb{C}}$ 是 D 到 $\overline{\mathbb{C}}$ 的映射, 如果 $p_0 \in D$ 且 $p_0 \neq N_1$, 则利用复平面 $\mathbb{C}_1$, f 在 p_0 的邻域上可表示为坐标 $z = x + \mathrm{i}y$ 的函数. 如果它是变量 x 和 y 的可导函数, 则称 f 在 p_0 **实可导**. 如果 $p_0 = N_1$, 则利用 $\mathbb{C}_2$, f 在 p_0 的邻域上可表示为坐标 $w = u + \mathrm{i}v$ 的函数. 如果其是变量 u 和 v 的可导函数, 则称 f 在 p_0 **实可导**. 由此我们将上一节在 $\mathbb{C}$ 中的区域上定义的关于函数实可导的概念推广到了 $\overline{\mathbb{C}}$ 中的区域. 如若 $f(z_0) = \infty$, 那么我们可以通过讨论 $\frac{1}{f(z)}$ 在 z_0 处的可导性来得到 $f(z)$ 在 z_0 处的可导性; 再如若 $f(\infty) = \infty$, 则可以讨论 $\dfrac{1}{f\left(\dfrac{1}{z}\right)}$ 在 $z = 0$ 的可导性来得到 $f(z)$ 在 ∞ 处的可导性.

例 2 令 $f(z)=\dfrac{z-1}{z^2+1}$，并令 $f(\mathrm{i})=f(-\mathrm{i})=\infty, f(\infty)=0$. 上面已证 $f(z)$ 是 $\overline{\mathbb{C}}$ 到 $\overline{\mathbb{C}}$ 的连续映射. 我们希望证明 $f(z)$ 是 C^∞ 的映射. 当 $z\neq \pm\mathrm{i}$ 和 $z\neq\infty$ 时，$f(z)$ 显然是 C^∞ 的. 如果 $z=\infty$，利用坐标变换 $z=\dfrac{1}{w}$，将 $f\left(\dfrac{1}{w}\right)$ 看做 $w=0$ 邻域上的函数，则 $f\left(\dfrac{1}{w}\right)=\dfrac{w-w^2}{w^2+1}$，其是 C^∞ 的. 如果 $z=\mathrm{i}$，则 $f(\mathrm{i})=\infty$，这时我们需要对因变量 f 作坐标变换，即考虑 $\dfrac{1}{f}$. 这时 $\dfrac{1}{f(z)}=\dfrac{z^2+1}{z-1}$，其显然在 $z=\mathrm{i}$ 的邻域上是 C^∞ 的. 同理 $f(z)$ 在 $-\mathrm{i}$ 的邻域上是 C^∞ 的. 所以 $f(z)$ 是 $\overline{\mathbb{C}}$ 到 $\overline{\mathbb{C}}$ 的 C^∞ 的映射.

上面将 $\mathbb{C}$ 上连续和可导的概念推广到扩充复平面 $\overline{\mathbb{C}}$ 上的想法是由 Riemann 最先提出来的，球面 S 也因此称为 **Riemann 球面**. Riemann 球面在复变函数中是一个非常重要也经常要用到的空间. 它是现代的**微分流形**理论最早的模型. 关于 Riemann 球面的性质和进一步的应用，我们还将通过以后各章的学习来逐步熟悉和掌握.

习 题 一

1. 将下面的复数表示为 $a+\mathrm{i}b$ 的形式：
   $$\mathrm{i}^n,\quad (1+\mathrm{i}\sqrt{3})^n,\quad (1+\mathrm{i})^n+(1-\mathrm{i})^n.$$
2. 解方程 $z^5=1-\mathrm{i}$.
3. 设 $r>0$ 为实数，$z=x+\mathrm{i}y$ 为复数，将复数 r^z 表示为 $a+\mathrm{i}b$ 的形式.
4. 证明 $|z_1-z_2|^2=|z_1|^2-2\mathrm{Re}\,z_1\bar{z}_2+|z_2|^2$，并说明其几何意义.
5. 设 z_1,z_2,z_3 都是单位复向量，证明：z_1,z_2,z_3 为一正三角形的顶点的充分必要条件是 $z_1+z_2+z_3=0$.
6. 证明：
   (1) $|1-\bar{z}_1 z_2|^2-|z_1-z_2|^2=(1-|z_1|^2)(1-|z_2|^2)$；
   (2) 当 $|z_1|<1,|z_2|<1$ 时，$\left|\dfrac{z_1-z_2}{1-\bar{z}_1 z_2}\right|<1$；
   (3) 当 $|z_1|=1$ 或 $|z_2|=1$ 且 $z_1\neq z_2$ 时，$\left|\dfrac{z_1-z_2}{1-\bar{z}_1 z_2}\right|=1$.
7. 用复变量表示过点 $(1,3),(-1,4)$ 的直线的方程.

8. (1) 设 $A, C \in \mathbb{R}, B \in \mathbb{C}$，问方程 $Az\bar{z} + B\bar{z} + \bar{B}z + C = 0$ 在什么条件是圆方程，并求其圆心和半径；

(2) 在上面方程中如果令 $A \to 0$，求半径和圆心的极限，并说明其几何意义。

9. 证明：直线 $B\bar{z} + \bar{B}z + C = 0$ 是点 z_1, z_2 连线的垂直平分线的充要条件是 $B\bar{z}_1 + \bar{B}z_2 + C = 0.$ $\left(\text{提示}: \dfrac{z_1 + z_2}{2} \text{是} z_1, z_2 \text{连线中点}, \mathrm{i}(z_1 - z_2)\right.$ 与 z_1, z_2 的连线垂直$\left.\right)$

10. 设 $S \subset \mathbb{C}$ 为任意集合。令 S' 为 S 的所有极限点构成的集合，S' 称为集合 S 的**导集**。证明：S' 是闭集；$\bar{S} = S \cup S'$.

11. 设 $F \subset \mathbb{C}$ 为紧集，证明 F 是有界闭集。

12. 对于任意集合 $S \subset \mathbb{C}$，证明 $\mathrm{diam} S = \mathrm{diam} \bar{S}$.

13. 设 $z_0 \notin \mathbb{R}, \lim\limits_{n \to +\infty} z_n = z_0$，证明：若适当选取辐角主值，则下两式成立：

$$\lim_{n \to +\infty} |z_n| = |z_0|, \quad \lim_{n \to +\infty} \arg z_n = \lim_{n \to +\infty} \arg z_0.$$

14. 设 $\Omega \subset \mathbb{C}$ 中为任意开集，证明：Ω 可分解为有限或一列互不相交且连通开集的并。

15. 设 S 是给定的集合。集合 $T \subset S$ 称为 S 的**相对闭集**，如果 T 在 S 中的极限点都在 T 内；集合 $T \subset S$ 称为 S 的**相对开集**，如果 $S - T$ 是 S 的相对闭集。证明 S 连通的充分必要条件是 S 不能分解为两个非空、不交的相对开集（闭集）的并。

16. 设 S 是连通集合，$f(z)$ 是 S 上的函数。如果 $\forall\, z_0 \in S$，存在 $r > 0$，使得 $f(z)$ 在 $S \cap D(z_0, r)$ 上为常数，证明 $f(z)$ 在 S 上为常数。

17. 设 U, V 是 $\mathbb{C}$ 中区域，映射 $f: U \to V$ 称为**开映射**，如果 f 将 U 中开集映为 V 中开集；f 称为**逆紧**的，如果对 V 中任意紧集 $K \subset V$，$f^{-1}(K)$ 是 U 中的紧集。证明：如果 f 是开且逆紧的映射，则 $f(U) = V$.

18. 求
$$(1 + \cos\theta + \cos 2\theta + \cdots + \cos n\theta) + \mathrm{i}(\sin\theta + \sin 2\theta + \cdots + \sin n\theta).$$

19. 设 K 是 $\mathbb{C}$ 中的紧集，F 为 $\mathbb{C}$ 中的闭集。定义：
$$\mathrm{dist}(K, F) = \mathrm{Inf}\{|z - w| \,|\, z \in K, w \in F\}.$$

证明：(1) 如果 $K \cap F = \varnothing$，则 $\mathrm{dist}(K, F) > 0$;

(2) 设 D 是开集，$S \subset D$ 是有界闭集，则 $\text{dist}(S, \partial D) > 0$.

20. 设 $f(x, y) = x^3 + 3xy + y$，求 $\dfrac{\partial f}{\partial z}, \dfrac{\partial f}{\partial \bar{z}}$.

21. 设 z_0 是集合 S 的极限点，给出并证明 $z \in S, z \to z_0$ 时，函数 $f(z)$ 收敛的 Cauchy 准则.

22. 将映射 $(x, y) \mapsto (u(x, y), v(x, y))$ 表示为复函数 $w = u + \mathrm{i}v = f(z) = f(x + \mathrm{i}y)$. 如果 $f(x + \mathrm{i}y)$ 连续可导，证明映射的 Jacobi 行列式满足

$$\begin{vmatrix} \dfrac{\partial u}{\partial x} & \dfrac{\partial u}{\partial y} \\ \dfrac{\partial v}{\partial x} & \dfrac{\partial v}{\partial y} \end{vmatrix} = \begin{vmatrix} \dfrac{\partial f}{\partial z} & \dfrac{\partial \bar{f}}{\partial z} \\ \dfrac{\partial f}{\partial \bar{z}} & \dfrac{\partial \bar{f}}{\partial \bar{z}} \end{vmatrix}.$$

23. 试用 $\dfrac{\partial}{\partial z}, \dfrac{\partial}{\partial \bar{z}}$ 表示 $\dfrac{\partial^2}{\partial x^2} + \dfrac{\partial^2}{\partial x \partial y}$.

*24. 设 $\mathbb{C}_1, \mathbb{C}_2$ 分别是 §1.4 中扩充复平面 S 的两个坐标平面，$\bar{B}z + B\bar{z} + C = 0$ 是平面 $\mathbb{C}_1$ 中的直线，问其在平面 $\mathbb{C}_2$ 上是什么样的曲线？

*25. 假设条件如 24 题，设 $Az\bar{z} + \bar{B}z + B\bar{z} + C = 0$ 是平面 $\mathbb{C}_1$ 中的圆，问在平面 $\mathbb{C}_2$ 上其是什么样的曲线？

*26. 设 f 是 $\overline{\mathbb{C}}$ 上 C^∞ 的函数. 对坐标变换 $z = \dfrac{1}{w}$，证明 $\mathrm{d}f = \dfrac{\partial f}{\partial z} \mathrm{d}z + \dfrac{\partial f}{\partial \bar{z}} \mathrm{d}\bar{z} = \dfrac{\partial f}{\partial w} \mathrm{d}w + \dfrac{\partial f}{\partial \bar{w}} \mathrm{d}\bar{w}$，即微分 $\mathrm{d}f$ 与坐标无关.

*27. 将 $f = z\bar{z}$ 定义到 $\overline{\mathbb{C}}$ 上，问 f 在 $z = \infty$ 处是否可导？

*28. 在 $\overline{\mathbb{C}}$ 上定义：

$$\mathrm{d}s^2 = \dfrac{4 |\mathrm{d}z|^2}{(1 + |z|^2)^2}.$$

$\mathrm{d}s^2$ 称为**球度量**. 证明对坐标变换 $z = \dfrac{1}{w}$，有

$$\dfrac{4 |\mathrm{d}z|^2}{(1 + |z|^2)^2} = \dfrac{4 |\mathrm{d}w|^2}{(1 + |w|^2)^2}.$$

第二章 解析函数

上一章我们讨论了复函数对实变量 x 和 y 的可导性与微分,这些仅是微积分的简单推广,利用微积分的工具即可解决. 在复变函数的理论中,我们主要要讨论的是关于复变量 z 可导的复函数,即极限 $\lim\limits_{z\to z_0}\dfrac{f(z)-f(z_0)}{z-z_0}$ 存在的函数——解析函数. 在本章中,我们将介绍解析函数的概念,并讨论它的一些基本性质,最后引入初等解析函数.

§2.1 解析函数

复数作为平面的点代表一个实的二维向量. 向量没有除法,因而对平面区域上的实函数,我们只能考虑偏导数. 但是复数是可以相除的,因而类似实变量,我们需要考虑函数关于复变量的可导性.

设 Ω 是 $\mathbb{C}$ 中的区域,$f(z)$ 是 Ω 上的函数. 上一章中我们定义了 $f(z)$ 对实变量 x 和 y 的可导性. 但作为复变函数,我们需要讨论的是 $f(z)$ 对复变量 z 的可导性.

定义 1 设 $w=f(z)$ 是区域 Ω 上的函数,$z_0\in\Omega$. 如果极限
$$\lim_{z\to z_0}\frac{f(z)-f(z_0)}{z-z_0}=A$$
存在(A 为有限复值),则称 $f(z)$ 在 z_0 处**可导**,并将极限值 A 记为 $f'(z_0)$,称其为 $f(z)$ 在 z_0 处的**导数**.

定义 2 如果存在 z_0 的一个邻域 $D(z_0,\varepsilon)\subset\Omega$,使得 $f(z)$ 在邻域 $D(z_0,\varepsilon)$ 的每一点都可导,则称 $f(z)$ 在 z_0 处**解析**. 如果 $f(z)$ 在 Ω 内的每一点都可导,则称 $f(z)$ 为 Ω 内的**解析函数**,有时也称 $f(z)$ 为 Ω 内的**全纯函数**.

类似于一元实函数,由定义不难看出如果 $f(z)$ 在 z_0 处可导,则 $f(z)$ 在 z_0 连续. $f(z)$ 在 z_0 处可导的充分必要条件是存在复线性函数

$A(z-z_0)$(其中 A 是一复常数),使得
$$f(z) = f(z_0) + A(z-z_0) + o(|z-z_0|) \quad (z \to z_0).$$

在多元微积分中我们知道偏导数 $\dfrac{\partial f}{\partial x}$ 和 $\dfrac{\partial f}{\partial y}$ 的存在并不能保证函数连续或可微,这是因为偏导数仅与函数沿 x 轴或沿 y 轴方向的变化有关. 而在上面复函数 $f(z)$ 对复变量 z 的可导的定义中,极限
$$\lim_{z \to z_0} \frac{f(z) - f(z_0)}{z - z_0}$$
的存在则要求 z 以任意方式趋于 z_0 时,极限都存在且相等. 特别地 $f(z)$ 在 z_0 处沿各个方向的变化率都必须一致. 这要求 $f(z)$ 有很好的性质. 关于这点我们还将在以后作更深入的讨论.

例 1 设 $f(z)=z^2$,证明 $f(z)$ 在 $\mathbb{C}$ 上解析,且 $f'(z)=2z$.

证明 $\forall z_0 \in \mathbb{C}$,由
$$\frac{z^2 - z_0^2}{z - z_0} = \frac{(z+z_0)(z-z_0)}{z - z_0} = z + z_0 \to 2z_0 \quad (z \to z_0).$$
z_0 是任意的,得 $f(z)$ 处处可导,即 $f(z)$ 在 $\mathbb{C}$ 上解析,且 $f'(z)=2z$.

例 2 证明 $f(z)=z\bar{z}$ 在 $z=0$ 可导,在其余点处处不可导.

证明 由于
$$\lim_{z \to 0} \frac{z\bar{z}}{z} = \lim_{z \to 0} \bar{z} = 0,$$
因此 $f(z)$ 在 $z=0$ 处可导,且 $f'(0)=0$. 但当 $z_0=x_0+\mathrm{i}y_0 \neq 0$ 时,取 Δx 和 Δy 为实数,则
$$\lim_{\Delta x \to 0} \frac{f(z_0 + \Delta x) - f(z_0)}{\Delta x} = 2x_0,$$
$$\lim_{\Delta y \to 0} \frac{f(z_0 + \mathrm{i}\Delta y) - f(z_0)}{\mathrm{i}\Delta y} = -2\mathrm{i}y_0.$$
上两式不相等,因此 $f(z)$ 在 z_0 处不可导. $f(z)=z\bar{z}$ 在任何区域都不是解析函数.

例 3 设 $f(z)=\bar{z}$,证明 $f(z)$ 在 $\mathbb{C}$ 上处处不可导.

证明 $\forall z_0=x_0+\mathrm{i}y_0$,令 $z=x+\mathrm{i}y_0$,则
$$\frac{\bar{z} - \bar{z}_0}{z - z_0} = \frac{x - x_0}{x - x_0} = 1;$$
而如果令 $z=x_0+\mathrm{i}y$,则

$$\frac{\bar{z} - \bar{z}_0}{z - z_0} = -\frac{y - y_0}{y - y_0} = -1.$$

由此推出 $f(z)$ 处处不可导.

利用微积分中类似的方法不难证明函数对复变量 z 有下面的求导关系.

定理 1 如果 $f(z)$ 和 $g(z)$ 都在 z_0 处可导,那么

(1) $f(z) \pm g(z), f(z)g(z)$ 在 z_0 处可导,并且
$$(f \pm g)'(z_0) = f'(z_0) \pm g'(z_0),$$
$$(fg)'(z_0) = f'(z_0)g(z_0) + f(z_0)g'(z_0);$$

(2) 设 $g(z_0) \neq 0$,则 $\dfrac{f(z)}{g(z)}$ 在 z_0 处可导,并且
$$\left(\frac{f}{g}\right)'(z_0) = \frac{f'(z_0)g(z_0) - f(z_0)g'(z_0)}{g^2(z_0)};$$

(3) 设 $w = g(z)$ 在 z_0 处可导,$f(w)$ 在 $w_0 = g(z_0)$ 处可导,则 $f \circ g$ 在 z_0 处可导,并且
$$(f \circ g)'(z_0) = f'[g(z_0)]g'(z_0).$$

定理 1 告诉我们,解析函数的和、差、积和商(分母不为零)都是解析函数,两个解析函数的复合函数也是解析函数.

例 4 设 $f(z)$ 是区域 D 上的实值函数,证明 $f(z)$ 在 D 上解析的充分必要条件是 $f(z)$ 在 D 上为常数.

证明 充分性是显然的,现证必要性. 任取 $z_0 = x_0 + \mathrm{i}y_0 \in D$,如果令 $z = x + \mathrm{i}y_0 \in D$,则
$$f'(z_0) = \lim_{z \to z_0} \frac{f(z) - f(z_0)}{z - z_0} = \frac{\partial f}{\partial x}$$

为实数;而如果取 $z = x_0 + \mathrm{i}y \in D$,则
$$f'(z_0) = \lim_{z \to z_0} \frac{f(z) - f(z_0)}{z - z_0} = -\mathrm{i}\frac{\partial f}{\partial y}$$

为虚数. 因此必须 $f'(z_0) = 0$,即 $\dfrac{\partial f}{\partial x} \equiv 0, \dfrac{\partial f}{\partial y} \equiv 0$. 得 $f(z)$ 为常数.

由例 4 我们有下面常用的一个推论.

推论 如果两个解析函数的实部(或虚部)相同,则此两解析函数之间仅差一常数.

例 5 多项式 $p(z)=a_0z^n+\cdots+a_n$ 在 $\mathbb{C}$ 上解析,有理函数 $\dfrac{z-1}{(z^2+1)}$ 在 $\mathbb{C}-\{\pm i\}$ 上解析.

下面我们来讨论关于解析函数的反函数的求导法则. 解析函数与实可导函数之间有许多不同之处. 对于实函数我们知道可微函数的反函数不一定可微,例如 $y=x^3$ 的反函数 $y=\sqrt[3]{x}$ 在 $x=0$ 处不可微. 但对于解析函数,若它存在反函数,则其反函数也一定是解析的. 为说明此点,我们先给出下面的定义.

定义 3 区域 Ω 上的解析函数 $f(z)$ 称为**单叶解析函数**,如果对任意 $z_1,z_2\in\Omega, z_1\neq z_2$,则 $f(z_1)\neq f(z_2)$.

定义 4 设 Ω_1,Ω_2 为 $\mathbb{C}$ 中的区域,映射 $w=f(z)$:$\Omega_1\to\Omega_2$ 称为**解析同胚**(或**全纯同胚**),如果 $w=f(z)$ 是区域 Ω_1 上单叶解析函数,$f(\Omega_1)=\Omega_2$,并且 $f(z)$ 的反函数 $z=f^{-1}(w)$:$\Omega_2\to\Omega_1$ 也是解析的. 如果 $\Omega_1=\Omega_2\xupariesqual{\text{记为}}\Omega$,则称 $f(z)$ 为 Ω 的**全纯自同胚**.

解析同胚也称为**共形映射**,在本书的第八章中我们将对其作详细的讨论.

对于解析函数的反函数,我们有下面的定理.

定理 2 设 $f(z)$ 是区域 Ω 上的单叶解析函数,则

(1) $f'(z)$ 在 Ω 上处处不为零;

(2) $f(\Omega)$ 是 $\mathbb{C}$ 中的区域;

(3) f^{-1}:$f(\Omega)\to\Omega$ 在 $f(\Omega)$ 上解析,并且

$$(f^{-1})'[f(z)]=\frac{1}{f'(z)}.$$

即只要解析函数 $f(z)$ 在 Ω 上是单射,则 f:$\Omega\to f(\Omega)$ 必是解析同胚.

由于这一定理对于一个变量的实函数是不成立的,因此它不可能仅通过导数的定义 $\lim\limits_{z\to z_0}\dfrac{f(z)-f(z_0)}{z-z_0}=f'(z_0)$ 简单推出. 它的证明将在第三章中给出.

§2.2 Cauchy-Riemann 方程

在 §2.1 中我们看到,函数 $f(z)=z\bar{z}=x^2+y^2$ 和 $f(z)=\bar{z}$ 虽然对

于实变量 x 和 y 都是 C^∞ 的函数,但是作为复函数,其对复变量 z 并不解析.因此,一个基本问题是:
$$f(z) = u(x,y) + iv(x,y)$$
作为复函数对 z 的可导性与 $u(x,y)$ 和 $v(x,y)$ 作为实函数对 x 和 y 的可导性之间有什么关系?函数 $u(x,y)$ 和 $v(x,y)$ 之间满足什么条件才能保证 $f(z)=u(x,y)+iv(x,y)$ 是解析的?对此我们有如下定理:

定理 1 设 $f(z)=u(x,y)+iv(x,y)$ 在 $z_0=x_0+iy_0$ 处对 z 可导,则 $u(x,y)$ 和 $v(x,y)$ 在 (x_0,y_0) 处对 x 和 y 存在偏导,且其偏导满足
$$\frac{\partial u(x_0,y_0)}{\partial x} = \frac{\partial v(x_0,y_0)}{\partial y}, \quad \frac{\partial u(x_0,y_0)}{\partial y} = -\frac{\partial v(x_0,y_0)}{\partial x}.$$

证明 当 $\Delta x \in \mathbb{R}$ 时,有
$$\begin{aligned}
f'(z_0) &= \lim_{\Delta x \to 0} \frac{f(z_0 + \Delta x) - f(z_0)}{\Delta x} \\
&= \lim_{\Delta x \to 0} \frac{u(x_0 + \Delta x, y_0) - u(x_0, y_0)}{\Delta x} \\
&\quad + i \lim_{\Delta x \to 0} \frac{v(x_0 + \Delta x, y_0) - v(x_0, y_0)}{\Delta x} \\
&= \frac{\partial u(x_0, y_0)}{\partial x} + i \frac{\partial v(x_0, y_0)}{\partial x};
\end{aligned}$$
而当 $\Delta y \in \mathbb{R}$ 时,有
$$\begin{aligned}
f'(z_0) &= \lim_{\Delta y \to 0} \frac{f(z_0 + i\Delta y) - f(z_0)}{i\Delta y} \\
&= \frac{1}{i} \lim_{\Delta y \to 0} \frac{u(x_0, y_0 + \Delta y) - u(x_0, y_0)}{\Delta y} \\
&\quad + \lim_{\Delta y \to 0} \frac{v(x_0, y_0 + \Delta y) - v(x_0, y_0)}{\Delta y} \\
&= \frac{\partial v(x_0, y_0)}{\partial y} - i \frac{\partial u(x_0, y_0)}{\partial y}.
\end{aligned}$$
比较上面两式的实部与虚部即得所要的结果.证毕.

通过上面的证明我们同时得到:如果 $f(z)$ 在 $z_0=x_0+iy_0$ 处可导,则
$$f'(z_0) = \frac{\partial u(x_0, y_0)}{\partial x} + i \frac{\partial v(x_0, y_0)}{\partial x}$$

$$= \frac{\partial v(x_0,y_0)}{\partial y} - \mathrm{i}\,\frac{\partial u(x_0,y_0)}{\partial y}.$$

定义 1 微分方程

$$\frac{\partial u}{\partial x} = \frac{\partial v}{\partial y}, \quad \frac{\partial u}{\partial y} = -\frac{\partial v}{\partial x}$$

称为 **Cauchy-Riemann 方程**,简称为 **C-R 方程**.

定理 1 表明如果 $f(z)=u(x,y)+\mathrm{i}v(x,y)$ 对复变量 z 可导,则其实部和虚部之间并不相互独立,需满足 C-R 方程.

例 1 设 $f(z)$ 为区域 Ω 上的实值函数. 如果 $f(z)$ 在区域 Ω 上解析,试用 C-R 方程证明 $f(z)$ 在区域 Ω 上为常数.

证明 将 $f(z)$ 表示为 $u(x,y)+\mathrm{i}v(x,y)$,由于 $f(z)$ 是实值函数,得 $v(x,y)=0$. 因为 $f(z)$ 在区域 Ω 上解析,所以 u,v 在 Ω 的每一点都满足 C-R 方程,因而

$$\frac{\partial u}{\partial x}=\frac{\partial v}{\partial y}=0, \quad \frac{\partial u}{\partial y}=-\frac{\partial v}{\partial x}=0.$$

由此推出 $u\equiv c$ 为常数函数,因而 $f(z)=c$ 也是一常数函数.

在微积分中我们知道偏导数的存在甚至不能保证函数连续,因此定理 1 的逆一般是不成立的,即 u,v 均存在偏导数且偏导数满足 C-R 方程并不足以保证函数 $f=u+\mathrm{i}v$ 关于 z 可导.

例 2 令

$$u(x,y) = \begin{cases} 0, & x\neq 0 \text{ 且 } y\neq 0, \\ 1, & x=0 \text{ 或 } y=0, \end{cases}$$

$$v(x,y) = 1,$$

则在点 $(0,0)$ 处,$u(x,y)$ 和 $v(x,y)$ 都有偏导,并且满足 C-R 方程,但

$$f(z) = u(x,y) + \mathrm{i}v(x,y)$$

在 $z=0$ 处并不连续,因而关于 z 不可导.

对 C-R 方程加上一定的条件,我们有以下的定理.

定理 2 函数 $f(z)=u(x,y)+\mathrm{i}v(x,y)$ 在区域 Ω 上解析的充分必要条件是 $u(x,y)$ 和 $v(x,y)$ 在区域 Ω 上处处可微,且其偏导数在区域 Ω 上满足 C-R 方程

$$\frac{\partial u}{\partial x}=\frac{\partial v}{\partial y}, \quad \frac{\partial u}{\partial y}=-\frac{\partial v}{\partial x}.$$

证明 设 $f(z)$ 在 Ω 上解析,对任意 $z_0 = x_0 + \mathrm{i} y_0 \in \Omega$,我们有
$$f(z) = f(z_0) + f'(z_0)(z - z_0) + o(|z - z_0|).$$
由定理1知,$u(x,y)$ 和 $v(x,y)$ 的偏导数在 Ω 上满足 C-R 方程.再比较上式的实部和虚部,得到 $u(x,y)$ 和 $v(x,y)$ 在 (x_0, y_0) 处可微.

现设 $z_0 = x_0 + \mathrm{i} y_0 \in \Omega$,$u(x,y)$,$v(x,y)$ 在 (x_0, y_0) 处可微,且满足 C-R 方程.由可微性得
$$u(x_0 + \Delta x, y_0 + \Delta y) - u(x_0, y_0)$$
$$= \frac{\partial u(x_0, y_0)}{\partial x} \Delta x + \frac{\partial u(x_0, y_0)}{\partial y} \Delta y + o(\sqrt{|\Delta x|^2 + |\Delta y|^2}),$$
$$v(x_0 + \Delta x, y_0 + \Delta y) - v(x_0, y_0)$$
$$= \frac{\partial v(x_0, y_0)}{\partial x} \Delta x + \frac{\partial v(x_0, y_0)}{\partial y} \Delta y + o(\sqrt{|\Delta x|^2 + |\Delta y|^2}).$$
因此,如果令 $\Delta z = \Delta x + \mathrm{i} \Delta y$,则有
$$f(z_0 + \Delta z) - f(z_0)$$
$$= \left[\frac{\partial u(x_0, y_0)}{\partial x} + \mathrm{i} \frac{\partial v(x_0, y_0)}{\partial x} \right] \Delta x$$
$$+ \left[\frac{\partial u(x_0, y_0)}{\partial y} + \mathrm{i} \frac{\partial v(x_0, y_0)}{\partial y} \right] \Delta y + o(|\Delta z|)$$
$$= \left[\frac{\partial u(x_0, y_0)}{\partial x} - \mathrm{i} \frac{\partial u(x_0, y_0)}{\partial y} \right] \Delta x$$
$$+ \left[\frac{\partial u(x_0, y_0)}{\partial y} + \mathrm{i} \frac{\partial u(x_0, y_0)}{\partial x} \right] \Delta y + o(|\Delta z|)$$
$$= \left[\frac{\partial u(x_0, y_0)}{\partial x} - \mathrm{i} \frac{\partial u(x_0, y_0)}{\partial y} \right] (\Delta x + \mathrm{i} \Delta y) + o(|\Delta z|)$$
$$= \left[\frac{\partial u(x_0, y_0)}{\partial x} - \mathrm{i} \frac{\partial u(x_0, y_0)}{\partial y} \right] \Delta z + o(|\Delta z|).$$
于是得 $f(z)$ 在 z_0 处可导.由于 $z_0 \in \Omega$ 是任意的,故 $f(z)$ 在 Ω 上解析.证毕.

在微积分中我们知道区域 Ω 上的实函数 $u(x,y)$ 如果处处有连续偏导,则 $u(x,y)$ 在 Ω 上可微.利用此可给出关于函数解析的一个充分条件.

推论 如果 $u(x,y), v(x,y) \in C^1(\Omega)$ 且满足 C-R 方程,则 $f(z) = u + \mathrm{i} v$ 在 Ω 上解析.

例 3 设 $z=x+iy$,利用 Euler 方程,如果我们直接定义
$$e^z = e^{x+iy} = e^x e^{iy} = e^x(\cos y + i\sin y),$$
证明 e^z 在 $\mathbb{C}$ 上解析.

证明 由于
$$u(x,y) = e^x\cos y, \quad v(x,y) = e^x\sin y$$
在 $\mathbb{C}$ 上有连续偏导数,从而它们在 $\mathbb{C}$ 上可微. 注意到
$$\frac{\partial u}{\partial x} = e^x\cos y = \frac{\partial v}{\partial y}, \quad \frac{\partial u}{\partial y} = -e^x\sin y = -\frac{\partial v}{\partial x},$$
这说明 u,v 满足 C-R 方程. 由定理 2 知 e^z 在 $\mathbb{C}$ 上解析.

例 4 设 $u(x,y), v(x,y)$ 都是区域 Ω 上 C^2 的函数,证明:如果函数 $f(z)=u+iv$ 在 Ω 上解析,则 $f'(z)$ 在 Ω 上也解析.

证明 由于 $f(z)$ 在 Ω 上解析,因此 $f'(z)=\dfrac{\partial u}{\partial x}+i\dfrac{\partial v}{\partial x}$,并且 u,v 满足 C-R 方程:
$$\frac{\partial u}{\partial x} = \frac{\partial v}{\partial y}, \quad \frac{\partial u}{\partial y} = -\frac{\partial v}{\partial x}.$$
利用此以及 u,v 为区域 Ω 上 C^2 的函数得
$$\frac{\partial}{\partial x}\left(\frac{\partial u}{\partial x}\right) = \frac{\partial}{\partial x}\left(\frac{\partial v}{\partial y}\right) = \frac{\partial}{\partial y}\left(\frac{\partial v}{\partial x}\right),$$
$$\frac{\partial}{\partial y}\left(\frac{\partial u}{\partial x}\right) = \frac{\partial}{\partial x}\left(\frac{\partial u}{\partial y}\right) = \frac{\partial}{\partial x}\left(-\frac{\partial v}{\partial x}\right) = -\frac{\partial}{\partial x}\left(\frac{\partial v}{\partial x}\right).$$
由此可见, $f'(z)$ 的实部和虚部满足 C-R 方程. 所以 $f'(z)$ 解析. 证毕.

上面我们讨论的是解析函数的实部和虚部的关系. 如果进一步问:对于区域 Ω 上给定的一个 C^∞ 的实函数 $u(x,y)$,在什么条件下其能成为一个解析函数的实部?即 C-R 方程在什么条件下有解 $v(x,y)$?为此我们需要考虑 C-R 方程的可解条件.

若 u,v 有二阶连续偏导,则对 C-R 方程 $\dfrac{\partial u}{\partial x}=\dfrac{\partial v}{\partial y}, \dfrac{\partial u}{\partial y}=-\dfrac{\partial v}{\partial x}$ 求二阶偏导得
$$\frac{\partial^2 u}{\partial x^2} = \frac{\partial^2 v}{\partial x \partial y}, \quad \frac{\partial^2 u}{\partial y^2} = -\frac{\partial^2 v}{\partial x \partial y}.$$
因此
$$\frac{\partial^2 u}{\partial x^2} + \frac{\partial^2 u}{\partial y^2} = 0.$$

定义 2 我们称
$$\Delta = \frac{\partial^2}{\partial x^2} + \frac{\partial^2}{\partial y^2}$$
为 **Laplace 算子**.

定义 3 如果区域 Ω 上二阶连续可导的函数 $u(x,y)$ 满足
$$\Delta u = 0,$$
则称 u 为 Ω 上的**调和函数**.

由上面的讨论得:

定理 3 设 $f(z)=u(x,y)+iv(x,y)$ 为 Ω 上的解析函数, 并假定 $u,v \in C^2(\Omega)$, 则 $u(x,y)$ 和 $v(x,y)$ 都是 Ω 上的调和函数.

定理 3 给出了 $u(x,y)$ 为解析函数的实部的必要条件. 一般来说这一条件并非充分条件, 它与 Ω 的连通性有关.

如果 Ω 是单连通的区域, 对给定的 Ω 内的调和函数 u, 我们总可以在 Ω 内确定一个调和函数 v, 使得 u,v 满足 C-R 方程. 为此我们先给出下面的定义.

定义 4 设 $u(x,y)$ 是区域 Ω 上给定的调和函数, Ω 上的调和函数 $v(x,y)$ 称为 $u(x,y)$ 的**共轭调和函数**, 如果
$$\frac{\partial u}{\partial x} = \frac{\partial v}{\partial y}, \quad \frac{\partial u}{\partial y} = -\frac{\partial v}{\partial x}.$$

如果 $v(x,y)$ 是 $u(x,y)$ 的共轭调和函数, 则
$$f(z) = u(x,y) + iv(x,y)$$
是解析函数. 因此 Ω 上的调和函数 $u(x,y)$ 是 Ω 上一个解析函数的实部的充分必要条件是 $u(x,y)$ 有共轭调和函数.

定理 4 设 Ω 是 $\mathbb{C}$ 中的单连通区域, 则对 Ω 上任意的调和函数 $u(x,y)$ 必存在共轭调和函数 $v(x,y)$, 且 $v(x,y)$ 在相差一常数的意义下由 $u(x,y)$ 唯一确定.

证明 在 Ω 上考虑路径积分
$$\int_\gamma \frac{\partial u}{\partial x} \mathrm{d}y - \frac{\partial u}{\partial y} \mathrm{d}x.$$

如果 γ 是 Ω 中的简单闭曲线, 由 Ω 的单连通性知, 存在 Ω 中的有界区域 D, 使得 $\gamma = \partial D$. 因此利用 Green 公式得

$$\int_\gamma \frac{\partial u}{\partial x} dy - \frac{\partial u}{\partial y} dx = \iint_D \left(\frac{\partial^2 u}{\partial x^2} + \frac{\partial^2 u}{\partial y^2} \right) dx dy = 0.$$

这说明了路径积分

$$\int_\gamma \frac{\partial u}{\partial x} dy - \frac{\partial u}{\partial y} dx$$

仅与路径的起点和终点有关,而与路径本身无关.

在 Ω 内任取一点 $p_0 = (x_0, y_0)$,对 Ω 的任意点 $p = (x, y)$,作 Ω 中连结 p 和 p_0 的分段光滑曲线 γ,并定义函数:

$$v(x, y) = \int_\gamma \frac{\partial u}{\partial x} dy - \frac{\partial u}{\partial y} dx.$$

由于上面积分与 γ 的选取无关,因此 $v(x,y)$ 的定义是合理的. 微分得

$$dv = \frac{\partial u}{\partial x} dy - \frac{\partial u}{\partial y} dx,$$

即

$$\frac{\partial u}{\partial x} = \frac{\partial v}{\partial y}, \quad \frac{\partial u}{\partial y} = -\frac{\partial v}{\partial x}, \quad \frac{\partial^2 v}{\partial x^2} + \frac{\partial^2 v}{\partial y^2} = 0.$$

这就证明了 $v(x,y)$ 是 $u(x,y)$ 的共轭调和函数.

如果 $v_1(x,y)$ 是 $u(x,y)$ 的另一共轭调和函数,由 C-R 方程得

$$\frac{\partial v_1(x,y)}{\partial x} = \frac{\partial v(x,y)}{\partial x}, \quad \frac{\partial v_1(x,y)}{\partial y} = \frac{\partial v(x,y)}{\partial y}.$$

由于 Ω 是单连通的,因此有 $v_1(x,y) = v(x,y) + c$. 证毕.

定理 4 中单连通的条件是必须的. 例如令

$$u(x,y) = \ln(x^2 + y^2),$$

则 $u(x,y)$ 是 $\Omega = \mathbb{C} - \{0\}$ 上的调和函数,但其在 Ω 上并无共轭调和函数. 这点读者可在学完本章后利用 $\mathrm{Ln} z$ 的多值性自己验证.

另一方面,对于任意区域 Ω 和 $z_0 \in \Omega$,总存在 z_0 的邻域 $D \subset \Omega$,使得 D 是单连通的. 如果 $u(x,y)$ 是 Ω 内的调和函数,由定理 4 知 u 在 D 内存在共轭调和函数. 换句话说,调和函数局部总是一个解析函数的实部.

在第一章中我们形式地引入了另一复变量 $\bar{z}$,使得

$$x = \frac{z + \bar{z}}{2}, \quad y = \frac{z - \bar{z}}{2\mathrm{i}}.$$

因此用实变量 x 和 y 表示的关系式都能用复变量 z 和 $\bar{z}$ 表示. 一个自然的问题是: 怎样用复变量表示 C-R 方程? 通过这样的表示能得到什么结论?

第一章中我们还定义了函数关于复变量 z 和 $\bar{z}$ 的**形式偏导数**:
$$\frac{\partial}{\partial z} = \frac{1}{2}\left(\frac{\partial}{\partial x} - \mathrm{i}\frac{\partial}{\partial y}\right), \quad \frac{\partial}{\partial \bar{z}} = \frac{1}{2}\left(\frac{\partial}{\partial x} + \mathrm{i}\frac{\partial}{\partial y}\right).$$

首先我们举例说明怎样用它们来表示一些重要的算子.

例 5 证明: 利用复变量 z 和 $\bar{z}$, Laplace 算子
$$\Delta = \frac{\partial^2}{\partial x^2} + \frac{\partial^2}{\partial y^2}$$
可表示为
$$\Delta = 4\frac{\partial^2}{\partial z \partial \bar{z}}.$$

证明 由
$$\frac{\partial}{\partial z} = \frac{1}{2}\left(\frac{\partial}{\partial x} - \mathrm{i}\frac{\partial}{\partial y}\right), \quad \frac{\partial}{\partial \bar{z}} = \frac{1}{2}\left(\frac{\partial}{\partial x} + \mathrm{i}\frac{\partial}{\partial y}\right),$$
得
$$\frac{\partial}{\partial x} = \frac{\partial}{\partial z} + \frac{\partial}{\partial \bar{z}}, \quad \frac{\partial}{\partial y} = \mathrm{i}\left(\frac{\partial}{\partial z} - \frac{\partial}{\partial \bar{z}}\right),$$
因此
$$\Delta = \frac{\partial^2}{\partial x^2} + \frac{\partial^2}{\partial y^2} = \left(\frac{\partial}{\partial z} + \frac{\partial}{\partial \bar{z}}\right)^2 + \left[\mathrm{i}\left(\frac{\partial}{\partial z} - \frac{\partial}{\partial \bar{z}}\right)\right]^2 = 4\frac{\partial^2}{\partial z \partial \bar{z}}.$$

例 6 证明函数 $\ln(x^2 + y^2)$ 是 $\mathbb{C} - \{0\}$ 上的调和函数.

证明 因为当 $z = x + \mathrm{i}y \neq 0$ 时, 有
$$\Delta \ln(x^2 + y^2) = 4\frac{\partial^2}{\partial z \partial \bar{z}}\ln z\bar{z} = 4\frac{\partial}{\partial z}\left(\frac{z}{z\bar{z}}\right) = 4\frac{\partial}{\partial z}\left(\frac{1}{\bar{z}}\right) = 0,$$
所以函数 $\ln(x^2 + y^2)$ 是 $\mathbb{C} - \{0\}$ 上的调和函数.

定理 5 (C-R 方程) 设 $u(x,y), v(x,y)$ 是 Ω 上 C^1 的函数, 则
$$f(z) = u(x,y) + \mathrm{i}v(x,y)$$
在 Ω 上解析的充分必要条件是
$$\frac{\partial f(z)}{\partial \bar{z}} = 0.$$

证明 由

$$\frac{\partial f(z)}{\partial \bar{z}} = \frac{1}{2}\left(\frac{\partial}{\partial x} + i\frac{\partial}{\partial y}\right)[u(x,y) + iv(x,y)]$$

$$= \frac{1}{2}\left(\frac{\partial u}{\partial x} - \frac{\partial v}{\partial y}\right) + \frac{i}{2}\left(\frac{\partial u}{\partial y} + \frac{\partial v}{\partial x}\right)$$

得 $\dfrac{\partial f(z)}{\partial \bar{z}} = 0$ 等价于

$$\frac{\partial u}{\partial x} = \frac{\partial v}{\partial y}, \quad \frac{\partial u}{\partial y} = -\frac{\partial v}{\partial x},$$

即 $u(x,y), v(x,y)$ 满足 C-R 方程. 证毕.

定理 5 表明,利用复变量 z 和 $\bar{z}$,C-R 方程可表示为

$$\frac{\partial f(z)}{\partial \bar{z}} = 0.$$

一个 C^∞ 的二维实向量函数 $(u(x,y), v(x,y))$ 用复变量表示时为

$$u(x,y) + iv(x,y) = f(x,y) = f\left(\frac{z+\bar{z}}{2}, \frac{z-\bar{z}}{2i}\right).$$

定理 5 告诉我们上面的函数是解析函数的充分必要条件是其独立于变量 $\bar{z}$.

下面两个定理是定理 4 和定理 5 的应用.

定理 6 设 Ω 是单连通区域,$f(z)$ 是 Ω 上关于实变量 x 和 y 二阶连续可导,且处处不为零的解析函数,则存在 Ω 上解析函数 $g(z)$,使得 $e^{g(z)} = f(z)$.

证明 在 Ω 上定义实值函数 $u = \ln|f(z)|$,$f(z)$ 和 $f'(z)$ 在 Ω 上解析,由 C-R 方程得

$$\frac{\partial f(z)}{\partial \bar{z}} = 0, \quad \frac{\partial \overline{f(z)}}{\partial z} = 0; \quad \frac{\partial f'(z)}{\partial \bar{z}} = 0, \quad \frac{\partial \overline{f'(z)}}{\partial z} = 0.$$

对 u 应用 Laplace 算子 $\Delta = 4\dfrac{\partial^2}{\partial z \partial \bar{z}}$,得

$$\Delta u = 2\frac{\partial^2 \ln f(z)\overline{f(z)}}{\partial z \partial \bar{z}} = 2\frac{\partial}{\partial z}\left[\frac{f(z)\frac{\partial}{\partial \bar{z}}\overline{f(z)}}{f(z)\overline{f(z)}}\right]$$

$$= 2\frac{\partial}{\partial z}\left[\frac{f(z)\overline{f'(z)}}{f(z)\overline{f(z)}}\right] = 2\frac{\partial}{\partial z}\left(\frac{\overline{f'(z)}}{\overline{f(z)}}\right) = 0,$$

因此 u 是 Ω 上的调和函数. 但 Ω 是单连通区域,所以存在 Ω 上调和函数 v,使得 $u + iv \xrightarrow{\text{记为}} h(z)$ 在 Ω 上解析. 而

$$|e^{h(z)}| = e^u = e^{\ln|f(z)|} = |f(z)|,$$

因而由 C-R 方程得存在常数 c(参阅习题二第 3 题),使得 $ce^{h(z)} = f(z)$. 设 $c=e^{i\theta}$,令 $g(z)=i\theta+h(z)$ 即可. 证毕.

定理 7 设 Ω 是单连通区域,$f(z)$ 是 Ω 上关于实变量 x 和 y 二阶连续可导,且处处不为零的解析函数,则对任意自然数 n,存在 Ω 上解析函数 $h(z)$,使得 $h^n(z)=f(z)$.

证明 由定理 6 知,存在 Ω 上解析函数 $g(z)$,使得 $e^{g(z)}=f(z)$. 令 $h(z)=e^{\frac{1}{n}g(z)}$,则 $h^n(z)=f(z)$. 证毕.

例 7 如果 $f(z)$ 在 D 上解析,则 $df(z)=f'(z)dz$. 特别地,如果 $f'(z)\equiv 0$,则 $f(z)$ 在 D 上为常数.

例 8 问实的二维向量函数 $f:(x,y)\to(3x-y,x+y)$ 是否是解析函数?如不是,找一个实的二维向量函数 $g:(x,y)\to(u,v)$,使得 $f+g$ 为解析函数.

解 将 f 表示为
$$f(x,y) = 3x - y + i(x+y),$$
并用复变量 $x=\dfrac{z+\bar z}{2}$,$y=\dfrac{z-\bar z}{2i}$ 代替 (x,y),得 $f(x,y)=(2+i)z+\bar z$. 由于其含变量 $\bar z$,因而不是解析函数. 而如果令
$$g(x,y) = -\bar z = -x+iy = (-x,y),$$
则 $f(x,y)+g(x,y)=(2+i)z$,独立于变量 $\bar z$,因而是解析函数.

§2.3 导数的几何意义

由于复值函数是平面区域到平面区域的映射,一般不能作出函数的图像,从而其导数的几何意义不能用切线斜率来说明. 但另一方面正是由于复值函数是平面区域到平面区域的映射,我们可以将其看做区域之间的变换,从这个角度,复值函数导数的模和辐角仍是有明确的几何意义的.

设 $f(z)$ 在 z_0 可导. 由
$$\lim_{z\to z_0}\frac{f(z)-f(z_0)}{z-z_0} = f'(z_0)$$

得
$$\lim_{z \to z_0} \left| \frac{f(z) - f(z_0)}{z - z_0} \right| = |f'(z_0)|.$$

因此当 z 充分接近于 z_0 时,

$|f(z)-f(z_0)|=|f'(z_0)(z-z_0)+o(|z-z_0|)|\approx|f'(z_0)||z-z_0|.$

上式说明,当 $f'(z_0)\neq 0$ 时,$f(z)$ 将以 z_0 为圆心,r 为半径的充分小的圆盘近似地映为以 $f(z_0)$ 为圆心,$|f'(z_0)|r$ 为半径的圆盘. 特别地, $|f'(z_0)|^2$ 应是映射 $w=f(z)$ 关于对应区域之间的面积比,即映射的 **Jacobi 行列式**.

定理 设 $f(z)=u(x,y)+iv(x,y)$ 在区域 D 上解析,$z_0=x_0+iy_0\in D$,则 $|f'(z_0)|^2$ 是映射

$$(x,y) \mapsto (u(x,y), v(x,y))$$

在 (x_0, y_0) 处的 Jacobi 行列式.

证明 由定义,映射 $(x,y)\mapsto(u(x,y),v(x,y))$ 的 Jacobi 行列式为

$$\left| \begin{array}{cc} \frac{\partial u}{\partial x} & \frac{\partial u}{\partial y} \\ \frac{\partial v}{\partial x} & \frac{\partial v}{\partial y} \end{array} \right| = \frac{\partial u}{\partial x} \cdot \frac{\partial v}{\partial y} - \frac{\partial u}{\partial y} \cdot \frac{\partial v}{\partial x}.$$

由 C-R 方程上式可写成

$$\left(\frac{\partial u}{\partial x} \right)^2 + \left(\frac{\partial v}{\partial x} \right)^2 = |f'(z_0)|^2.$$

证毕.

推论 1 设 $f(z)$ 是 Ω 上的解析函数,导函数 $f'(z)$ 处处连续. 如果在 $z_0=x_0+iy_0$ 处 $f'(z_0)\neq 0$,则存在 z_0 的邻域 D,使得

(1) $f(D)$ 是开集;

(2) $f: D \to f(D)$ 是一一映射;

(3) $f^{-1}: f(D) \to D$ 在 $f(D)$ 上解析,且

$$(f^{-1})'(w) = \frac{1}{f'(z)},$$

其中 $w=f(z)$.

证明 将 $f(z)=u(x,y)+iv(x,y)$ 看做映射 $(x,y)\mapsto(u,v)$，则其 Jacobi 行列式 $|f'(z_0)|^2>0$。由微积分中的逆映射定理知，存在 z_0 的邻域 D，使得 $f(D)$ 是开集；$f:D\to f(D)$ 有可微的逆映射 $f^{-1}:f(D)\to D$。设 $z\in D$，令 $w=f(z)$，则有

$$(f^{-1})'(w) = \lim_{w'\to w}\frac{f^{-1}(w')-f^{-1}(w)}{w'-w}$$

$$= \lim_{z'\to z}\frac{z'-z}{f(z')-f(z)}$$

$$= \lim_{z'\to z}\frac{1}{\frac{f(z')-f(z)}{z'-z}} = \frac{1}{f'(z)}.$$

推论得证。

下面是这一推论的一个典型应用。

例 1 设 $f(z)=u+iv$ 在区域 D 上解析，导函数处处连续，且其实部和虚部满足方程 $u^3=v$，试证 $f(z)$ 在 D 上为常数。

证明 如果存在点 $z_0\in D$ 使得 $f'(z_0)\neq 0$，则由上面推论得映射 f 的像集 $f(D)$ 包含内点。但 $\mathbb{R}^2$ 中的集合 $S=\{(u,v)|u^3=v\}$ 无内点，矛盾。由此推出 $f'(z)$ 在 D 上处处为零，从而 $f(z)$ 为常数。

设 $\Omega\subset\mathbb{C}$ 是 $\mathbb{C}$ 中的区域，我们在其边界 $\partial\Omega$ 上取定一个定向，使沿此定向走时，Ω 总在左手边，称这一定向为边界 $\partial\Omega$ 的**正定向**。设 $F:\Omega\to F(\Omega)$ 是 Ω 上一个变换，满足 $F(\partial\Omega)=\partial F(\Omega)$。如果 F 将 $\partial\Omega$ 的正定向映为 $\partial F(\Omega)$ 的正定向，则称变换 F 在 Ω 内是**保向**的；反之称变换 F 在 Ω 内是**逆向**的。在多元微积分的积分变元代换公式中，我们知道当一个变换 $(x,y)\mapsto(u,v)$ 的 Jacobi 行列式处处大于等于零时，则此变换对定义域内任何区域都是保向的。如果将映射 $(x,y)\mapsto(u,v)$ 表示为复函数 $f(z)=u+iv$ 时，其是区域 Ω 上解析函数，则映射的 Jacobi 行列式 $|f'(z)|^2$ 处处大于等于零，因而是保向的。

推论 2 如果变换 $w=f(z)$ 是 Ω_1 到 Ω_2 的解析映射，则其是保向变换。

*全纯切映射与保角变换

上一章中，我们说明了如果将实可微的映射 $(x,y)\mapsto(u,v)$ 表示为

§2.3 导数的几何意义

复函数 $w=f(z,\bar{z})$ 时,为了保证其诱导的切映射是复线性的,我们在将曲线 $(x(t),y(t))$ 表示为复坐标时,需要定义其复切矢量为
$$\left(\frac{\mathrm{d}z(t)}{\mathrm{d}t},\frac{\mathrm{d}\bar{z}(t)}{\mathrm{d}t}\right).$$
但是如果我们考虑的函数 $w=f(z)$ 是解析的,由于 $f(z)$ 独立于变量 $\bar{z}$,因此不需要考虑 $\bar{z}$ 方向的偏导数. 这时对于可微曲线 $(x(t),y(t))$,将其表示为 $z(t)=x(t)+\mathrm{i}y(t)$,则切映射
$$f^*: z'(t)=x'(t)+\mathrm{i}y'(t) \mapsto \frac{\mathrm{d}f[z(t)]}{\mathrm{d}t}=f'[z(t)]z'(t)$$
对切向量 $z'(t)$ 已经是复线性的了. 因此不需要考虑 $\bar{z}'(t)$. 所以在讨论解析映射诱导的切映射时,对于 $z_0 \in \mathbb{C}$,我们只需考虑 $z'(t)$ 的部分并定义:
$$T'_{z_0}=\left\{\frac{\mathrm{d}z(0)}{\mathrm{d}t}\,\Big|\,z(t) \text{ 是过 } z_0 \text{ 的可微曲线}, z(0)=z_0\right\}.$$
T'_{z_0} 称为 z_0 点的**全纯切面**. 对于解析函数 f,我们称
$$f^*: T'_{z_0} \to T'_{f(z_0)}, \quad \alpha \mapsto f'(z_0)\alpha \quad (\alpha \in T'_{z_0})$$
为解析映射 $w=f(z)$ 诱导的**全纯切映射**.

设 $f(z)$ 是 Ω 上的解析函数,$z_0 \in \Omega, f'(z_0) \neq 0$. 设 $t \mapsto z(t)$ 是过 z_0 的一条曲线,满足 $z_0=z(0)$,则 $\dfrac{\mathrm{d}z(0)}{\mathrm{d}t}$ 是 $z(t)$ 在 z_0 处的切向量,而
$$f^*\left(\frac{\mathrm{d}z(0)}{\mathrm{d}t}\right) = \frac{\mathrm{d}f[z(0)]}{\mathrm{d}t} = f'(z_0)\frac{\mathrm{d}z(0)}{\mathrm{d}t}$$
是曲线 $f[z(t)]$ 在 $f(z_0)$ 处的切向量. 这时
$$\left|\frac{\mathrm{d}f[z(0)]}{\mathrm{d}t}\right| = |f'(z_0)|\left|\frac{\mathrm{d}z(0)}{\mathrm{d}t}\right|,$$
而
$$\mathrm{Arg}\,\frac{\mathrm{d}f[z(0)]}{\mathrm{d}t} = \mathrm{Arg}\,f'(z_0) + \mathrm{Arg}\,\frac{\mathrm{d}z(0)}{\mathrm{d}t}.$$
$|f'(z_0)|$ 表示切映射 f^* 对向量长度的伸缩,而 $\mathrm{Arg}\,f'(z_0)$ 表示切映射对向量的旋转. 即 f^* 是将 z_0 点的全纯切面作 $|f'(z_0)|$ 的伸缩后,再按逆时针方向旋转 $\mathrm{Arg}\,f'(z_0)$,然后映为 $f(z_0)$ 点的全纯切面. 特别地,如果我们定义 Ω 中过 z_0 的两条曲线 $z_1(t)$ 和 $z_2(t)$ 在 z_0 的夹角为其在 z_0

的切向量之间的夹角,则上面关系表示 $z_1(t)$ 与 $z_2(t)$ 的夹角等于 $f[z_1(t)]$ 与 $f[z_2(t)]$ 的夹角,即

$$\text{Arg}\frac{\mathrm{d}z_1(0)}{\mathrm{d}t} - \text{Arg}\frac{\mathrm{d}z_2(0)}{\mathrm{d}t} = \text{Arg}\frac{\mathrm{d}f[z_1(0)]}{\mathrm{d}t} - \text{Arg}\frac{\mathrm{d}f[z_2(0)]}{\mathrm{d}t}.$$

同时向量 $\frac{\mathrm{d}f[z_1(0)]}{\mathrm{d}t}$ 和 $\frac{\mathrm{d}f[z_2(0)]}{\mathrm{d}t}$ 之间的旋转关系与向量 $\frac{\mathrm{d}z_1(0)}{\mathrm{d}t}$ 和 $\frac{\mathrm{d}z_2(0)}{\mathrm{d}t}$ 之间的旋转关系相同. 满足这样关系的映射称为**第一类保角映射**. 如果一映射 g 在 z_0 点仅保持过 z_0 的曲线间的夹角,但改变了曲线间的旋转关系,则称 g 在 z_0 是**第二类保角映射**. 综上所述,我们得到解析函数 f 在其导数不为零的点上是**第一类保角映射**,见图 2.1.

注 导数不为零对切映射的**保角性**是必须的.

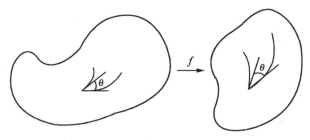

图 2.1

例 2 令 $f(z)=z^2$,则 $f(z)$ 将 x 轴正向映为 x 轴正向. 对任意 $\theta_0 \in (0,2\pi)$,直线 $z(t)=t\mathrm{e}^{\mathrm{i}\theta_0}$ 在 $z_0=z(0)=0$ 处与 x 轴正向的夹角为 θ_0,而 $f[z(t)]=t^2\mathrm{e}^{\mathrm{i}2\theta_0}$ 在 z_0 处与 x 轴正向的夹角为 $2\theta_0$,故切映射在 $z_0=0$ 处不是保角映射.

例 3 函数 $w=f(z)$ 称为**反解析函数**,如果 $\overline{f(z)}$ 是解析的. 由 $\frac{\partial \overline{f(z)}}{\partial \bar{z}} = \overline{\left(\frac{\partial f(z)}{\partial z}\right)}$ 得 $f(z)$ 是反解析的当且仅当 $\frac{\partial f}{\partial z}=0$,即 $f(z)$ 独立于变量 z. 这时在考虑 f 的切映射 f^* 时,对曲线 $z(t)$,定义 f^* 为

$$f^*: \bar{z}'(t) \mapsto \frac{\mathrm{d}f[z(t)]}{\mathrm{d}t} = \frac{\partial f}{\partial \bar{z}}\bar{z}'(t).$$

于是在 $\frac{\partial f}{\partial \bar{z}} \neq 0$ 的点上,f^* 是**第二类保角映射**.

例 4 令 $f(z)=\bar{z}$,则 $f(z)$ 是反解析函数. $f(z)$ 总是将光滑曲线映

成关于 x 轴对称的曲线. 因此 $f(z)$ 将保持任何两条曲线之间的夹角, 但改变曲线间的旋转关系, 例如它将过原点的直线 $te^{i\theta_1}$ 和 $te^{i\theta_2}$ 映成了过原点的直线 $te^{-i\theta_1}$ 和 $te^{-i\theta_2}$. 所以 $f(z)$ 是第二类保角映射.

§2.4 幂 级 数

解析函数的研究主要有两个方法: 由 Weierstrass 提出的**幂级数方法**和由 Cauchy 提出的**积分表示方法**. 本节中我们将对幂级数作一些介绍, 以便读者尽早了解和熟悉这一方法.

设 $z_0 \in \mathbb{C}$. 我们称形如
$$\sum_{n=0}^{+\infty} a_n(z-z_0)^n$$
的无穷级数为 z_0 处展开的 $z-z_0$ 的**幂级数**, 或称对 $z-z_0$ 展开的幂级数, 其中 $a_n \in \mathbb{C}$. 对给定的 $z \in \mathbb{C}$, 如果幂级数的部分和序列 $\left\{S_k = \sum_{n=0}^{k} a_n(z-z_0)^n\right\}$ 收敛, 则称此幂级数在 z 处**收敛**, 记为
$$S(z) = \sum_{n=0}^{+\infty} a_n(z-z_0)^n = \lim_{k \to +\infty} \sum_{n=0}^{k} a_n(z-z_0)^n,$$
并称 $S(z)$ 为级数的和; 否则称幂级数在 z 处**发散**.

例如在第一章中我们曾用幂级数定义了指数函数 e^z 和三角函数 $\sin z, \cos z$.

我们称幂级数 $\sum_{n=0}^{+\infty} a_n(z-z_0)^n$ 在区域 Ω 上**一致收敛**于函数 $f(z)$, 如果 $\forall \varepsilon > 0, \exists N$, 只要 $k > N$, 则 $\forall z \in \Omega$, 都有
$$\left| f(z) - \sum_{n=0}^{k} a_n(z-z_0)^n \right| < \varepsilon.$$

与序列极限相同, 对幂级数一致收敛的判别我们有下面的 Cauchy 准则.

定理 1(Cauchy 准则) 幂级数 $\sum_{n=0}^{+\infty} a_n(z-z_0)^n$ 在 Ω 上一致收敛的充分必要条件是 $\forall \varepsilon > 0, \exists N$, 只要 $k_1 > k_2 > N$, 则 $\forall z \in \Omega$, 都有
$$\left| \sum_{n=k_2}^{k_1} a_n(z-z_0)^n \right| < \varepsilon.$$

证明方法与实的幂级数相同,留作练习.

利用 Cauchy 准则,可得下面关于一致收敛常用的一个判别法则.

定理 2(控制收敛原理) 如果对 $n=0,1,2,\cdots$,存在 M_n,使得 $\forall z\in\Omega$,有 $|a_n(z-z_0)^n|\leqslant M_n$,且 $\sum_{n=0}^{+\infty} M_n$ 收敛,则 $\sum_{n=0}^{+\infty} a_n(z-z_0)^n$ 在 Ω 上一致收敛.

证明 如果级数 $\sum_{n=0}^{+\infty} M_n$ 收敛,则其满足 Cauchy 准则,于是得幂级数 $\sum_{n=0}^{+\infty} a_n(z-z_0)^n$ 在 Ω 上满足一致收敛的 Cauchy 准则. 证毕.

例 1 第一章中我们定义了

$$e^z = \sum_{n=0}^{+\infty} \frac{z^n}{n!}.$$

对于任意 $R>0$,以及任意 $z\in D(0,R)$,由 $\frac{|z|^n}{n!}<\frac{R^n}{n!}$,而 $\sum_{n=0}^{+\infty}\frac{R^n}{n!}=e^R$ 收敛,因此根据控制收敛原理得 $\sum_{n=0}^{+\infty}\frac{z^n}{n!}$ 在 $D(0,R)$ 上一致收敛.

与实的幂级数相同,关于复的幂级数收敛性质的基本定理是下面的 Abel 定理.

定理 3(Abel 定理) 如果幂级数 $\sum_{n=0}^{+\infty} a_n(z-z_0)^n$ 在 $z'\neq z_0$ 处收敛,则对任意的 r 满足 $0<r<|z'-z_0|$,幂级数 $\sum_{n=0}^{+\infty}(z-z_0)^n$ 在闭圆盘

$$\overline{D(z_0,r)} = \{z\,|\,|z-z_0|\leqslant r\}$$

上一致收敛.

证明 由 $\sum_{n=0}^{+\infty} a_n(z'-z_0)^n$ 收敛知,当 $k\to+\infty$ 时,

$$|a_k(z'-z_0)^k| = \left|\sum_{n=0}^{k} a_n(z'-z_0)^n - \sum_{n=0}^{k-1} a_n(z'-z_0)^n\right| \to 0,$$

从而序列 $\{a_k(z'-z_0)^k\}$ 为有界序列. 设 $|a_k(z'-z_0)^k|\leqslant M, k=0,1,2,\cdots$. 对 $\forall z\in\overline{D(z_0,r)}$,以及 $n=0,1,2,\cdots$,我们有

$$|a_n(z-z_0)^n| = \left|a_n(z'-z_0)^n\frac{(z-z_0)^n}{(z'-z_0)^n}\right|\leqslant M\left(\frac{r}{|z'-z_0|}\right)^n.$$

从 $\dfrac{r}{|z'-z_0|}<1$ 知等比级数

$$\sum_{n=0}^{+\infty} M\left(\dfrac{r}{|z'-z_0|}\right)^n$$

收敛. 由控制收敛原理得幂级数 $\sum_{n=0}^{+\infty} a_n(z-z_0)^n$ 在 $\overline{D(z_0,r)}$ 上一致收敛. 证毕.

利用定理 3, 对给定的幂级数 $\sum_{n=0}^{+\infty} a_n(z-z_0)^n$, 令

$$R = \sup\left\{|z-z_0|\,\Big|\,\sum_{n=0}^{+\infty} a_n(z-z_0)^n \text{ 在 } z \text{ 点收敛}\right\}.$$

$R \in [0,+\infty]$ 称为幂级数 $\sum_{n=0}^{+\infty} a_n(z-z_0)^n$ 的 **收敛半径**. 由 Abel 定理知, $\forall\, r \in (0,R)$, 幂级数 $\sum_{n=0}^{+\infty} a_n(z-z_0)^n$ 在 $\overline{D(z_0,r)}$ 上一致收敛, 而当 $z \notin \overline{D(z_0,R)}$ 时, 幂级数 $\sum_{n=0}^{+\infty} a_n(z-z_0)^n$ 发散. 在边界

$$\partial D(z_0,R) = \{z\,|\,|z-z_0| = R\}$$

上, 幂级数 $\sum_{n=0}^{+\infty} a_n(z-z_0)^n$ 在有些点处可能收敛, 在有些点处可能发散.

例 2 幂级数 $\sum_{n=0}^{+\infty} n!\, z^n$ 的收敛半径为零; 幂级数 $\sum_{n=0}^{+\infty} \dfrac{z^n}{n}$ 的收敛半径为 1, 其在 $z=1$ 处发散, 在 $z=-1$ 处收敛; 幂级数 $\sum_{n=0}^{+\infty} \dfrac{z^n}{n!}$ 的收敛半径为 $+\infty$.

对于给定的幂级数 $\sum_{n=0}^{+\infty} a_n(z-z_0)^n$, 其收敛半径 R 可通过幂级数的系数组成序列 $\{a_n\}$, 利用下面公式求得:

引理 对幂级数 $\sum_{n=0}^{+\infty} a_n(z-z_0)^n$, 设 $L = \varlimsup_{n\to+\infty} \sqrt[n]{|a_n|}$, 即 L 为序列 $\{\sqrt[n]{|a_n|}\}$ 的上极限, 则

(1) 当 $L=0$ 时, 幂级数的收敛半径 $R=+\infty$;

(2) 当 $L=+\infty$ 时, 幂级数的收敛半径 $R=0$;

(3) 当 $0<L<\infty$ 时,幂级数的收敛半径 $R=\dfrac{1}{L}$.

证明 下面我们只证明(3). 设 $|z-z_0|<\dfrac{1}{\varlimsup\limits_{n\to+\infty}\sqrt[n]{|a_n|}}$, 即

$$\varlimsup_{n\to+\infty}\sqrt[n]{|a_n||z-z_0|^n}<1.$$

取 p 使得 $\varlimsup\limits_{n\to+\infty}\sqrt[n]{|a_n||z-z_0|^n}<p<1$, 则由上极限的定义知, 存在 N, 使得只要 $n>N$, 就有 $|a_n(z-z_0)^n|<p^n$. 而级数 $\sum\limits_{n=0}^{+\infty}p^n$ 收敛, 得幂级数 $\sum\limits_{n=0}^{+\infty}a_n(z-z_0)^n$ 收敛. 因此

$$R\geqslant\dfrac{1}{\varlimsup\limits_{n\to+\infty}\sqrt[n]{|a_n|}}=\dfrac{1}{L}.$$

但如果 $|z-z_0|>\dfrac{1}{\varlimsup\limits_{n\to+\infty}\sqrt[n]{|a_n|}}$, 即

$$\varlimsup_{n\to+\infty}\sqrt[n]{|a_n||z-z_0|^n}>1,$$

则由上极限的定义知, 存在序列 $\{a_n(z-z_0)^n\}$ 的子序列 $\{a_{n_k}(z-z_0)^{n_k}\}$, 使得 $\lim\limits_{n_k\to+\infty}a_{n_k}(z-z_0)^{n_k}=\infty$. 于是 $\sum\limits_{n=0}^{+\infty}a_n(z-z_0)^n$ 发散. 因此

$$R\leqslant\dfrac{1}{\varlimsup\limits_{n\to+\infty}\sqrt[n]{|a_n|}}=\dfrac{1}{L}.$$

引理得证.

利用这一引理,则有:

定理 4 幂级数 $\sum\limits_{n=0}^{+\infty}a_n(z-z_0)^n$ 与 $\sum\limits_{n=0}^{+\infty}na_n(z-z_0)^{n-1}$ 有相同的收敛半径.

证明 由 $\lim\limits_{n\to+\infty}\sqrt[n]{n}=1$ 得

$$\varlimsup_{n\to+\infty}\sqrt[n]{|a_n|}=\varlimsup_{n\to+\infty}\sqrt[n]{n|a_n|},$$

所以由引理知定理成立. 证毕.

有了上面的准备,本节我们要证明的基本定理是:

定理 5 设幂级数 $\sum_{n=0}^{+\infty} a_n(z-z_0)^n$ 的收敛半径为 $R>0$,则

$$f(z) = \sum_{n=0}^{+\infty} a_n(z-z_0)^n$$

在 $D(z_0,R)=\{z\mid |z-z_0|<R\}$ 内解析,并且

$$f'(z) = \sum_{n=1}^{+\infty} na_n(z-z_0)^{n-1}.$$

证明 $\forall z' \in D(z_0,R)$,取 $r>0$,使 $|z'-z_0|<r<R$,则在 $\overline{D(z_0,r)}$ 上幂级数 $\sum_{n=0}^{+\infty} a_n(z-z_0)^n$ 与 $\sum_{n=1}^{+\infty} na_n(z-z_0)^{n-1}$ 都是一致收敛的. 我们仅需要在 $D(z_0,r)$ 上讨论 $f(z)$ 在 z' 的可导性.

对任意 $k=1,2,\cdots$,令 $S_k(z)=\sum_{n=0}^{k} a_n(z-z_0)^n$,则

$$S_k'(z') = \sum_{n=1}^{k} na_n(z'-z_0)^{n-1}.$$

又

$$\left| \frac{f(z)-f(z')}{z-z'} - \sum_{n=1}^{+\infty} na_n(z'-z_0)^{n-1} \right|$$

$$\leq \left| \frac{S_k(z)-S_k(z')}{z-z'} - S_k'(z') \right| + \left| \sum_{n=k+1}^{+\infty} na_n(z'-z_0)^{n-1} \right|$$

$$+ \left| \sum_{n=k+1}^{+\infty} a_n \left[\frac{(z-z_0)^n - (z'-z_0)^n}{z-z'} \right] \right|. \tag{2.1}$$

由于

$$\left| \frac{(z-z_0)^n - (z'-z_0)^n}{z-z'} \right| = \left| \sum_{i=1}^{n} (z-z_0)^{n-i}(z'-z_0)^{i-1} \right|$$

$$\leq \sum_{i=1}^{n} |(z-z_0)^{n-i}||(z'-z_0)^{i-1}| \leq nr^{n-1},$$

$$\left| \sum_{n=k+1}^{+\infty} na_n(z-z_0)^{n-1} \right| \leq \sum_{n=k+1}^{+\infty} n|a_n|r^{n-1},$$

现已知 $\sum_{n=1}^{+\infty} n|a_n|r^{n-1}$ 收敛,因此 $\forall \varepsilon>0$,可取 k_0,使

$$\sum_{n=k_0}^{+\infty} n|a_n|r^{n-1} < \frac{\varepsilon}{3}.$$

现在(2.1)式中令 $k=k_0$,由

$$\lim_{z \to z'} \left| \frac{S_{k_0}(z) - S_{k_0}(z')}{z - z'} - S'_{k_0}(z') \right| = 0$$

知,存在 $\delta > 0$,使 $|z-z'| < \delta$ 时,

$$\left| \frac{S_k(z) - S_k(z')}{z - z'} - S'_k(z') \right| < \frac{\varepsilon}{3}.$$

因此 $|z-z'| < \delta$ 时,

$$\left| \frac{f(z) - f(z')}{z - z'} - \sum_{n=0}^{+\infty} na_n(z' - z_0)^{n-1} \right| < \varepsilon.$$

这样我们就证明了 $f(z)$ 在 z' 可导,且 $f'(z') = \sum_{n=1}^{+\infty} na_n(z'-z_0)^{n-1}$. 证毕.

推论 1 设幂级数 $f(z) = \sum_{n=0}^{+\infty} a_n(z-z_0)^n$ 的收敛半径 $R > 0$,则 $f(z)$ 在 $D(z_0, R)$ 上任意阶可导,并且有 $a_n = \frac{f^{(n)}(z_0)}{n!}$,即

$$f(z) = \sum_{n=0}^{+\infty} \frac{f^{(n)}(z_0)}{n!} (z - z_0)^n.$$

推论 1 表明,幂级数就是其和函数 $f(z)$ 在 z_0 处的 **Taylor** 展开式.

推论 2 如果 $f(z)$ 可在 z_0 的邻域内展开为 $z-z_0$ 的幂级数,则其展开式是唯一的.

在本书的第三章中我们将证明定理 5 的逆定理亦成立,即如果 $f(z)$ 是圆盘 $D(z_0, R)$ 上的解析函数,则 $f(z)$ 可在 $D(z_0, R)$ 上展开为幂级数 $f(z) = \sum_{n=0}^{+\infty} a_n(z-z_0)^n$. 因此对于圆盘 $D(z_0, R)$ 这样的区域,关于 $z-z_0$ 收敛的幂级数与其上解析函数之间一一对应. 解析函数的性质可通过幂级数的研究得到,同样幂级数的性质也可通过解析函数来反映. 例如我们前面证明了解析函数经 $+,-,\times,\div$(分母不为零)和复合后仍是解析函数,因而同样的幂级数在相应收敛区域内也可作 $+,-,\times,\div$(分母不为零)和复合的运算. 下面对这些运算作一些简单介绍.

幂级数的乘法:设给定两个在 z_0 点的邻域上收敛的幂级数

$$f(z) = \sum_{n=0}^{+\infty} a_n(z-z_0)^n = \sum_{n=0}^{+\infty} \frac{f^{(n)}(z_0)}{n!}(z-z_0)^n,$$

$$g(z) = \sum_{n=0}^{+\infty} b_n(z-z_0)^n = \sum_{n=0}^{+\infty} \frac{g^{(n)}(z_0)}{n!}(z-z_0)^n.$$

我们定义其乘积为

$$f(z)g(z) = \left[\sum_{n=0}^{+\infty} a_n(z-z_0)^n\right] \cdot \left[\sum_{n=0}^{+\infty} b_n(z-z_0)^n\right]$$

$$= \sum_{n=0}^{+\infty}\left(\sum_{k=0}^{n} a_k b_{n-k}\right)(z-z_0)^n = \sum_{n=0}^{+\infty} \frac{(fg)^{(n)}(z_0)}{n!}(z-z_0)^n.$$

其也是在 z_0 点展开的幂级数.

如果 r_1, r_2 分别是幂级数 $\sum_{n=0}^{+\infty} a_n(z-z_0)^n$ 和 $\sum_{n=0}^{+\infty} b_n(z-z_0)^n$ 的收敛半径,则其乘积

$$\sum_{n=0}^{+\infty} a_n(z-z_0)^n \cdot \sum_{n=0}^{+\infty} b_n(z-z_0)^n = \sum_{n=0}^{+\infty}\left(\sum_{k=0}^{n} a_k b_{n-k}\right)(z-z_0)^n$$

的收敛半径大于等于 $\min\{r_1, r_2\}$. 这一点利用定理 5 的逆容易看出,也可利用微积分中关于绝对收敛级数的和与求和顺序无关这一结论直接得到. 这里不再详细证明了.

例 3 令 $f(z) = 1-z, g(z) = \dfrac{1}{1-z} = \sum_{n=0}^{+\infty} z^n$,则其收敛半径分别为 $r_1 = +\infty, r_2 = 1$,但 $f(z)g(z) = (1-z)\left(\sum_{n=0}^{+\infty} z^n\right) = 1$ 的收敛半径为 $+\infty$,其大于 $\min\{r_1, r_2\}$.

幂级数经相除和幂级数经复合后所得的幂级数在相应函数解析的圆盘上也收敛,其一般可通过**待定系数法**求得.

例 4 设 $f(z) = \sum_{n=0}^{+\infty}(n+1)^2 z^n, g(z) = \sum_{n=0}^{+\infty}(-1)^n(n+1)z^n$. 假设 $\dfrac{f(z)}{g(z)} = \sum_{n=0}^{+\infty} b_n z^n$,其中 b_n 为待定系数,求 b_0, b_1, b_2.

解 由 $\sum_{n=0}^{+\infty}(n+1)^2 z^n = \left(\sum_{n=0}^{+\infty} b_n z^n\right)\left[\sum_{n=0}^{+\infty}(-1)^n(n+1)z^n\right]$,比较对应系数,得 $b_0 = 1, -2b_0 + b_1 = 4, 3b_0 - 2b_1 + b_2 = 9$,解得

$$b_0 = 1, \quad b_1 = 6, \quad b_2 = 18.$$

例 5 设 $f(z) = \sum_{n=0}^{+\infty} (n+1)^2 z^n$, $g(z) = \sum_{n=1}^{+\infty} (-1)^n n z^n$. 假定 $f[g(z)] = \sum_{n=0}^{+\infty} b_n z^n$, 求 b_0, b_1, b_2.

解 由
$$1 + 4(-z + 2z^2 + \cdots) + 9(-z + 2z^2 + \cdots)^2 + \cdots = b_0 + b_1 z + b_2 z^2 \cdots,$$
比较对应系数得 $b_0 = 1, b_1 = -4, b_2 = 17$.

如果 $f(x)$ 是 $[a,b]$ 上一实值函数, 设其可展开为收敛半径为 R 的幂级数 $f(x) = \sum_{n=0}^{+\infty} a_n (x - x_0)^n$. 用复变量 z 代替 x, 即令
$$f(z) = \sum_{n=0}^{+\infty} a_n (z - x_0)^n,$$
则其收敛半径也是 R. $f(z)$ 是 $f(x)$ 对复变量的**解析扩展**.

利用 $\sin x, \cos x$ 和 e^x 的幂级数展开, 在第一章中我们定义了
$$\sin z = \sum_{n=1}^{+\infty} (-1)^{n-1} \frac{z^{2n-1}}{(2n-1)!};$$
$$\cos z = \sum_{n=0}^{+\infty} (-1)^{n-1} \frac{z^{2n}}{(2n)!};$$
$$e^z = \sum_{n=0}^{+\infty} \frac{z^n}{n!}.$$

由定理 5 得 $\sin z, \cos z$ 和 e^z 都是 $\mathbb{C}$ 上的解析函数.

应当说明的是 $\sin x, \cos x$ 和 e^x 作为实函数满足的各种恒等关系式都可以表示为 x 的幂级数之间相应的恒等关系式, 而这些关系式仅涉及 x 的代数运算, 因而用复变量 z 代替 x 时其同样成立. 例如我们同样有和角公式:
$$\sin(z_1 + z_2) = \sin z_1 \cos z_2 + \sin z_2 \cos z_1;$$
同样有
$$e^{z_1 + z_2} = e^{z_1} e^{z_2}, \quad (\sin z)' = \cos z, \quad (\cos z)' = -\sin z.$$
这里就不再一一证明了 (参阅习题 25, 26, 27).

另一方面, 由于虚数 i 的引进, 利用级数直接计算得 **Euler 公式**:
$$e^{iz} = \cos z + i \sin z.$$

同样我们有
$$\sin z = \frac{e^{iz} - e^{-iz}}{2i}; \quad \cos z = \frac{e^{iz} + e^{-iz}}{2}.$$

因此如果以 e^z 作为基本初等函数，则 $\sin z$ 和 $\cos z$ 都可由 e^z 得到. 同样的关系对于反函数也是成立的. 所以下面我们将以 e^z 及其反函数 $\mathrm{Ln}z$ 的讨论为主，并利用其得到其他的关于复变量 z 的基本初等函数.

*§2.5 多值函数与反函数

直接利用幂级数定义初等解析函数的反函数是有困难的，例如我们知道
$$\ln(1+x) = x - \frac{x^2}{2} + \frac{x^3}{3} + \cdots,$$

如果以 z 代 x，则我们得到的只是在圆盘 $D(0,1)$ 上的函数，并不是指数函数 e^{1+z} 的反函数.

怎样研究一个解析函数的反函数呢？在本章 §2.3 的推论 1 中，我们证明了如果解析函数 $f(z)$ 在 z_0 点满足 $f'(z_0)\neq 0$，则存在 z_0 的邻域 D_1，使得 $f: D_1 \to f(D_1)$ 是解析同胚. 因而 $f(z)$ 在 D_1 上有反函数. 在下一章中我们将证明如果区域 D 上的解析函数 $f(z)$ 不为常数，则 $f'(z)$ 为零的点都是 D 中的孤立点. 因而除去这些点后，$f(z)$ 局部总是有反函数的. 我们希望对这些局部的反函数进行拼接得到 $f(z)$ 的大范围的反函数. 为此我们需要讨论多值函数及其单值解析分支.

集合 S 上的**多值函数** F 是一映射，其将 S 中每一个点 $z\in S$ 映为 $\mathbb{C}$ 中一个集合(有限或无穷)，以 $F(z)$ 记 z 对应的集合.

设 $f(z)$ 是区域 D 上的函数. 令 $S=f(D)$. 对 $\forall w\in S$，如果令 $F(w)=\{z\in D | f(z)=w\}$，则当 $f(z)$ 不是单射时，F 是 S 上的多值函数. 我们将 F 称为 $f(z)$ 的**反函数**. 有时也将 F 表示为 $f^{-1}(z)$.

例 1 设函数 $f(z)=z^2$. 如果 $z=re^{i\theta}\neq 0$，则 $f(z)=r^2 e^{i2\theta}$，因此 $f(z)$ 的反函数 $\sqrt{z}$ 可表为
$$f^{-1}(z)=\sqrt{z}=\sqrt{re^{i\theta}}=\left\{r^{\frac{1}{2}}e^{i\frac{\theta}{2}}, r^{\frac{1}{2}}e^{i\frac{\theta+2\pi}{2}}\right\}.$$

它是一多值函数.

定义 设 $F(z)$ 是区域 Ω 上一多值函数. 如果存在 Ω 上一解析函数 $f(z)$,使得 $\forall\, z \in \Omega$,恒有 $f(z) \in F(z)$,则称 $f(z)$ 为多值函数 $F(z)$ 在 Ω 上的一个**单值解析分支**.

例 2 设 $f_1(z), f_2(z), \cdots, f_n(z)$ 都是区域 Ω 上解析函数. 定义 Ω 上多值函数 $F(z)$ 为

$$F(z) = \{f_i(z)\}_{i=1,2,\cdots,n},$$

则对于 $F(z)$,函数 $f_1(z), f_2(z), \cdots, f_n(z)$ 都是其单值解析分支.

例 3 设 $f(z)$ 是区域 D 上的解析函数,并且有连续导函数. 如果 $z_0 \in D$,使 $f'(z_0) \neq 0$,则由反函数定理知存在 $f(z_0)$ 的邻域 O 和 O 上的函数 $g(z)$,使其为 $f^{-1}(z)$ 在 O 上的一个单值解析分支.

由于区域 D 上一个解析函数 $f(z)$ 的反函数一般是多值函数,我们有时需要知道对于反函数 $f^{-1}(z)$,其在什么条件下,在多大区域上有单值解析分支. 另外,我们还希望知道不同的单值解析分支之间有什么关系.

我们首先讨论**指数函数** e^z **的反函数**. 它的定义如下:当 $z \neq 0$ 时,方程 $e^w = z$ 的解 w 称为 z 的**对数**,记为 $w = \mathrm{Ln}\, z$. 由指数函数的周期性知 $\mathrm{Ln}\, z$ 是多值函数. 事实上它是无穷值的函数. 设 $z = re^{i\theta}, w = u + iv$. 由

$$e^{u+iv} = e^u e^{iv} = re^{i\theta}$$

得 $u = \ln r$ 和 $v = \theta + 2k\pi, k \in \mathbb{Z}$. 由此我们得到

$$w = \mathrm{Ln}\, z = \ln r + i(\theta + 2k\pi) = \ln|z| + i(\arg z + 2k\pi), \quad k \in \mathbb{Z}.$$

上式表明对数函数的实部是单值函数,而其多值性是由其虚部造成的. 现在来讨论 $\mathrm{Ln}\, z$ 在什么样的区域内存在单值解析分支. 任给 $z_0 \in \mathbb{C} - \{0\}$,固定 $\mathrm{Ln}\, z$ 在 z_0 邻域的一个单值解析分支. 由于 $\mathrm{Ln}\, z$ 在 $\mathbb{C} - \{0\}$ 中任意点的邻域都可分解为互不相等的单值解析分支,因而上面的单值解析分支可沿 $\mathbb{C} - \{0\}$ 中任意曲线不断延拓. 要使延拓与路径无关,必须其沿任意简单闭曲线延拓回到起点时不变. 而我们知道平面上一个动点沿任一简单闭曲线 Γ 运动一周回到原来位置后,它的模是不改变的. 原点不在 Γ 内时,它的辐角也不改变. 而当原点在 Γ 内部时,则辐角必须改变 $\pm 2\pi$. 因此在一个区域 D 内要使 $\mathrm{Ln}\, z$ 能分出单值分支,D 内不能含有绕原点的闭曲线. 所以从复平面 $\mathbb{C}$ 内挖去任何一条从原点

出发并趋于无穷的曲线后所剩下的区域都可以分出 $\mathrm{Ln}z$ 的单值解析分支.

现在来讨论各个单值分支之间的关系. 设 $g(z)$ 是 $\mathrm{Ln}z$ 在区域 D 内的一个单值解析分支. 利用反函数的求导关系得

$$g'(z) = \frac{1}{(\mathrm{e}^w)'}\bigg|_{w=\ln z} = \frac{1}{z}.$$

这说明 $\mathrm{Ln}z$ 的任何单值分支在 $z \in D$ 的导函数相同. 因此任何两个单值分支的差应是一个常数. 令 $\mathbb{R}^+ = \{(x,y) \mid x > 0, y = 0\}$ 为正实轴. 现取 $D = \mathbb{C} - \{\mathbb{R}^+ \cup \{0\}\}$. 若限定 $0 < \mathrm{Im}w < 2\pi$, 则 $w = \mathrm{Ln}z$ 在 D 内有唯一的单值解析分支

$$\ln z = \ln|z| + \mathrm{i}\arg z \xrightarrow{\text{记为}} f_0(z).$$

有时我们称 $\ln z$ 为 $\mathrm{Ln}z$ 的主值(支). $\mathrm{Ln}z$ 在 D 上的其他单值解析分支可表示为

$$\ln_k z = \ln z + \mathrm{i}2k\pi = \ln|z| + \mathrm{i}(\arg z + 2k\pi), \quad k = 0, \pm 1, \pm 2, \cdots.$$

能否找一个特殊定义的曲面使得在其上 $\mathrm{Ln}z$ 成为一个单值函数呢? Riemann 考虑了这个问题, 并引进了 Riemann 曲面这一重要工具. 对 $\mathrm{Ln}z$ 的 Riemann 曲面我们可以形象地从 e^z 的映射性质得到. 设想用一根平行于 x 轴的直线 l_0, 特别地就将 l_0 取为 $y = 0$. 将 l_0 上下连续平行移动为 $\mathrm{Im}z = y = \theta_0$ 时, 则 $w = \mathrm{e}^z$ 将 l_0 映为 $\mathbb{C} - \{0\}$ 中的射线 $\arg w = \theta_0$. 当 l_0 由直线 $y = 0$ 往上移动到 $y = 2\pi$ 的位置时, e^z 将 $\mathbb{R}^+$ 逆时针地绕原点一周(扫遍了整个复平面)又回到了 $\mathbb{R}^+$. 试想当我们扫描重回到 $\mathbb{R}^+$ 时, 我们将扫描到 $\mathbb{R}^+$ 的直线往上稍稍一提, 这样当 l_0 继续向上连续移动时, $w = \mathrm{e}^z$ 将 $2\pi < \mathrm{Im}z < 4\pi$ 又一次映满复平面. 我们得到了两层的曲面. 当 l_0 继续向上, 以后每到 $\mathbb{R}^+$ 的位置我们都向上一提. 而当 l_0 向下移动至 $y = -2k\pi$ 时, 将扫描的曲线向下压. 这样我们就可以得到一连续曲面 S, 它形如一个上下都没有头的旋转楼梯. 在这个曲面 S 上, e^z 将 $\mathbb{C}$ 一一的映为 S, 从而 $\mathrm{Ln}z$ 在 S 上是单值函数.

$\mathrm{Ln}z$ 的 Riemann 曲面也可按如下方法定义: 对每一个 $k \in \mathbb{Z}$ 取一块沿正实轴 $\mathbb{R}^+$ 剪开并去掉原点的复平面 $\mathbb{C}_k - \{0\}$, 剪开的上边缘记为 $\mathbb{R}_k^+$, 下边缘记为 $\mathbb{R}_k^-$. 将 $\mathbb{C}_k - \{0\}$ 的 $\mathbb{R}_k^+$ 与 $\mathbb{C}_{k-1} - \{0\}$ 的 $\mathbb{R}_{k-1}^-$ 粘接,

将 $\mathbb{C}_k$ 的 $\mathbb{R}_k^-$ 与 $\mathbb{C}_{k+1}$ 的 $\mathbb{R}_{k+1}^+$ 粘接,则得一曲面 S. 在 S 上定义函数
$$\mathrm{Ln}z = \ln_k z = \ln|z| + \mathrm{i}(\arg z + 2\pi k), \quad z \in \mathbb{C}_k, k \in \mathbb{Z}.$$
S 称为 $\mathrm{Ln}z$ 的 **Riemann 曲面**(见图 2.2). $\mathrm{Ln}z$ 可看做定义在 S 上的单值解析函数.

下面我们讨论 $f(z)=z^n (n>1$ 为自然数) 的反函数. 为了简便起见,我们只讨论 $n=2$ 的情况.

对 $w=z^2$,它的反函数可记为
$$\sqrt{z} = \mathrm{e}^{\frac{1}{2}\mathrm{Ln}z} = \mathrm{e}^{\frac{1}{2}\ln|z|+\frac{1}{2}(\arg z+2k\pi)\mathrm{i}}.$$

由于 e^z 是单值函数,因此在 $\mathrm{Ln}z$ 可以分出单值分支的区域上,$w=z^{\frac{1}{2}}$ 均可分出单值分支. 再由 e^z 的周期性,$w=z^{\frac{1}{2}}$ 只有两个单值分支.

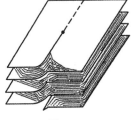

图 2.2

设 $z=r\mathrm{e}^{\mathrm{i}\theta}\neq 0$,如果我们令
$$f_1(z) = r^{\frac{1}{2}}\mathrm{e}^{\mathrm{i}\frac{\theta}{2}}, \quad f_2(z) = r^{\frac{1}{2}}\mathrm{e}^{\mathrm{i}\left(\frac{\theta}{2}+\pi\right)},$$
则 $f_1(z), f_2(z)$ 都是 $\sqrt{z}$ 在 $\mathbb{C} - \mathbb{R}^+ \cup \{0\}$ 上的单值解析分支. 如果在 $\mathbb{R}^+$ 上任取 $r=r_0\neq 0$,则
$$\lim_{\theta\to 0^+} f_1(z) = r_0^{\frac{1}{2}},$$
而
$$\lim_{\theta\to 2\pi^-} f_1(z) = -r_0^{\frac{1}{2}},$$
因此 $f_1(z)$ 在 $\mathbb{R}^+$ 两侧的单侧极限不等. $f_1(z)$ 在 $\mathbb{R}^+$ 上无意义. 同样的我们有
$$\lim_{\theta\to 0^+} f_2(z) = -r_0^{\frac{1}{2}}, \quad \lim_{\theta\to 2\pi^-} f_2(z) = r_0^{\frac{1}{2}},$$
$f_2(z)$ 在 $\mathbb{R}^+$ 上无意义. 因此我们得不到 $\sqrt{z}$ 在 $\mathbb{C}-\{0\}$ 上的单值解析分支. 但注意到
$$\lim_{\theta\to 0^+} f_1(z) = \lim_{\theta\to 2\pi^-} f_2(z), \quad \lim_{\theta\to 2\pi^-} f_1(z) = \lim_{\theta\to 0^+} f_2(z),$$
$f(z)=z^2$ 的反函数 $\sqrt{z}$ 的 Riemann 曲面可按下面方法得到:取两块去除原点的复平面 $\mathbb{C}_1-\{0\}, \mathbb{C}_2-\{0\}$,并分别沿 $\mathbb{R}^+$ 剪开,如图 2.3;

将 $\mathbb{C}_1-\{0\}$ 的 $\mathbb{R}_1^+$ 与 $\mathbb{C}_2-\{0\}$ 的 $\mathbb{R}_2^-$ 沿 $\mathbb{R}^+$ 粘接,将 $\mathbb{C}_1-\{0\}$ 的 $\mathbb{R}_1^-$ 与 $\mathbb{C}_2-\{0\}$ 的 $\mathbb{R}_2^+$ 沿 $\mathbb{R}^+$ 粘接,则得一曲面 S. 在 S 上定义函数 $f^{-1}(z)$ 为

$$f^{-1}(z) = \begin{cases} f_1(z), & z \in \mathbb{C}_1-\{0\}, \\ f_2(z), & z \in \mathbb{C}_2-\{0\}, \end{cases}$$

则我们得到 S 到 $\mathbb{C}$ 的一个单值映射. S 称为 $\sqrt{z}$ 的 Reimann 曲面, $f^{-1}(z): S \to \mathbb{C}$ 称为 $f(z)=z^2$ 的单值反函数. 这样,对多值函数 $\sqrt{z}$,我们利用其单值解析分支之间的关系构造了曲面 S,将多值函数 $\sqrt{z}$ 变为 S 上的单值函数. 这是表示解析函数的反函数的一个基本方法.

利用同样的方法,我们可以构造函数 $f(z)=z^n$ 的反函数 $\sqrt[n]{z}$ 的 Riemann 曲面 S_n 和单值映射 $\sqrt[n]{z}: S_n \to \mathbb{C}$.

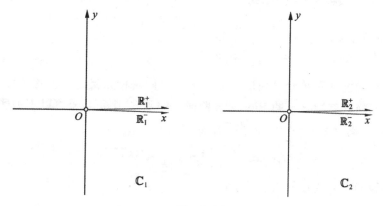

图 2.3

对于 $\mathrm{Ln}z$ 和 $\sqrt{z}$,我们发现当 z 沿任何绕原点的小圆周运动一周时, $\mathrm{Ln}z$ 和 $\sqrt{z}$ 的一个解析分支都必须变成另一个解析分支,因此称 $z=0$ 为这些多值函数的一个支点. 由于任何绕原点的圆周从 Riemann 球面上来看也是绕 ∞ 的圆周,因而我们将 ∞ 也称为它们的支点.

对 $\mathrm{Ln}z$ 的支点 $z=0$ 来说,当动点沿着绕原点的圆周朝一方向运动时, $\mathrm{Ln}z$ 从一个解析分支变成另一个解析分支,而且不管运动多久,动点永远回不到原来的分支,因此我们称 $z=0$ 以及 ∞ 为 $\mathrm{Ln}z$ 的**对数支点**. 而对 $\sqrt{z}$ 来说,当动点沿圆周运动两周后函数的解析分支就回到原来的分支,这种支点我们称为**代数支点**.

有了 e^z 和 $\text{Ln}z$ 这两个基本初等函数,其他关于 z 的**初等解析函数**都可由它们经有限次四则运算及复合运算得到. 例如我们有 $z=e^{\text{Ln}z}$,而对于任意 $\alpha\in\mathbb{C}$,幂函数 $w=z^\alpha$ 可定义为
$$w=z^\alpha=e^{\alpha \text{Ln}z}.$$

例 4 将 2^i 和 i^i 表示为 $a+ib$ 的形式.

解 (1) 由定义和 Euler 公式得 $2^i=e^{i\ln 2}=\cos\ln 2+i\sin\ln 2$.

(2) 同理 $i^i=e^{i\text{Ln}i}=e^{i(\ln|i|+i\text{Arg}i)}=e^{-\frac{\pi}{2}+2k\pi}$.

下面我们定义**反三角函数**:由
$$w=\cos z=\frac{e^{iz}+e^{-iz}}{2},$$
得 $(e^{iz})^2-2we^{iz}+1=0$. 因此
$$e^{iz}=w\pm\sqrt{(w^2-1)}.$$
于是得
$$z=\frac{1}{i}\text{Ln}(w\pm\sqrt{w^2-1}).$$

由于根号前的正负号是由取函数 $\sqrt{z}$ 的不同解析分支时产生的,而如果我们将其看做 $\sqrt{z}$ 的 Riemann 曲面上的函数,则正负号可以不加区别,因此我们定义 $w=\cos z$ 的反函数为
$$w=\text{Arccos}z=\frac{1}{i}\text{Ln}(z+\sqrt{z^2-1}).$$

同理我们定义的 $w=\sin z$ 反函数为
$$w=\text{Arcsin}z=\frac{\pi}{2}-\frac{1}{i}\text{Ln}(z+\sqrt{z^2-1}).$$

这样我们就将所有实变量的基本初等函数推广为复变量的函数.

对于单连通的区域,多值函数的单值解析分支存在问题有时比较简单. 例如本章§2.2 中的定理 6 和定理 7 利用单值解析分支可分别表示为下面的定理 1 和定理 2.

定理 1 设 Ω 是单连通区域,$f(z)$ 是 Ω 上处处不为零的解析函数,则 $\text{Ln}f(z)$ 在 Ω 上有单值解析分支. 即存在 Ω 上解析函数 $g(z)$,使得 $e^{g(z)}=f(z)$. 而 $g(z)+i2k\pi$ 就是 $\text{Ln}f(z)$ 在 Ω 上的所有单值解析分支,其中 $k\in\mathbb{Z}$.

定理 2 设 Ω 是单连通区域,$f(z)$ 是 Ω 上处处不为零的解析函

数,则对任意自然数 n, $\sqrt[n]{f(z)}$ 在 Ω 上有 n 个单值解析分支.

在本书的第七章解析开拓中我们还将对单连通区域上单值解析分支的存在问题作更为详细的讨论.

例 5 函数

$$w = f(z) = \frac{1}{2}\left(z + \frac{1}{z}\right)$$

称为**儒可夫斯基函数**. 从定义看出,当 $z \to 0$ 或 $z \to \infty$ 时,都有 $w \to \infty$. 对取定的 $w \neq \infty$,方程

$$w = \frac{1}{2}\left(z + \frac{1}{z}\right)$$

有两个解,因此 $w = f(z)$ 可看做扩充复平面 $\overline{\mathbb{C}}$ 到 $\overline{\mathbb{C}}$ 的 2 对 1 映射.

显然当 $z \neq 0$ 且 $z \neq \infty$ 时,$f(z)$ 是可导的. 要考察 $f(z)$ 在 $z = 0$ 的可导性,需要作坐标变换

$$\widetilde{w} = \frac{1}{w} = \frac{2z}{z^2 + 1}.$$

显然其在 $z = 0$ 时是可导的. 要考察 $w = f(z)$ 在 $z = \infty$ 的可导性,我们注意到此时有 $\infty = f(\infty)$,因此我们需同时作坐标变换

$$\widetilde{w} = \frac{1}{w}, \quad \widetilde{z} = \frac{1}{z}.$$

这样一来,$f(z)$ 变为

$$\widetilde{w} = \frac{2\widetilde{z}}{\widetilde{z}^2 + 1}.$$

它在 $\widetilde{z} = 0$ 时也是可导的. 因此 $w = f(z)$ 可以看成是 $\overline{\mathbb{C}}$ 到 $\overline{\mathbb{C}}$ 的解析映射.

为了求得使 $w = f(z)$ 为单叶函数的区域(简称**单叶区域**),设 $z_1 \neq z_2$,并考察方程

$$\frac{1}{2}\left(z_1 + \frac{1}{z_1}\right) = \frac{1}{2}\left(z_2 + \frac{1}{z_2}\right).$$

容易看出该方程等价于 $z_1 z_2 = 1$.

利用以上的方程,我们知道:当一个区域 D 中不含有满足 $z_1 z_2 = 1$ 的点时,D 即为**儒可夫斯基函数的一个单叶区域**. 特别地,我们可以分别将 D 取为单位圆盘 $D(0,1)$,$\overline{\mathbb{C}} - D(0,1)$,上半平面 H 和下半平面 L.

下面以上半平面为例讨论儒可夫斯基函数的映射性质,对于其他的三个单叶域,请读者自己加以讨论.

取定 θ,使得 $0 \leqslant \theta \leqslant \pi$,则 $z = te^{i\theta}$ 为上半平面中的射线. 设
$$w = u + iv = f(z),$$
则由
$$\frac{1}{2}\left(z + \frac{1}{z}\right) = \frac{1}{2}\left(re^{i\theta} + \frac{1}{re^{i\theta}}\right)$$
$$= \frac{1}{2}\left[r(\cos\theta + i\sin\theta) + \frac{1}{r}(\cos\theta - i\sin\theta)\right]$$
得
$$u = \frac{1}{2}\left(r + \frac{1}{r}\right)\cos\theta, \quad v = \frac{1}{2}\left(r - \frac{1}{r}\right)\sin\theta.$$
这时 (u,v) 满足
$$\frac{u^2}{\cos^2\theta} - \frac{v^2}{\sin^2\theta} = 1.$$
它是 $w = u + iv$ 平面中双曲线的一支. 我们可以将映射的几何过程表示为图 2.4,如其中的上面两图表示:当 θ 在 $(0,\pi)$ 中连续变化时,$f(z)$ 将 $\arg z = \theta$ 映成的双曲线将从右到左扫遍 $\mathbb{C} - \{(-\infty, -1] \cup [1, +\infty)\}$. 当 $\theta \to 0^+$ 时,它对应的双曲线将压成 $[1, +\infty)$,而当 $\theta \to \pi^-$ 时,它对应的双曲线将压成 $(-\infty, -1]$.

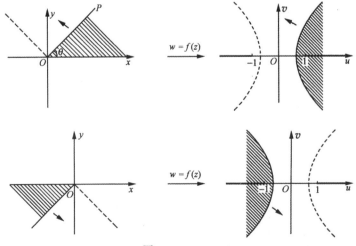

图 2.4

为得到 $f^{-1}(z)$ 的 Riemann 曲面，取两块复平面 $\mathbb{C}_1, \mathbb{C}_2$，分别沿 $(-\infty, -1]$ 和 $[1, +\infty)$ 剪开，则在剪开后的曲面上，$f^{-1}(z)$ 有两个单值解析分支，一个将曲面映到上半平面，一个将曲面映到下半平面. 将这两函数分别看做 $\mathbb{C}_1$ 和 $\mathbb{C}_2$ 上的函数，并将 $\mathbb{C}_1$ 剪开后上半平面的边与 $\mathbb{C}_2$ 剪开后下半平面的对应边粘接；$\mathbb{C}_1$ 剪开后下半平面的边与 $\mathbb{C}_2$ 剪开后上半平面的对应边粘接. 将所得的曲面记为 R，则 $f^{-1}: R \to \mathbb{C}$ 就是 $f(z)$ 的逆.

例 6 求函数 $w = \sqrt{z(z-1)}$ 单值解析分支的存在区域.

解 首先 $|w| = |z|^{\frac{1}{2}} |z-1|^{\frac{1}{2}}$，而
$$\mathrm{Arg}\, w = \frac{1}{2}[\mathrm{Arg}\, z + \mathrm{Arg}(z-1)].$$

对任意 $z_0 \in \mathbb{C} - \{0, 1\}$，取 z_0 在 $\mathbb{C} - \{0, 1\}$ 中的一个单连通邻域，则由上面定理 2，$\sqrt{z(z-1)}$ 在此邻域上有单值解析分支. 设 $f(z)$ 是 $\sqrt{z(z-1)}$ 在 z_0 邻域上一解析分支，对任意 $z_1 \in \mathbb{C} - \{0, 1\}$，在 $\mathbb{C} - \{0, 1\}$ 中作一连结 z_0, z_1 的连续曲线 $r(t)$，将 $f(z)$ 沿 $r(t)$ 延拓到 z_1. 如果这一延拓与 $r(t)$ 的选取无关，仅与 z_1 有关，则可将 $f(z)$ 延拓到 z_1. 为此我们需要讨论 $f(z)$ 沿 $\mathbb{C} - \{0, 1\}$ 中任意由 z_0 出发的闭曲线延拓回 z_0 后是否仍与 $f(z)$ 自身相同. 由
$$|f(z)| = |z|^{\frac{1}{2}} |z-1|^{\frac{1}{2}},$$
显然 $|f(z)|$ 沿任意闭曲线延拓回 z_0 后不变. 但
$$\mathrm{Arg}\, f(z) = \frac{1}{2}[\mathrm{Arg}(z) + \mathrm{Arg}(z-1)]$$
是多值的. 如果 $r(t)$ 是一简单闭曲线，其所围区域内不含 $z = 0$ 和 $z = 1$，如图 2.5，这时 $\mathrm{Arg}\, z$ 和 $\mathrm{Arg}(z-1)$ 沿 $r(t)$ 连续变化回到 z_0 后不变. 如果 $r(t)$ 是包含 $z = 0$ 而不含 $z = 1$ 的简单闭曲线，则 $\mathrm{Arg}\, z$ 沿 $r(t)$ 连续变化回到 z_0 后增加 2π，而 $\mathrm{Arg}(z-1)$ 不变. 因此 $\mathrm{Arg}\, f(z)$ 增加 π. 这说明 $z = 0$ 是 $f(z)$ 的支点. 同样如果 $r(t)$ 是包含 $z = 1$ 而不包含 $z = 0$ 的简单闭曲线，则沿 $r(t)$ 转一圈后 $\mathrm{Arg}\, f(z)$ 增加 π. 这说明 $z = 1$ 也是 $f(z)$ 的支点. 但如果 $r(t)$ 是同时包含 $z = 1, z = 0$ 的简单闭曲线，则沿 $r(t)$ 转一圈后 $\mathrm{Arg}\, z$ 和 $\mathrm{Arg}(z-1)$ 都改变 2π. 因此 $\mathrm{Arg}\, f(z)$ 改变 2π，

$f(z)$ 不变. 这说明 $z=\infty$ 不是 $f(z)$ 的支点. 所以要得到 $\sqrt{z(z-1)}$ 的单值解析分支,只需区域 D 内不存在仅绕 $z=0$ 或者 $z=1$ 的闭曲线即可. 例如我们在 $\mathbb{C}$ 平面中将 $z=0$ 和 $z=1$ 的连线剪开,即令 $\Omega=\mathbb{C}-[0,1]$,则 $\sqrt{z(z-1)}$ 在 z_0 邻域确定的单值解析分支到 Ω 中任意点的延拓与路径无关,这样我们就能得到 $\sqrt{z(z-1)}$ 在 Ω 上的单值解析分支. 当然我们也可以在平面上将两条分别以 0 和 1 为起点

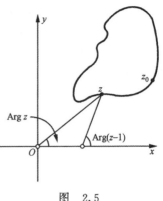

图 2.5

趋于无穷且互不相交的曲线剪开,这样得到的区域上 $\sqrt{z(z-1)}$ 也有单值分支.

§2.6 分式线性变换

作为解析函数的一类重要例子,本节我们将介绍分式线性变换. 这类变换不仅具有很好的几何性质,而且它们在数学的其他领域中也有着广泛的应用. 我们在以后的各章中会经常用到此类变换.

有理函数
$$w = f(z) = \frac{az+b}{cz+d}$$
称为**分式线性变换**,也称 **Möbius 变换**,其中 a,b,c,d 都是复数,满足 $ad-bc \neq 0$.

当 $c=0$ 时,分式线性变换就是线性函数. 它在复平面上解析,并且 $z \to \infty$ 时,$w=f(z) \to \infty$. 因此我们自然地定义 $f(\infty)=\infty$.

如果 $c \neq 0$,则当 $z \neq -\dfrac{d}{c}$ 时,分式线性变换显然是解析的. 当 $z \to -\dfrac{d}{c}$ 时,$w=f(z) \to \infty$. 而当 $z \to \infty$ 时,$w=f(z) \to \dfrac{a}{c}$. 因此定义
$$f\left(-\frac{d}{c}\right) = \infty, \quad f(\infty) = \frac{a}{c}.$$
由此我们将分式线性变换定义在扩充复平面 $\overline{\mathbb{C}} = \mathbb{C} \cup \{\infty\}$ 上. 在这种

意义下我们可以将分式线性变换看做是扩充复平面到扩充复平面的映射(变换).

当我们考查函数
$$w = f(z) = \frac{az+b}{cz+d}$$
在 $z=\infty$ 处的解析性时,如我们在扩充复平面 $\overline{\mathbb{C}}$ 的定义中所提到的,这时我们需要利用坐标变换 $z'=\frac{1}{z}$,将 $z=\infty$ 变为 $z'=0$ 而考虑函数
$$f\left(\frac{1}{z'}\right) = \frac{a+bz'}{c+dz'}.$$
显然其在 $z'=0$ 处是解析的. 同理, 当 $z=-\frac{d}{c}$, $w=\infty$ 时, 要考虑函数的解析性, 需用变量 $w'=\frac{1}{w}$ 代替 w, 函数变为
$$w' = \frac{cz+d}{az+b}.$$
显然其在 $z=-\frac{d}{c}$ 是解析的. 因此分式线性变换可以看做是 $\overline{\mathbb{C}}$ 到 $\overline{\mathbb{C}}$ 的解析映射.

由 $w=\frac{az+b}{cz+d}$ 解得
$$z = \frac{-dw+b}{cw-a}.$$
因此分式线性变换是 $\overline{\mathbb{C}}$ 到 $\overline{\mathbb{C}}$ 的一一映射, 而且其逆映射也是分式线性变换.

另一方面, 如果 $L_1(z)$ 和 $L_2(z)$ 都是分式线性变换, 则其复合
$$L_1 \circ L_2(z) = L_1[L_2(z)]$$
也是分式线性变换. 因此所有分式线性变换在复合运算下构成一个群, 称为**分式线性变换群**(也称 Möbius **变换群**). 在第四章中我们将证明如果 $f: \overline{\mathbb{C}} \to \overline{\mathbb{C}}$ 是一一的解析映射, 则 $f(z)$ 必是分式线性变换. 即分式线性变换群就是 $\overline{\mathbb{C}}$ 的解析自同胚群.

由于分式线性变换 $L(z)$ 在其分子和分母同乘一不为零的复数时不变. 因此对一给定的分式线性变换
$$w = L(z) = \frac{az+b}{cz+d},$$

总可假定 $ad-bc=1$. 这样做的好处是如果以矩阵

$$\begin{bmatrix} a & b \\ c & d \end{bmatrix} \xlongequal{\text{记为}} E$$

对应于分式线性变换

$$E \mapsto L(z) = \frac{az+b}{cz+d},$$

则容易看出这一映射满足 $E^{-1} \mapsto L^{-1}$, 而 $E_1 \cdot E_2 \mapsto L_1 \circ L_2$. 令

$$\mathrm{PSL}(2, \mathbb{C}) = \left\{ \begin{bmatrix} a & b \\ c & d \end{bmatrix} \middle| a, b, c, d \text{ 为复数}, ad-bc=1 \right\}.$$

$\mathrm{PSL}(2, \mathbb{C})$ 称为**二阶特殊复矩阵群**. 上面定义的映射

$$E = \begin{bmatrix} a & b \\ c & d \end{bmatrix} \mapsto L(z) = \frac{az+b}{cz+d}$$

给出了 $\mathrm{PSL}(2, \mathbb{C})$ 到分式线性变换群的一个 2 对 1 的群同态. 因此分式线性变换群也可看做 $\mathrm{PSL}(2, \mathbb{C})$ 的几何实现.

定理 1 对于 $\overline{\mathbb{C}}$ 中任意给定的三个两两不同的点 z_1, z_2, z_3 和三个两两不同的点 w_1, w_2, w_3, 存在唯一的分式线性变换 $w = L(z)$, 使得

$$w_i = L(z_i), \quad i = 1, 2, 3.$$

证明 不失一般性, 不妨设 $w_1 = 0, w_2 = 1, w_3 = \infty$. 令

$$L(z) = \frac{z-z_1}{z-z_3} \cdot \frac{z_2-z_3}{z_2-z_1},$$

则 $w_i = L(z_i), i=1, 2, 3$. 得存在性.

如果 $L_1(z)$ 也满足 $L_1(z_i) = w_i, i=1,2,3$, 则 $L_1^{-1} \circ L(z)$ 满足

$$L_1^{-1} \circ L(z_i) = z_i.$$

但对一分式线性变换

$$L(z) = \frac{az+b}{cz+d},$$

其不动点 (即满足 $z = L(z)$ 的点) 是方程

$$z = \frac{az+b}{cz+d}$$

的解. 如果 $L(z)$ 不是恒等映射, 则其最多有两个解, 即一个不为恒等映射的分式线性变换最多有两个**不动点**. 但 z_1, z_2, z_3 都是 $L_1^{-1} \circ L(z)$ 的不动点, 得 $L_1^{-1} \circ L(z) = z$, 即 $L_1(z) = L(z)$. 证毕.

下面的分式线性变换称为**基本分式线性变换**：

(1) **旋转**：$L(z)=e^{i\theta}z, \theta\in\mathbb{R}$；

(2) **伸缩**：$L(z)=rz, r\in\mathbb{R}^+$；

(3) **平移**：$L(z)=z+a, a\in\mathbb{C}$；

(4) $L(z)=\dfrac{1}{z}$.

定理 2 任意分式线性变换都可分解为有限个基本分式线性变换的复合.

证明 设
$$w=L(z)=\frac{az+b}{cz+d}.$$
当 $c=0$ 时，分解是显然的. 设 $c\neq 0$，则
$$L(z)=\frac{a}{c}+\frac{cb-ad}{c(cz+d)},$$
分解也是显然的. 证毕.

定理 2 表明基本分式线性变换构成分式线性变换群的**生成元**. 利用定理 2，要得到一般分式线性变换的性质，我们仅需考虑基本分式线性变换.

定理 3 分式线性变换将 $\mathbb{C}$ 中的圆和直线变为 $\mathbb{C}$ 中的圆或者直线.

证明 在第一章中我们已说明了圆和直线的方程可统一表示为
$$Az\bar{z}+\bar{B}z+B\bar{z}+C=0,$$
其中 A,C 为实数，B 为复数，且 $B\bar{B}-AC>0$. 这一形式的方程显然在平移、旋转和伸缩变换下不变，即圆和直线的像仍是圆和直线. 对于变换 $w=\dfrac{1}{z}$，上面方程变为
$$A+\bar{B}\bar{w}+Bw+Cw\bar{w}=0.$$
仍然是圆或直线. 而由于任意分式线性变换可分解为有限个基本分式线性变换的复合，因而定理对一般分式线性变换也成立. 证毕.

为了进一步讨论分式线性变换的几何性质，我们需要先引入并讨论平面上关于直线和圆的对称点和对称映射.

定义 1 设 $Az\bar{z}+\bar{B}z+B\bar{z}+C=0$ 是一给定的圆或直线 K 的方

程. 称 $\mathbb{C}$ 中的点 z_1, z_2 关于 K **对称**, 如果
$$A z_1 \bar{z}_2 + \overline{B} z_1 + B \bar{z}_2 + C = 0.$$

如果 $A=0$, 即 K 为直线时, 对于任意给定的 $z \in \mathbb{C}$, 存在唯一的点 $\dfrac{-B\bar{z}-C}{\overline{B}} \underline{\underline{\text{记为}}} S_K(z)$ 与 z 对称, 并且 $z \to \infty$ 时, $S_K(z) \to \infty$. 因此定义 $S_K(\infty) = \infty$. $S_K(z)$ 是 $\overline{\mathbb{C}}$ 到 $\overline{\mathbb{C}}$ 的反解析的映射(即 $\overline{S_K(z)}$ 解析), 称为 $\overline{\mathbb{C}}$ **关于直线 K 的对称映射**. 例如 $K: z - \bar{z} = 0$ 为实轴时, $S_K(z) = \bar{z}$, 对称映射就是共轭运算.

如果 $A \neq 0$, 即 K 为圆时, 则当 $A\bar{z} + \overline{B} \neq 0$ 时, z 在 $\mathbb{C}$ 中有唯一的对称点 $S_K(z) = \dfrac{-B\bar{z}-C}{A\bar{z}+\overline{B}}$, 并且 $z \to -\dfrac{\overline{B}}{A}\left(\bar{z} \to -\dfrac{\overline{B}}{A}\right)$ 时, $S_K(z) \to \infty$, 而 $z \to \infty$ 时, $S_K(z) \to -\dfrac{B}{A}$. 因此定义 $S_K\left(-\dfrac{\overline{B}}{A}\right) = \infty$, $S_K(\infty) = -\dfrac{B}{A}$. $S_K(z)$ 称为 $\overline{\mathbb{C}}$ **关于圆 K 的对称映射**.

由定义不难看出不论 K 是直线或圆, 都有 $S_K \circ S_K(z) \equiv z$ 对任意 z 成立, 这是 $S_K(z)$ 被称为对称映射(或对称变换)的原因.

分式线性变换将圆和直线变为圆或直线, 其同时将关于圆和直线的对称点变为其像的圆或直线的对称点, 即有如下的定理:

定理 4 如果分式线性变换 $w = L(z)$ 将直线(或圆) K_1 变为直线(或圆) K_2, 则其将关于 K_1 的对称点变为关于 K_2 的对称点, 即分式线性变换保持对称性不变.

证明 仅需考虑基本分式线性变换. 下面以变换 $w = \dfrac{1}{z}$ 为例.

设 K_1 由方程 $Az\bar{z} + \overline{B}z + B\bar{z} + C = 0$ 给出, 则 K_2 由方程
$$A + \overline{B}\bar{w} + Bw + Cw\bar{w} = 0$$
给出. 如果 z_1, z_2 是关于 K_1 的对称点, 则 $A z_1 \bar{z}_2 + \overline{B}z_1 + B\bar{z}_2 + C = 0$. 这时 z_1, z_2 的像点为
$$w_1 = \frac{1}{z_1}, \quad w_2 = \frac{1}{z_2},$$
显然满足 $A + \overline{B}\bar{w}_2 + Bw_1 + Cw_1\bar{w}_2 = 0$, 因此 w_1, w_2 关于 K_2 对称. 证毕.

如果以 $S_{K_1}(z)$ 和 $S_{K_2}(z)$ 分别表示 $\overline{\mathbb{C}}$ 关于 K_1 和 K_2 的对称映射, 则

§2.6 分式线性变换

定理 4 可表示为：如果分式线性变换 L 将圆或直线 K_1 变为 K_2，则
$$L \circ S_{K_1} = S_{K_2} \circ L,$$
即对称映射与分式线性变换可交换.

利用定理 4 容易给出关于圆和直线的对称映射的几何说明.

首先设 K 为实轴 $\mathbb{R}$，则其可由方程
$$z - \bar{z} = 0$$
给出. z_1, z_2 关于 $\mathbb{R}$ 对称等价于 $z_1 = \bar{z}_2$，对称映射 $S_{\mathbb{R}}(z)$ 可表为
$$S_{\mathbb{R}}(z) = \bar{z},$$
即共轭变换. 这时 $\mathbb{R}$ 是 z 和 $S_{\mathbb{R}}(z)$ 的连结直线段的垂直平分线.

现设 K 是 $\mathbb{C}$ 中任意给定的直线，则总可以将实轴 $\mathbb{R}$ 经旋转和平移后变为 K. 而旋转和平移都是分式线性变换，并且其将直线段变为直线段，不改变直线段的长度和直线段之间的夹角，而其又将对称点变为对称点，由此得：

引理 1 平面内两点 z_1, z_2 关于直线 K 对称的充分必要条件是 K 是 z_1 和 z_2 连结直线段的垂直平分线.

现设圆 K 由 $z\bar{z} = R^2$ 给出，则 z_1, z_2 关于 K 对称的充分必要条件是 $z_1 \bar{z}_2 = R^2$，其等价于
$$\text{Arg} z_1 = \text{Arg} z_2, \quad |z_1| \cdot |z_2| = R^2,$$
即 z_1 和 z_2 位于由圆心出发的同一射线上，并且其到圆心的距离的乘积为圆半径的平方. 由于上面这些几何关系在平移和旋转变换下不变，因此与上面关于直线的讨论相同，我们有：

引理 2 设 K 是平面上给定的圆，则点 z_1 和 z_2 关于圆 K 对称的充分必要条件是 z_1 和 z_2 位于由 K 的圆心出发的同一射线上，并且其到圆心的距离的乘积为圆半径的平方.

这些关于对称映射的几何解释与我们平常对于平面的点关于圆和直线对称的几何图像是一致的.

扩充复平面 $\overline{\mathbb{C}}$ 上任意给定的三个互不相等且有序的点 z_1, z_2, z_3 决定了一个圆，并决定这一圆的圆周上一个定向 $z_1 \to z_2 \to z_3 \to z_1$（这里直线看做半径为 ∞，且过 ∞ 的圆）. 这时称此圆是**由 z_1, z_2, z_3 确定了定向的圆**. 由定理 1 知对任意的两个分别由有序点 z_1, z_2, z_3 和 w_1, w_2, w_3

确定定向的圆 K_1, K_2, 存在唯一的分式线性变换 $L(z)$, 使 $w_i = L(z_i)$. 因而 L 将 K_1 变为 K_2, 并将由 z_1, z_2, z_3 确定的 K_1 的定向变为由 w_1, w_2, w_3 确定的 K_2 的定向. 我们希望证明这时 L 同时将 K_1 左边的区域 (站在球上沿定向走时左手边的区域) 映为 K_2 左边的区域, 将 K_1 右边的区域映为 K_2 右边的区域. 为此我们引进交比的概念.

定义 2 设 z_1, z_2, z_3, z_4 是 $\overline{\mathbb{C}}$ 中任意给定的四个互不相等的有序点. 如果其都不为 ∞, 则定义此四点的**交比** (z_1, z_2, z_3, z_4) 为

$$(z_1, z_2, z_3, z_4) = \frac{z_1 - z_3}{z_1 - z_4} : \frac{z_2 - z_3}{z_2 - z_4}.$$

如果其中有一个, 例如 z_1 为 ∞, 则定义

$$(\infty, z_2, z_3, z_4) = \lim_{z_1 \to \infty} \frac{z_1 - z_3}{z_1 - z_4} : \frac{z_2 - z_3}{z_2 - z_4} = \frac{z_2 - z_4}{z_2 - z_3}.$$

引理 3 分式线性变换保持交比不变.

证明 仅需验证引理对基本分式线性变换成立, 而这点显然.

利用引理 3, 对给定的点 z_2, z_3, z_4 作分式线性变换 L, 使得

$$L(z_2) = 1, \quad L(z_3) = 0, \quad L(z_4) = \infty,$$

则由交比在分式线性变换下不变, 因而 $\forall z \in \mathbb{C}$, 有

$$(z, z_2, z_3, z_4) = (L(z), L(z_2), L(z_3), L(z_4))$$
$$= (L(z), 1, 0, \infty) = L(z),$$

即交比可表示为分式线性变换 L 下 z 的像. 由定义不难得到

$$L(z) = \frac{z - z_3}{z - z_4} \cdot \frac{z_2 - z_4}{z_2 - z_3}.$$

同样, 对于 z_1, z_2, z_3, z_4, 如果用一分式线性变换将 z_2, z_3, z_4 变到实轴上, 则对 z_1 有下面的引理.

引理 4 $\mathbb{C}$ 中的四个点 z_1, z_2, z_3, z_4 共圆的充分必要条件是其交比 (z_1, z_2, z_3, z_4) 为实数.

证明 设 K 是由 z_2, z_3, z_4 确定的圆, $L(z)$ 是将 K 变为实轴的一个分式线性变换, 则 z_1 在 K 上等价于 $L(z_1)$ 在实轴上, 而这等价于 $(L(z_1), L(z_2), L(z_3), L(z_4))$ 为实数, 但交比在分式线性变换下不变, 引理得证.

设 z_1, z_2, z_3 和 w_1, w_2, w_3 分别是给定的两组点, K_1 和 K_2 是由这两组点确定了定向的圆. 利用交比, 将 z_i 变为 w_i 的分式线性变换可表

为
$$(w, w_1, w_2, w_3) = (z, z_1, z_2, z_3).$$
比较等式两边的虚部,由引理 4 得 $L(z)$ 将 K_1 变为 K_2,并且其将 $\text{Im}(z, z_1, z_2, z_3) < 0$ 的部分(即由点 z_1, z_2, z_3 确定的圆 K_1 的左边)变为 $\text{Im}(w, w_1, w_2, w_3) < 0$ 的部分(即 w_1, w_2, w_3 确定的圆 K_2 的左边). 同理其将 K_1 的右边变为 K_2 的右边.

下面我们给出一些经常要用到的分式线性变换.

例 1 求将单位圆盘 $D(0, 1)$ 变为自身的所有分式线性变换.

解 设 $w = L(z)$ 将单位圆盘变为自身,将点 $a(|a| < 1)$ 变为 0,则其将 a 关于单位圆周的对称点 $\frac{1}{\bar{a}}$ 变为原点 0 关于单位圆周的对称点 ∞. 因此变换为

$$L(z) = c\,\frac{z - a}{z - \frac{1}{\bar{a}}} = c_1\,\frac{z - a}{1 - \bar{a}z},$$

其中 c, c_1 为常数. 但当 $z = e^{i\theta}$ 时,必须 $|L(z)| = 1$,而 $|e^{i\theta} - a| = |e^{-i\theta} - \bar{a}| = |1 - \bar{a}e^{i\theta}|$,所以 $c_1 = e^{i\theta}$. 单位圆盘变为自身的分式线性变换可表示为

$$L(z) = e^{i\theta}\,\frac{z - a}{1 - \bar{a}z},$$

其中 $\theta \in [0, 2\pi), a \in D(0, 1)$. 在第四章中我们将证明单位圆盘到自身的解析自同胚一定是上面给出的分式线性变换.

例 2 求将上半平面 $\text{Im}\, z > 0$ 变为单位圆盘的所有分式线性变换.

解 设 $w = L(z)$ 将上半平面变为单位圆盘,将上半平面的点 a 变为 0,则 $L(z)$ 将 a 关于实轴的对称点 $\bar{a}$ 变为 0 关于单位圆周的对称点 ∞. 因此

$$L(z) = c\,\frac{z - a}{z - \bar{a}},$$

其中 c 为常数. 而当 z 为实数时,必须 $|L(z)| = 1$,但 z 为实数时,由

$$|z - a| = |\overline{z - a}| = |z - \bar{a}|$$

得

$$\left|\frac{z - a}{z - \bar{a}}\right| = 1,$$

因此

$$c = \mathrm{e}^{\mathrm{i}\theta}, \quad L(z) = \mathrm{e}^{\mathrm{i}\theta}\frac{z-a}{z-\bar{a}}, \quad \theta \in [0, 2\pi), \quad \mathrm{Im}\, a > 0.$$

例3 求上半平面到上半平面的所有分式线性变换.

解 设变换为
$$w = \frac{az+b}{cz+d},$$
由于其将实轴变为实轴,容易看出 a,b,c,d 都为实数. 又由于其将上半平面变为上半平面,因此当 z 为实数且由 $-\infty$ 变到 $+\infty$ 时, w 亦由 $-\infty$ 变到 $+\infty$. 所以当 z 为实变量时,函数
$$w = \frac{az+b}{cz+d}$$
是 z 的单调上升的函数. 于是得
$$w' = \frac{ad-bc}{(cz+d)^2} > 0,$$
即 $ad-bc>0$.

反之任给实数 a,b,c,d,使 $ad-bc>0$,则分式线性变换
$$w = \frac{az+b}{cz+d}$$
将实轴变为实轴,将上半平面变为上半平面. 所以上半平面变为上半平面的所有分式线性变换为
$$\left\{ w = \frac{az+b}{cz+d} \,\Big|\, a,b,c,d \in \mathbb{R}, \text{且 } ad-bc>0 \right\}.$$

如果在上面的变换中分子、分母同乘
$$\frac{1}{\sqrt{ad-bc}},$$
则该分式线性变换不变. 因此不失一般性,可假设 $ad-bc=1$. 令
$$\mathrm{SL}(2, \mathbb{R}) = \left\{ \begin{bmatrix} a & b \\ c & d \end{bmatrix} \,\Big|\, a,b,c,d \in \mathbb{R}, \begin{vmatrix} a & b \\ c & d \end{vmatrix} = 1 \right\}.$$

$\mathrm{SL}(2, \mathbb{R})$ 称为实的**二阶特殊线性群**. 映射
$$\begin{bmatrix} a & b \\ c & d \end{bmatrix} \mapsto w = \frac{az+b}{cz+d}$$
将 $\mathrm{SL}(2, \mathbb{R})$ 中的元素表示为上半平面到自身的分式线性变换,这可看

做 SL$(2,\mathbb{R})$ 的一个几何实现.

例 4 令 $\Omega=\{z\,|\,a<\text{Re}z<b\}$ 为一垂直带状区域,求一解析映射将 Ω 解析同胚地映为单位圆盘.

解 先作变换
$$u=\frac{\pi}{b-a}(z-a),$$
其将垂直带状区域 Ω 变为垂直带状区域 $\Omega_1=\{u\,|\,0<\text{Re}u<\pi\}$. 按逆时针方向将 Ω_1 旋转 $\frac{\pi}{2}$,即令 $v=iu$, Ω_1 映为 $\Omega_2=\{v\,|\,0<\text{Im}v<\pi\}$.

作指数变换 $l=e^v$,则由指数变换将水平直线 $v=\theta$ 变为射线 $\text{Arg}\,l=\theta$. 因此 $l=e^v$ 将 Ω_2 变为上半平面.

令
$$w=\frac{l-i}{l+i},$$
则其将上半平面变为单位圆盘. 因此
$$w=\frac{e^{\frac{i\pi}{b-a}(z-a)}-i}{e^{\frac{i\pi}{b-a}(z-a)}+i}$$
是所求的一个变换.

习 题 二

1. 如果 $f(z)$ 是复平面 $\mathbb{C}$ 上的解析函数,证明 $\overline{f(\bar{z})}$ 也在 $\mathbb{C}$ 上解析.
2. 如果 $f(z)$ 和 $g(z)$ 都是 $\mathbb{C}$ 上的解析函数,证明 $f[g(z)]$ 解析.
3. 证明:(1) 如果 $f(z)$, $\overline{f(z)}$ 都解析,则 $f(z)$ 为常数;
 (2) 如果 $f(z)$ 解析,且 $|f(z)|$ 为常数,则 $f(z)$ 为常数.
4. 设 $f(z)=u+iv$ 解析,且 $u=\sin v$,证明 $f(z)$ 为常数.
5. 设 $f(z)=u(x,y)+iv(x,y)$ 解析,且 $f'(z)\neq 0$,证明:曲线 $u(x,y)=c_1$ 与 $v(x,y)=c_2$ 正交,其中 c_1,c_2 为常数.
6. (1) 设 $u(x,y)=ax^2+2bxy+cy^2$,问 $u(x,y)$ 在什么条件下是一解析函数的实部? 如果是,求 $v(x,y)$ 使 $f(z)=u(x,y)+iv(x,y)$ 解析.
 (2) 问向量函数 $F:(x,y)\mapsto(x^2+y^2,xy)$ 是不是解析映射? 如果

不是,找一个映射 $G: (x,y) \mapsto (u(x,y), v(x,y))$,使得 $F+G$ 是解析映射.

7. 设 $f(z)$ 是 C^∞ 的函数,证明:如果 $f(z)$ 解析,则对于任意 $k \in \mathbb{N}$, $f^{(k)}(z)$ 也解析.

8. 设 $f(z)$ 解析并有连续导函数,且 $f'(z_0) \neq 0$,证明:存在 z_0 的邻域 U 和 $f(z_0)$ 的邻域 V,使得 $f: U \to V$ 是到上的一一映射.用 C-R 方程证明 $f^{-1}: V \to U$ 也解析.

9. 设 $f: (x,y) \mapsto (u(x,y), v(x,y))$ 是区域 Ω_1 到 Ω_2 的 C^∞ 同胚.称 f 是**保面积的**,如果对 Ω_1 内的任意以光滑曲线为边界的有界开集 O, O 的面积与 $f(O)$ 的面积都相等.证明:如果 f 是保面积的,且函数 $f(z) = u(x,y) + iv(x,y)$ 解析,则 $f(z) = e^{i\theta} z + c$,其中 θ 为常数.

10. 设 $z = x + iy$,直接定义 $e^z = e^x(\cos y + i \sin y)$,证明:

(1) e^z 在 $\mathbb{C}$ 上解析,且 $(e^z)' = e^z$.

(2) $e^{z_1 + z_2} = e^{z_1} \cdot e^{z_2}$.

11. 定义
$$\cos z = \frac{e^{iz} + e^{-iz}}{2}, \quad \sin z = \frac{e^{iz} - e^{-iz}}{2i}.$$
证明 $\sin z$ 和 $\cos z$ 的和角公式.

*12. 设 $f(z) = \sum_{n=0}^{+\infty} a_n (z - z_0)^n$ 是 z_0 的邻域上的幂级数, $f(z)$ 不为常数.

(1) 证明:存在正整数 m,使得在 z_0 的一个邻域上 $f(z)$ 可表示为
$$f(z) = f(z_0) + (z - z_0)^m g(z),$$
其中 $g(z)$ 解析,且处处不为零;

(2) 证明:存在 z_0 的邻域,使得 $f(z)$ 在此邻域上可表示为
$$f(z) = f(z_0) + [(z - z_0) h(z)]^m,$$
其中 $h(z)$ 解析且处处不为零;

(3) 设 Ω 为区域, $f(z)$ 在 Ω 上解析,并且 $\forall z_0 \in \Omega$,存在 z_0 的邻域,使得 $f(z)$ 可展开为 $(z - z_0)$ 的幂级数,证明:如果 $f(z)$ 不是常数,则 $f(z)$ 将 Ω 中开集映为开集.

*13. 设 $f(z)=\sum_{n=0}^{+\infty}a_n z^n$ 是收敛半径为 R 的幂级数. 设
$$\left\{g_m(z)=\sum_{n=0}^{+\infty}b_{mn}z^n\right\}$$
是一列幂级数,满足 $\forall\, m, |b_{mn}|\leqslant|a_n|$,并且对于任意 n, $\lim\limits_{m\to+\infty}b_{mn}=b_n$ 存在. 证明幂级数 $g_m(z)=\sum_{n=0}^{+\infty}b_{mn}z^n$ 和 $g(z)=\sum_{n=0}^{+\infty}b_n z^n$ 的收敛半径都大于等于 R,且对任意 $0<r<R$, $g_m(z)$ 在 $D(0,r)$ 上一致收敛于 $g(z)$.

14. 设 $f(z)=\sum_{n=0}^{+\infty}n^2 z^n$, $g(z)=\sum_{n=1}^{+\infty}(n^2+1)z^n$.

(1) 如果 $\dfrac{g(z)}{f(z)}=a_0+a_1 z+a_2 z^2+\cdots$,求 a_0, a_1, a_2;

(2) 如果 $f[g(z)]=a_0+a_1 z+a_2 z^2+\cdots$,求 a_0, a_1, a_2.

15. 如果级数 $\sum_{n=0}^{+\infty}|a_n|$ 收敛,证明 $\sum_{n=0}^{+\infty}a_n$ 收敛,且其和与求和顺序无关.

16. 设级数 $\sum_{n=0}^{+\infty}|a_n|$ 和 $\sum_{n=0}^{+\infty}|b_n|$ 都收敛.

(1) 证明级数 $\sum_{n=0}^{+\infty}\left(\sum_{k=0}^{n}a_{n-k}b_k\right)$ 收敛,且其和等于
$$\left(\sum_{n=0}^{+\infty}a_n\right)\cdot\left(\sum_{n=0}^{+\infty}b_n\right);$$

(2) 利用(1)证明如果幂级数 $\sum_{n=0}^{+\infty}a_n z^n$ 和 $\sum_{n=0}^{+\infty}b_n z^n$ 的收敛半径分别为 r_1, r_2,则其乘积的收敛半径大于等于 $\min\{r_1, r_2\}$.

17. 试构造 $\sqrt[n]{z}$ 的 Riemann 曲面.

18. 设 $e^z=1+\dfrac{z}{1!}+\dfrac{z^2}{2!}+\cdots+\dfrac{z^n}{n!}+\cdots$,$D$ 是单位圆 $D(0,1)$ 在映射 $w=e^z$ 下的像,证明 D 的面积为
$$\pi\sum_{n=0}^{+\infty}\frac{1}{(n+1)!n!}.$$

19. 只考虑主辐角,试将 $(1+i)^{1+i}$ 表示为 $a+ib$ 的形式.

20. 设 $f(z)$ 在 $\mathbb{C}$ 上解析,并将上半平面映到上半平面,将实轴映

为实轴,证明在实轴上 $f'(z) \geqslant 0$.

21. 设 D 是单连通区域,$z_0 \notin D$,$f_1(z)$,$f_2(z)$ 是 $\sqrt{z-z_0}$ 在 D 上的两个不同的解析分支,证明 $f_1(D) \cap f_2(D) = \varnothing$.

22. (1) 设 z_1,z_2 是单位圆中任意两个互不相等的点,证明:存在单位圆到自身的分式线性变换 $L(z)$,使得 $L(z_1)=0$,$L(z_2)>0$. 问:这样分式线性变换是否唯一?

(2) 设 $L(z)$ 为(1)中给定的分式线性变换,证明:$L^{-1}(z)$ 将实轴变为过 z_1,z_2 且与单位圆周垂直的圆.

23. 证明:将实轴(包含 ∞)变为实轴(包含 ∞)的分式线性变换可表示为 $w = \dfrac{az+b}{cz+d}$ 的形式,其中 a,b,c,d 都是实数,且当 $ad-bc>0$ 时,其将上半平面变为上半平面;当 $ad-bc<0$ 时,其将上半平面变为下半平面.

24. 设 $w = \dfrac{z-a}{1-\bar{a}z}$ ($|a|<1$),证明

$$\frac{|dw|}{1-|w|^2} = \frac{|dz|}{1-|z|^2}.$$

25. 我们知道交比

$$L(z) = \frac{z-z_3}{z-z_4} : \frac{z_2-z_3}{z_2-z_4}$$

是将 z_3 变为 0,z_2 变为 1,z_4 变为 ∞ 的分式线性变换. 证明:其将由 z_2,z_3,z_4 决定的圆变为实轴. 问在什么条件下其将圆内部变为上半平面,圆外部变为下半平面?

26. 证明 $(w,w_1,w_2,w_3) = (z,z_1,z_2,z_3)$ 是将 z_i 变为 w_i,$i=1,2,3$ 的分式线性变换.

27. 设给定的四个点 z_1,z_2,z_3,z_4 按顺序位于圆周 K 上,证明其交比 $(z_1,z_2,z_3,z_4)>0$.

28. 设 $f(z)=u(x,y)+iv(x,y)$,$u(x,y)$ 和 $v(x,y)$ 都在 $z_0=x_0+iy_0$ 处可微. 如果

$$\lim_{z \to z_0} \left| \frac{f(z)-f(z_0)}{z-z_0} \right|$$

存在,证明 $f(z)$ 或 $\overline{f(z)}$ 在 z_0 处可导.

29. 设 a_1, a_2, a_3, a_4 两两不等,求
$$\sqrt{(z-a_1)(z-a_2)(z-a_3)(z-a_4)}$$
单值解析函数存在的最大区域.

30. 利用极坐标 $z=r(\cos\theta+i\sin\theta)$,证明 C-R 方程可表示为
$$u_r = \frac{1}{r}v_\theta, \quad v_r = -\frac{1}{r}u_\theta,$$
其中 $f(z)=u(r,\theta)+iv(r,\theta)$. 在极坐标下试求 $f'(z)$.

第三章 Cauchy 定理和 Cauchy 公式

这章我们将定义复函数的曲线积分,并介绍重要的 Cauchy 公式. Cauchy 公式是 1825 年左右 Cauchy 在研究流体力学时发现的. 他将 $\mathbb{C}$ 中区域 Ω 上的解析函数表示为沿 Ω 的边界 $\partial\Omega$ 上的含参变量积分,为解析函数的研究提供了一个非常有用的工具. 解析函数的许多最基本的性质可以通过 Cauchy 公式得到. 本章中我们将介绍这方面的内容.

§3.1 路径积分

设 γ 是 $\mathbb{C}$ 中一给定定向的连续曲线,p_0, p_1 分别是 γ 的起点和终点. 设 $f(z)$ 是 γ 上一复值函数,我们希望定义 $f(z)$ 在 γ 上的路径积分.

定义 1 作 γ 的分割 $p_0 = z_0, z_1, \cdots, z_n = p_1$. 对 $i = 1, 2, \cdots, n$,在弧 $\widehat{z_{i-1} z_i}$ 上任取点 ξ_i,作 Riemann 和

$$\sum_{i=1}^{n} f(\xi_i)(z_i - z_{i-1}).$$

如果当 $\lambda = \max\{\operatorname{diam}(\widehat{z_{i-1} z_i})\} \to 0$ 时(注意不是 $\max\{|z_i - z_{i-1}|\} \to 0$),上面的 Riemann 和有极限 $S \in \mathbb{C}$,并且极限与 γ 的分割方法和 ξ_i 的选取都无关,则称 $f(z)$ 在 γ 上**可积**,并称 S 为 $f(z)$ 在 γ 上的**路径积分**,记为

$$S = \int_\gamma f(z) \mathrm{d}z.$$

设 $z = x + \mathrm{i}y, f(z) = u(x,y) + \mathrm{i}v(x,y)$. 对 γ 的分割 $p_0 = z_0, z_1, \cdots, z_n = p_1$,设 $z_i = x_i + \mathrm{i}y_i, \xi_i = \eta_i + \mathrm{i}\mu_i, i = 1, 2, \cdots, n$,则有

$$\sum_{i=1}^{n} f(\xi_i)(z_i - z_{i-1})$$
$$= \sum_{i=1}^{n} [u(\eta_i, \mu_i) + \mathrm{i}v(\eta_i, \mu_i)] \cdot [(x_i - x_{i-1}) + \mathrm{i}(y_i - y_{i-1})]$$

$$= \sum_{i=1}^{n} [u(\eta_i, \mu_i)(x_i - x_{i-1}) - v(\eta_i, \mu_i)(y_i - y_{i-1})]$$
$$+ i\sum_{i=1}^{n} [u(\eta_i, \mu_i) \cdot (y_i - y_{i-1}) + v(\eta_i, \mu_i)(x_i - x_{i-1})].$$

等式右边的和分别是实函数 $u(x,y)$ 和 $v(x,y)$ 在曲线 γ 上对应于 x 和 y 的第二型曲线积分的 Riemann 和. 因此如果 $u(x,y)$ 和 $v(x,y)$ 在 γ 上的第二型曲线积分存在,则 $f(z)$ 在 γ 上可积,并且

$$\int_\gamma f(z)\mathrm{d}z = \int_\gamma (u+iv)(\mathrm{d}x + i\mathrm{d}y)$$
$$= \int_\gamma (u\mathrm{d}x - v\mathrm{d}y) + i\int_\gamma (u\mathrm{d}y + v\mathrm{d}x).$$

复函数的路径积分化为了其实部和虚部关于 x,y 相应的第二型曲线积分.

在微积分中已证明了如果 γ 是分段光滑曲线, $u(x,y)$ 和 $v(x,y)$ 在 γ 上连续,则 $u(x,y)$ 和 $v(x,y)$ 在 γ 上的第二型曲线积分存在. 由此我们得到: 如果 γ 是分段光滑曲线, $f(z)$ 在 γ 上连续,则 $f(z)$ 在 γ 上的路径积分存在. 如果我们取参数 $t \in [a,b]$, 将曲线表示为 $t \mapsto z(t)$, 并使曲线的定向与 t 由 a 变到 b 时决定的曲线走向相同,则

$$\int_\gamma f(z)\mathrm{d}z = \int_a^b f[z(t)]\mathrm{d}z(t) = \int_a^b f[z(t)]z'(t)\mathrm{d}t.$$

其中 $z'(t) = x'(t) + iy'(t)$. 特别地,如果存在函数 $F(z)$, 使得 $\mathrm{d}F(z) = f(z)\mathrm{d}z$, 则

$$\int_\gamma f(z)\mathrm{d}z = \int_a^b \mathrm{d}F[z(t)] = \int_a^b \frac{\mathrm{d}F[z(t)]}{\mathrm{d}t}\mathrm{d}t$$
$$= F[z(b)] - F[z(a)].$$

在下面的讨论中我们总是假定所有涉及的积分都是存在的.

路径积分有如下性质:

(1) **方向性**: 以 $-\gamma$ 表示曲线 γ 取相反定向,则

$$\int_{-\gamma} f(z)\mathrm{d}z = -\int_\gamma f(z)\mathrm{d}z.$$

(2) **线性性**: 如果 $a, b \in \mathbb{C}$, 则

$$\int_\gamma [af(z) + bg(z)]\mathrm{d}z = a\int_\gamma f(z)\mathrm{d}z + b\int_\gamma g(z)\mathrm{d}z.$$

(3) **可加性**: 用一个点将曲线 γ 分为 γ_1 和 γ_2, 则

$$\int_\gamma f(z)\mathrm{d}z = \int_{\gamma_1} f(z)\mathrm{d}z + \int_{\gamma_2} f(z)\mathrm{d}z.$$

(4) **绝对值不等式**：
$$\left|\int_\gamma f(z)\mathrm{d}z\right| \leqslant \int_\gamma |f(z)||\mathrm{d}z| = \int_\gamma |f(z)|\mathrm{d}s,$$

其中 $|\mathrm{d}z| = \sqrt{\mathrm{d}x^2 + \mathrm{d}y^2} = \mathrm{d}s$ 表示平面的弧长微元.

(1),(2),(3) 的证明可通过定义得到,也可直接引用微积分中关于第二型曲线积分的相应结论. 对于(4),如果以 $|\widehat{z_i z_{i-1}}|$ 表示曲线弧 $\widehat{z_i z_{i-1}}$ 的弧长,利用不等式

$$|z_i - z_{i-1}| \leqslant |\widehat{z_i z_{i-1}}|,$$

则绝对值不等式可以从定义直接推出. 证明留给读者. 下面我们给出绝对值不等式的一个应用.

定义 2 集合 K 上的函数列 $\{f_n(z)\}$ 称为在 K 上**一致收敛**于函数 $f(z)$,如果对于任意 $\varepsilon > 0$,存在 N,使得对任意 $n > N, z \in K$,恒有

$$|f_n(z) - f(z)| < \varepsilon.$$

利用一致收敛的定义和绝对值不等式,不难得到下面的定理.

定理 设 γ 是 $\mathbb{C}$ 中分段光滑的有界曲线,$\{f_n(z)\}$ 是 γ 上连续函数列,并且在 γ 上一致收敛于 $f(z)$,则 $f(z)$ 在 γ 上连续并且

$$\lim_{n \to +\infty} \int_\gamma f_n(z)\mathrm{d}z = \int_\gamma \lim_{n \to +\infty} f_n(z)\mathrm{d}z = \int_\gamma f(z)\mathrm{d}z.$$

证明与实函数相应定理的证明基本相同,留给读者.

例 1 设 $\gamma:[a,b] \to \mathbb{C}$ 是 $\mathbb{C}$ 中任意光滑闭曲线,$n = 0, 1, 2, \cdots$ 为非负整数,则

$$\int_\gamma z^n \mathrm{d}z = 0.$$

证明 由 $\dfrac{\mathrm{d}z^{n+1}}{\mathrm{d}z} = (n+1)z^n$ 得

$$\int_\gamma z^n \mathrm{d}z = \frac{1}{n+1} z^{n+1} \bigg|_{\gamma(a)}^{\gamma(b)} = 0.$$

例 2 设 γ 是 $\mathbb{C}$ 中不过原点的闭曲线,$n \geqslant 2$ 为自然数,则

$$\int_\gamma \frac{\mathrm{d}z}{z^n} = 0.$$

证明同上.

例 3 求 $\int_{|z|=r} \dfrac{\mathrm{d}z}{z}$,其中圆周 $|z|=r$ 取逆时针定向.

解 圆周 $|z|=r$ 可表示为 $\theta \to z = re^{\mathrm{i}\theta}, \theta \in [0, 2\pi]$,因此

$$\int_{|z|=r} \frac{\mathrm{d}z}{z} = \int_0^{2\pi} \frac{\mathrm{d}(re^{\mathrm{i}\theta})}{re^{\mathrm{i}\theta}} = \mathrm{i}\int_0^{2\pi} \frac{re^{\mathrm{i}\theta}\mathrm{d}\theta}{re^{\mathrm{i}\theta}} = 2\pi\mathrm{i}.$$

设 Ω 是 $\mathbb{C}$ 中以有限条逐段光滑曲线为边界的有界区域,取 $\partial \Omega$ 的正定向(即沿此方向走时区域总在左手边). 设 $u(x,y), v(x,y)$ 是 $\overline{\Omega}$ 邻域(指包含 $\overline{D}$ 的某个开集)上连续可微的函数,在微积分中证明了下面的 **Green 公式**:

$$\int_{\partial\Omega}(u\mathrm{d}x + v\mathrm{d}y) = \iint_{\Omega}\left(\frac{\partial v}{\partial x} - \frac{\partial u}{\partial y}\right)\mathrm{d}x\mathrm{d}y.$$

设 $z = x + \mathrm{i}y$ 为复坐标,$f(z) = u + \mathrm{i}v$ 为复值函数,利用变量 z 和 $\bar{z}$,我们在前面定义了

$$\frac{\partial}{\partial z} = \frac{1}{2}\left(\frac{\partial}{\partial x} - \mathrm{i}\frac{\partial}{\partial y}\right), \quad \frac{\partial}{\partial \bar{z}} = \frac{1}{2}\left(\frac{\partial}{\partial x} + \mathrm{i}\frac{\partial}{\partial y}\right).$$

利用此,Green 公式用复坐标可表示为

$$\begin{aligned}
\int_{\partial\Omega} f(z)\mathrm{d}z &= \int_{\partial\Omega}(u + \mathrm{i}v)(\mathrm{d}x + \mathrm{i}\mathrm{d}y) \\
&= \int_{\partial\Omega}(u\mathrm{d}x - v\mathrm{d}y) + \mathrm{i}\int_{\partial\Omega}(u\mathrm{d}y + v\mathrm{d}x) \\
&= \iint_{\Omega}\left[\left(-\frac{\partial v}{\partial x} - \frac{\partial u}{\partial y}\right) + \mathrm{i}\left(\frac{\partial u}{\partial x} - \frac{\partial v}{\partial y}\right)\right]\mathrm{d}x\mathrm{d}y \\
&= \iint_{\Omega}\left[\left(-\frac{\partial}{\partial y} + \mathrm{i}\frac{\partial}{\partial x}\right)u + \left(-\frac{\partial}{\partial x} - \mathrm{i}\frac{\partial}{\partial y}\right)v\right]\mathrm{d}x\mathrm{d}y \\
&= \iint_{\Omega}\frac{\partial}{\partial \bar{z}}(u + \mathrm{i}v)\cdot 2\mathrm{i}\mathrm{d}x\mathrm{d}y \\
&= \iint_{\Omega}\frac{\partial f}{\partial \bar{z}}\cdot 2\mathrm{i}\mathrm{d}x\mathrm{d}y.
\end{aligned}$$

如果读者熟悉 Stokes 公式,容易看出上面的 Green 公式也可由

$$\int_{\partial\Omega} f(z)\mathrm{d}z = \iint_{\Omega} \mathrm{d}f \wedge \mathrm{d}z = \iint_{\Omega}\left(\frac{\partial f}{\partial z}\mathrm{d}z + \frac{\partial f}{\partial \bar{z}}\mathrm{d}\bar{z}\right)\wedge \mathrm{d}z = -\iint_{\Omega}\frac{\partial f}{\partial \bar{z}}\mathrm{d}z \wedge \mathrm{d}\bar{z}$$

得到,其中 $\mathrm{d}x\mathrm{d}y = \dfrac{\mathrm{i}}{2}\mathrm{d}z \wedge \mathrm{d}\bar{z}$ 是平面的面积微元.

§3.2　Cauchy 定理

在 §3.1 例 1 中我们讨论了 z^n 的积分,显然如果将 z^n 换为多项式 $P(z)$,则其可表示为对于 $\mathbb{C}$ 中任意分段光滑的闭曲线 γ,恒有

$$\int_\gamma P(z)\mathrm{d}z = 0.$$

更进一步如果假定 $f(z)=\sum_{n=0}^{+\infty}a_n(z-z_0)^n$ 是收敛半径为 R 的幂级数,γ 是 $f(z)$ 的收敛圆内的闭曲线,则由 $\sum_{n=0}^{+\infty}a_n(z-z_0)^n$ 在 γ 上一致收敛,因而

$$\int_\gamma f(z)\mathrm{d}z = \sum_{n=0}^{+\infty}a_n\int_\gamma (z-z_0)^n\mathrm{d}z = 0,$$

即 $f(z)$ 在收敛圆内任意闭曲线上的积分也为零,或者说积分仅与路径的起点和终点有关,与路径本身无关.

幂级数是解析函数,因此对于一般区域 Ω,一个自然的问题是 Ω 上的解析函数 $f(z)$ 的路径积分是否仅与路径的起点和终点有关,而与路径本身无关. §3.1 中的例 3 则说明如果区域 Ω 内有洞,则这一关系一般不成立. Cauchy 首先注意到这一点,他将闭曲线改为区域边界,得到了下面在复变函数理论中十分重要的 Cauchy 定理.

下面我们在讨论函数沿区域 Ω 的边界 $\partial\Omega$ 的路径积分时,总假定 $\partial\Omega$ 取正向,即沿此方向走时,区域总在左手边.

定理(Cauchy 定理)　设 Ω 是 $\mathbb{C}$ 中以有限条逐段光滑曲线为边界的有界区域,函数 $f(z)$ 在 $\overline{\Omega}$ 上连续,在 Ω 内解析,则

$$\int_{\partial\Omega}f(z)\mathrm{d}z = 0.$$

这一定理当 $f'(z)$ 在 $\overline{\Omega}$ 的邻域上连续时,其证明是简单的,它是 Green 公式的推论. 事实上,设 $f(z)=u+\mathrm{i}v$,由

$$\int_{\partial\Omega}f(z)\mathrm{d}z = \int_{\partial\Omega}(u\mathrm{d}x - v\mathrm{d}y) + \mathrm{i}\int_{\partial\Omega}(u\mathrm{d}y + v\mathrm{d}x),$$

利用 Green 公式

$$\int_{\partial\Omega} P\mathrm{d}x + Q\mathrm{d}y = \iint_{\Omega}\left(-\frac{\partial P}{\partial y} + \frac{\partial Q}{\partial x}\right)\mathrm{d}x\mathrm{d}y,$$

得

$$\int_{\partial\Omega} f(z)\mathrm{d}z = \iint_{\Omega}\left(-\frac{\partial u}{\partial y} - \frac{\partial v}{\partial x}\right)\mathrm{d}x\mathrm{d}y + \mathrm{i}\iint_{\Omega}\left(\frac{\partial u}{\partial x} - \frac{\partial v}{\partial y}\right)\mathrm{d}x\mathrm{d}y.$$

但 $f(z)$ 在 Ω 上解析,因而其实部和虚部满足 C-R 方程

$$\frac{\partial u}{\partial x} = \frac{\partial v}{\partial y}, \quad \frac{\partial u}{\partial y} = -\frac{\partial v}{\partial x}.$$

代入上式即得

$$\int_{\partial\Omega} f(z)\mathrm{d}z = 0.$$

由 Green 公式我们直接得到了 Cauchy 定理.

Green 公式的应用需要假定函数在所考虑的区域的邻域上有连续偏导. 然而在函数解析的定义中我们只假定了函数 $f(z)$ 在区域 Ω 内每一点可导,并不知道其导函数 $f'(z)$ 在 Ω 上是否连续. 因此我们需要利用别的方法. 下面我们将 Cauchy 定理的证明分为几步,其中有的给出了严格证明,有的仅说明证明的基本思想.

基本引理 设 D 是 $\mathbb{C}$ 中一三角形区域,$f(z)$ 是在 $\overline{D}$ 的一个邻域上解析的函数,则

$$\int_{\partial D} f(z)\mathrm{d}z = 0.$$

证明 用反证法. 设

$$\int_{\partial D} f(z)\mathrm{d}z = M \neq 0.$$

令 $D=D_1$. 连结 ∂D 各边的中点将 D 分为四个三角形 $\triangle_1, \triangle_2, \triangle_3, \triangle_4$,如图 3.1. 由于新增的边同时是两个三角形的公共边界,且走向相反,因此

$$\int_{\partial D} f(z)\mathrm{d}z = \sum_{i=1}^{4}\int_{\partial\triangle_i} f(z)\mathrm{d}z,$$

且

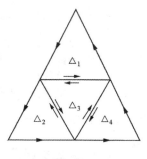

图 3.1

$$|M| = \left|\int_{\partial D} f(z)\mathrm{d}z\right| \leqslant \sum_{i=1}^{4}\left|\int_{\partial\triangle_i} f(z)\mathrm{d}z\right|.$$

由此必存在 $\triangle_i$,使得

$$\left|\int_{\partial\triangle_i} f(z)\mathrm{d}z\right| \geqslant \frac{|M|}{4}.$$

令其为 D_2. 以此类推,则我们得一列闭三角形 $\{D_k\}_{k=1,2,\cdots}$,满足 $D_k \subset D_{k-1}$, $\mathrm{diam}D_k = \frac{1}{2}\mathrm{diam}D_{k-1}$,而

$$\left|\int_{\partial D_k} f(z)\mathrm{d}z\right| \geqslant \frac{|M|}{4^{k-1}}.$$

利用第一章第二节中的区间套原理,我们知道,存在唯一的点 z_0,使

$$\{z_0\} = \bigcap_{k=1}^{+\infty} D_k.$$

$f(z)$ 在 z_0 可导,因此在 z_0 的邻域上

$$f(z) = f(z_0) + f'(z_0)(z-z_0) + \rho(z,z_0)(z-z_0),$$

其中 $\lim_{z\to z_0}\rho(z,z_0) = 0$. 但对于 $k=1,2,\cdots$,由

$$\int_{\partial D_k} f(z_0)\mathrm{d}z = 0, \quad \int_{\partial D_k}(z-z_0)\mathrm{d}z = 0$$

得

$$\left|\int_{\partial D_k} f(z)\mathrm{d}z\right| = \left|\int_{\partial D_k} \rho(z,z_0)(z-z_0)\mathrm{d}z\right|$$
$$\leqslant \max_{z\in\partial D_k}|\rho(z,z_0)| \cdot \mathrm{diam}D_k \cdot l(D_k),$$

其中 $l(D_k)$ 表示 D_k 的边长. 由 D_k 的定义知

$$\mathrm{diam}D_k = \frac{\mathrm{diam}D_1}{2^{k-1}}, \quad l(D_k) = \frac{l(D_1)}{2^{k-1}}.$$

而由假设知 $\left|\int_{\partial D_k} f(z)\mathrm{d}z\right| \geqslant \frac{|M|}{4^{k-1}}$,所以

$$0 < \frac{|M|}{4^{k-1}} \leqslant \max_{z\in\partial D_k}|\rho(z,z_0)| \cdot \frac{\mathrm{diam}(D_1)}{2^{k-1}} \cdot \frac{l(D_1)}{2^{k-1}}.$$

由于 $\max_{z\in\partial D_k}|\rho(z,z_0)| \to 0 (k\to +\infty)$,因此上式不能成立. 此矛盾便证明了 $\int_{\partial D} f(z)\mathrm{d}z = 0$. 引理得证.

现设 Ω 是 $\mathbb{C}$ 中以有限条逐段光滑曲线为边界的有界区域. 不失一般性, 我们假定在 Ω 内添加有限条光滑曲线后可以将 Ω 分割成有限个凸的单连通区域 $\Omega_1, \Omega_2, \cdots, \Omega_n$, 使得添加的曲线同时是两个区域的公共边界, 但方向相反. 因此

$$\int_{\partial\Omega} f(z)\mathrm{d}z = \sum_{i=1}^n \int_{\partial\Omega_i} f(z)\mathrm{d}z.$$

所以我们仅需对凸的单连通区域证明 Cauchy 定理即可.

设 Ω 是 $\mathbb{C}$ 中以光滑曲线为边界的凸的有界单连通区域, $f(z)$ 在 $\overline{\Omega}$ 上连续, 在 Ω 内解析. 由于 $f(z)$ 在 $\overline{\Omega}$ 上一致连续, 因此对于任意 $\varepsilon>0$, 存在以有限条直线段为边界的多边形 D, 使得 $\overline{D}\subset\Omega$, 并且

$$\left|\int_{\partial\Omega} f(z)\mathrm{d}z - \int_{\partial D} f(z)\mathrm{d}z\right| < \varepsilon.$$

由于 D 是以有限条直线段为边界的多边形, 因此在 D 中适当添加有限条直线段可将 D 分割成有限个三角形区域 $\triangle_1, \triangle_2, \cdots, \triangle_m$, 使得新增的边同时是两个三角形的公共边界, 而方向相反. 因此

$$\int_{\partial D} f(z)\mathrm{d}z = \sum_{i=1}^m \int_{\partial\triangle_i} f(z)\mathrm{d}z.$$

但由基本引理我们知道 $\int_{\partial\triangle_i} f(z)\mathrm{d}z=0$, 从而得 $\int_{\partial D} f(z)\mathrm{d}z=0$. 因而

$$\left|\int_{\partial\Omega} f(z)\mathrm{d}z\right| < \varepsilon.$$

而 ε 是任意的, 所以必须 $\int_{\partial\Omega} f(z)\mathrm{d}z=0$. 至此我们证明了 Cauchy 定理.

§3.3 Cauchy 公式

有了 §3.2 中的 Cauchy 定理, 我们可以推出下面重要的 Cauchy 公式.

定理 1 (Cauchy 公式) 设 Ω 是由有限条逐段光滑曲线为边界的有界区域, $f(z)$ 在 $\overline{\Omega}$ 上连续, 在 Ω 内解析, 则 $\forall z \in \Omega$,

$$f(z) = \frac{1}{2\pi\mathrm{i}} \int_{\partial\Omega} \frac{f(w)}{w-z}\mathrm{d}w.$$

证明 $\forall z \in \Omega$, 取 $\varepsilon > 0$ 充分小, 使得 $\overline{D(z,\varepsilon)} \subset \Omega$. 令

$$D = \Omega - \overline{D(z,\varepsilon)}.$$

z 固定，w 作为 D 的变量，对 D 利用 Cauchy 定理，得

$$\frac{1}{2\pi\mathrm{i}}\int_{\partial D}\frac{f(w)}{w-z}\mathrm{d}w = 0,$$

但 $\partial D = \partial\Omega \cup \{-\partial D(z,\varepsilon)\}$，因此

$$\frac{1}{2\pi\mathrm{i}}\int_{\partial\Omega}\frac{f(w)}{w-z}\mathrm{d}w = \frac{1}{2\pi\mathrm{i}}\int_{|w-z|=\varepsilon}\frac{f(w)}{w-z}\mathrm{d}w,$$

其中等式左边与 ε 无关，因而积分不依赖于 ε.

由于 $f(w)$ 在 z 点可导，我们有

$$f(w) = f(z) + f'(z)(w-z) + \rho(w,z)(w-z),$$

其中函数 $\rho(w,z)$ 满足 $\lim\limits_{w\to z}\rho(w,z) = 0$. 上式两边同乘 $\dfrac{1}{w-z}$ 后积分，得

$$\int_{|w-z|=\varepsilon}\frac{f(w)}{w-z}\mathrm{d}w = \int_{|w-z|=\varepsilon}\frac{f(z)}{w-z}\mathrm{d}w + \int_{|w-z|=\varepsilon}f'(z)\mathrm{d}w$$
$$+ \int_{|w-z|=\varepsilon}\rho(w,z)\mathrm{d}w. \tag{3.1}$$

注意到

$$\int_{|w-z|=\varepsilon}\frac{f(z)}{w-z}\mathrm{d}w = 2\pi\mathrm{i}f(z),$$

$$\int_{|w-z|=\varepsilon}f'(z)\mathrm{d}w = 0,$$

而当 $\varepsilon \to 0$ 时，

$$\int_{|w-z|=\varepsilon}\rho(w,z)\mathrm{d}w \to 0;$$

但另一方面，由 (3.1) 式知积分

$$\int_{|w-z|=\varepsilon}\rho(w,z)\mathrm{d}w$$

是不依赖 ε 的常数，因此它必须等于零. 由此我们得到

$$\int_{|w-z|=\varepsilon}\frac{f(w)}{w-z}\mathrm{d}w = 2\pi\mathrm{i}f(z).$$

定理得证.

在 Cauchy 公式中，函数 $\dfrac{1}{2\pi\mathrm{i}} \cdot \dfrac{1}{w-z} \xequal{\text{记为}} H(w,z)$ 称为 **Cauchy 核函数**，或称为 **Cauchy 再生核**. Cauchy 公式表明解析函数由其在边界的函数值唯一确定，并可通过 Cauchy 核利用沿边界的积分得到. 反过来，

如果边界上给了一个可积函数,能否通过 Cauchy 积分得到区域内部的解析函数呢?对此我们有下面的引理.

引理 1(Cauchy 型积分) 如果 l 是 $\mathbb{C}$ 中一有界的分段光滑曲线,$\bar{l}=l$,$\varphi(z)$ 是 l 上一可积函数.对于任意 $z \in \mathbb{C} - \{l\}$,定义

$$f(z) = \frac{1}{2\pi i} \int_l \frac{\varphi(w)}{w-z} dw,$$

则 $f(z)$ 是 $\mathbb{C} - \{l\}$ 上的解析函数.

证明 设 $z_0 \in \mathbb{C} - \{l\}$.由于 $\{l\}$ 是一个有界闭集,因而

$$\mathrm{dist}(z_0, l) = \mathrm{Inf}\{|w-z_0| \big| w \in l\} = \delta > 0.$$

$\forall z \in D\left(z_0, \frac{\delta}{2}\right), w \in l$,

$$\frac{1}{w-z} = \frac{1}{w-z_0-(z-z_0)} = \frac{1}{w-z_0} \cdot \frac{1}{1-\frac{z-z_0}{w-z_0}}$$

$$= \sum_{n=0}^{+\infty} \frac{(z-z_0)^n}{(w-z_0)^{n+1}}.$$

由于 $\forall w \in l$ 时,恒有

$$\left|\frac{(z-z_0)^n}{(w-z_0)^{n+1}}\right| \leq \left(\frac{\delta}{2}\right)^n \cdot \frac{1}{\delta^{n+1}} = \frac{1}{\delta} \cdot \frac{1}{2^n},$$

而

$$\sum_{n=0}^{+\infty} \frac{1}{\delta \cdot 2^n} < +\infty,$$

利用控制收敛定理得级数 $\sum_{n=0}^{+\infty} \frac{(z-z_0)^n}{(w-z_0)^{n+1}}$ 在 l 上一致收敛,因而可逐项积分.于是

$$f(z) = \sum_{n=0}^{+\infty} \left[\frac{1}{2\pi i} \int_l \frac{\varphi(w)}{(w-z_0)^{n+1}} dw\right] (z-z_0)^n.$$

这说明 $f(z)$ 在 z_0 邻域上可展为 $z-z_0$ 的幂级数,我们得 $f(z)$ 在 z_0 邻域上解析.证毕.

应当说明的是上面定义的函数 $f(z)$ 并不一定能连续延拓到曲线 l 上,使 $\varphi(z)$ 为其边界值.这与函数 $\varphi(z)$ 和曲线 l 的性质都有关.关于这点这里就不讨论了.

与引理 1 的证明相同,利用 Cauchy 公式考察解析函数,则我们有下面描述解析函数特征的重要定理.

定理 2 函数 $f(z)$ 在区域 Ω 上解析的充分必要条件是 $\forall z_0 \in \Omega$, $f(z)$ 可在 z_0 的邻域上展开为 $(z-z_0)$ 的幂级数.

证明 如果 $f(z)$ 局部可展开为 $(z-z_0)$ 的幂级数, 由第二章 §2.4 中定理 5 知, $f(z)$ 在区域 Ω 上解析.

现设 $f(z)$ 在区域 Ω 上解析. 对 $\forall z_0 \in \Omega$, 取 $r>0$ 充分小, 使得 $\overline{D(z_0,r)} \subset \Omega$, 则由定理 1, $\forall z \in D(z_0,r)$ 恒有

$$f(z) = \frac{1}{2\pi i} \int_{|w-z_0|=r} \frac{f(w)}{w-z} dw.$$

但

$$\frac{1}{w-z} = \frac{1}{w-z_0-(z-z_0)} = \frac{1}{w-z_0} \cdot \frac{1}{1-\frac{z-z_0}{w-z_0}}$$

$$= \frac{1}{w-z_0} \cdot \sum_{n=0}^{+\infty} \left(\frac{z-z_0}{w-z_0}\right)^n.$$

上式中由于 z 是固定的, 因此 $\forall w \in \partial D(z_0,r)$, 恒有

$$\left|\frac{z-z_0}{w-z_0}\right| = \frac{|z-z_0|}{r} < 1.$$

利用控制收敛定理得, 上面的级数对 $w \in \partial D(z_0,r)$ 一致收敛, 因而可逐项积分, 得

$$f(z) = \sum_{n=0}^{+\infty} \left[\frac{1}{2\pi i} \int_{|w-z_0|=r} \frac{f(w)}{(w-z_0)^{n+1}} dw\right] (z-z_0)^n,$$

即 $f(z)$ 可在 z_0 的邻域 $D(z_0,r)$ 上展开为幂级数. 证毕.

推论 1 如果 $f(z)$ 在区域 Ω 上解析, 则其实部和虚部在 Ω 中每一点的充分小邻域上都可展开为 x 和 y 的幂级数, 因而都是 $\mathbb{C}^\infty$ 的函数.

Cauchy 公式最早是由路径积分的计算得到的, 因而也常被用来计算积分. 下面是这方面一个简单的例子, 更深入的应用将在第五章中给出.

例 1 计算积分

$$\int_{|z|=2} \frac{\sin z}{z^2+1} dz.$$

解 考虑区域 $D = D(0,2) - D(i,1/2) - D(-i,1/2)$. 显然函数 $f(z) = \frac{\sin z}{z^2+1}$ 在 D 上解析, $\overline{D}$ 上连续. 由 Cauchy 定理得

$$\int_{\partial D} f(z)\mathrm{d}z = 0.$$

但 $\partial D = \partial D(0,2) - \partial D(\mathrm{i},1/2) - \partial D(-\mathrm{i},1/2)$，因此

$$\int_{|z|=2} f(z)\mathrm{d}z = \int_{|z-\mathrm{i}|=1/2} f(z)\mathrm{d}z + \int_{|z+\mathrm{i}|=1/2} f(z)\mathrm{d}z.$$

如果令 $f_1(z) = \dfrac{\sin z}{z+\mathrm{i}}$，则 $f_1(z)$ 在圆 $D(\mathrm{i},1/2)$ 的邻域上解析，因此由 Cauchy 公式得

$$\int_{|z-\mathrm{i}|=1/2} f(z)\mathrm{d}z = \int_{|z-\mathrm{i}|=1/2} f_1(z)\frac{1}{z-\mathrm{i}}\mathrm{d}z = 2\pi\mathrm{i}\,\frac{\sin\mathrm{i}}{2\mathrm{i}} = \pi\sin\mathrm{i}.$$

同理

$$\int_{|z+\mathrm{i}|=1/2} f(z)\mathrm{d}z = 2\pi\mathrm{i}\,\frac{\sin(-\mathrm{i})}{-2\mathrm{i}} = \pi\sin\mathrm{i}.$$

因此我们得到

$$\int_{|z|=2} \frac{\sin z}{z^2+1}\mathrm{d}z = 2\pi\sin\mathrm{i}.$$

Cauchy 定理表示解析函数沿区域边界的积分为零. 一个自然的问题是这一命题的逆是否成立？对此我们有下面的 Morera 定理.

定理 3（Morera 定理） 设 $\Omega \subset \mathbb{C}$ 为一个区域，$f(z)$ 在 Ω 内连续. 则 $f(z)$ 在 Ω 内解析的充分必要条件是对 Ω 中任意由逐段光滑曲线为边界围成的有界区域 D，如果 $\overline{D} \subset \Omega$，则

$$\int_{\partial D} f(w)\mathrm{d}w = 0.$$

证明 条件的必要性是 Cauchy 定理的推论. 下面我们来证明条件的充分性.

对任意的 $z_0 \in \Omega$，我们只要证明 $f(z)$ 在 z_0 邻域上解析即可. 为此取 $\varepsilon > 0$，使 $D(z_0,\varepsilon) \subset \Omega$. $D(z_0,\varepsilon)$ 是单连通的，因而 $D(z_0,\varepsilon)$ 中任意简单闭曲线都是 $D(z_0,\varepsilon)$ 中某一区域的边界. 由条件得 $f(z)$ 沿 $D(z_0,\varepsilon)$ 中任意简单闭曲线的积分为零，因而积分与路径无关. $\forall\, z \in D(z_0,\varepsilon)$，在 $D(z_0,\varepsilon)$ 中任取连结 z_0 和 z 的光滑曲线，定义

$$F(z) = \int_{z_0}^{z} f(w)\mathrm{d}w,$$

则 $F(z)$ 是 $D(z_0,\varepsilon)$ 上的函数. 特别地，$\forall\, z_1 \in D(z_0,\varepsilon)$，以 $[z,z_1]$ 表示连

结 z, z_1 的直线段,以
$$\int_{z_0}^{z_1} f(w) \mathrm{d}w$$
表示沿此直线段的积分,则
$$\left| \frac{F(z) - F(z_1)}{z - z_1} - f(z_1) \right| = \left| \int_{z_1}^{z} \frac{f(w) - f(z_1)}{z - z_1} \mathrm{d}w \right|$$
$$\leq \max_{w \in [z, z_1]} \{|f(w) - f(z_1)|\}.$$
由于 $f(w)$ 在 z_1 处连续,得
$$\lim_{z \to z_1} \left| \frac{F(z) - F(z_1)}{z - z_1} - f(z_1) \right| = 0.$$
因而 $F(z)$ 在 z_1 可导,且 $F'(z_1) = f(z_1)$. 由 z_1 的任意性知,$F(z)$ 在 $D(z_0, \varepsilon)$ 上解析,且 $F'(z) = f(z)$. 又由 $F(z)$ 的解析性知 $F(z)$ 可在 $D(z_0, \varepsilon)$ 上展开为 $(z - z_0)$ 的幂级数,并可逐项求导. 于是得 $F'(z) = f(z)$ 在 $D(z_0, \varepsilon)$ 上可展开为 $(z - z_0)$ 的幂级数,因而在 $D(z_0, \varepsilon)$ 上解析. 证毕.

仔细考察定理的证明,我们可以得到下面的推论.

推论 2 如果 D 是 $\mathbb{C}$ 中的单连通区域,$f(z)$ 是 D 上的解析函数,则存在 D 上的函数 $F(z)$,使 $F'(z) = f(z)$,即 $f(z)$ 在 D 上有**原函数**.

如果区域 Ω 不是单连通的,则推论 2 显然不成立. 例如令 $f(z) = 1/z$,则 $f(z)$ 是 $\mathbb{C} - \{0\}$ 上的解析函数. 但由于
$$\int_{|z|=r} \frac{\mathrm{d}z}{z} = 2\pi \mathrm{i} \neq 0,$$
因此 $f(z)$ 在 $\mathbb{C} - \{0\}$ 上无原函数.

*多连通区域上解析函数的原函数

现设 Ω 是如图 3.2 的区域,在 Ω 内有两个洞 D_1, D_2. 分别在洞 D_1, D_2 内取点 z_1, z_2. 设 γ_1, γ_2 是图中围绕 D_1, D_2 的简单闭曲线. 对 Ω 上任意解析函数 $f(z)$,如果记
$$C_1 = \frac{1}{2\pi \mathrm{i}} \int_{\gamma_1} f(z) \mathrm{d}z,$$

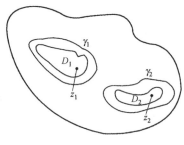

图 3.2

$$C_2 = \frac{1}{2\pi i}\int_{\gamma_2} f(z)\mathrm{d}z,$$

并令

$$F(z) = f(z) - \frac{C_1}{z-z_1} - \frac{C_2}{z-z_2},$$

则

$$\int_{\gamma_1} F(z)\mathrm{d}z = \int_{\gamma_1} f(z)\mathrm{d}z - \int_{\gamma_1} \frac{C_1}{z-z_1}\mathrm{d}z - \int_{\gamma_1} \frac{C_2}{z-z_2}\mathrm{d}z$$
$$= 2\pi i C_1 - 2\pi i C_1 - 0 = 0.$$

同理

$$\int_{\gamma_2} F(z)\mathrm{d}z = 0.$$

因此不难看出 $F(z)$ 在 Ω 中任意闭曲线上的积分为零,积分与路径无关,得 $F(z)$ 在 Ω 上有原函数.

另一方面,由于

$$\int_{\gamma_1} \frac{\mathrm{d}z}{z-z_1} = 2\pi i, \quad \int_{\gamma_2} \frac{\mathrm{d}z}{z-z_2} = 2\pi i,$$

因此 $\dfrac{1}{z-z_1}$ 和 $\dfrac{1}{z-z_2}$ 在 Ω 上解析但无原函数.

通过上面分析我们看到,Ω 上没有原函数的解析函数本质上仅有上面两种类型的函数.同样地,如果 Ω 内有 n 个洞,则 Ω 上没有原函数的解析函数本质上仅有 n 个.

另外,Morera 定理的证明过程还告诉我们:区域 Ω 上一连续函数 $f(z)$ 解析的充分必要条件是 $\forall\, z_0 \in \Omega$,取 $\varepsilon > 0$ 充分小,使得 $D(z_0,\varepsilon) \subset \Omega$,则 $f(z)$ 在 $D(z_0,\varepsilon)$ 中任意简单闭曲线上积分为零. 或者说连续函数 $f(z)$ 解析的充分必要条件是 $f(z)$ 局部有原函数. 由此只要利用积分与极限交换顺序的条件,就不难看出解析函数局部一致收敛的极限函数也是解析的. 为此我们需要下面的定义.

定义 称区域 Ω 上的函数列 $\{f_n(z)\}$ 在 Ω 上**内闭一致收敛**于函数 $f(z)$,如果 $\{f_n(z)\}$ 在 Ω 中任意紧集上一致收敛于 $f(z)$,即对 Ω 中任意紧集 K 以及任意 $\varepsilon > 0$,$\exists\, N$,使 $n > N$ 后,$|f_n(z) - f(z)| < \varepsilon$ 对所有 $z \in K$ 成立.

例 2 幂级数 $\sum\limits_{n=1}^{\infty} z^n$ 在收敛圆内不是一致收敛的,但它是内闭一致收敛的.

定理 4 设 $\{f_n(z)\}$ 是区域 Ω 上的解析函数列,且在 Ω 上内闭一致收敛于 $f(z)$,则 $f(z)$ 在 Ω 上解析.

证明 $\forall\, z \in \Omega$,取 $\varepsilon > 0$ 充分小,使得 $\overline{D(z_0,\varepsilon)} \subset \Omega$,则 $\{f_n(z)\}$ 在 $\overline{D(z_0,\varepsilon)}$ 上一致收敛于 $f(z)$,因而 $f(z)$ 在 $D(z_0,\varepsilon)$ 上连续. 对 $D(z_0,\varepsilon)$ 中任意简单闭曲线 Γ,由 Cauchy 定理知

$$\int_\Gamma f_n(z) = 0.$$

但 $\{f_n(z)\}$ 在 Γ 上一致收敛于 $f(z)$,因而

$$\int_\Gamma f(z) = \lim_{n\to+\infty} \int_\Gamma f_n(z) = 0.$$

由 Morera 定理得 $f(z)$ 在 $D(z_0,\varepsilon)$ 上解析. 而 $z_0 \in \Omega$ 是任取的,得 $f(z)$ 在 Ω 上解析. 证毕.

值得注意的是定理 4 对于实的可微函数显然是不成立的. 实的可微函数序列一致收敛的极限函数不一定可微. 实函数与复函数这种差异的原因是实函数需要的微分与极限交换顺序比上面复函数用到的积分与极限交换顺序要求的条件更高. Cauchy 公式使得许多解析函数的性质能够通过积分与极限交换顺序得到. 下面我们还将看到一些这方面的例子.

§3.4 利用幂级数研究解析函数

前面我们提到**积分表示**和**幂级数**是研究解析函数的两个基本工具. 本节中我们将利用"函数 $f(z)$ 在区域 Ω 上解析的充分必要条件是对于任意 $z_0 \in \Omega$,存在 z_0 的邻域 $D(z_0,r)$,使得 $f(z)$ 在 $D(z_0,r)$ 上可展开为 $(z-z_0)$ 的幂级数"这一结论,以幂级数作为工具讨论解析函数的一些基本性质. 下一节我们将用积分表示给出解析函数的另一些性质.

设 $f(z)$ 是区域 Ω 上的解析函数,$z_0 \in \Omega$,再设

$$f(z) = \sum_{n=0}^{+\infty} a_n (z-z_0)^n$$

是 $f(z)$ 在 z_0 的幂级数展开. 由于幂级数可逐项求导,因此这一展开必

须是 $f(z)$ 在 z_0 点的 **Taylor 展开**, 即
$$a_n = \frac{f^{(n)}(z_0)}{n!}, \quad f(z) = \sum_{n=0}^{+\infty} \frac{f^{(n)}(z_0)}{n!}(z-z_0)^n.$$
利用此则有:

定理 1 设 $f(z)$ 在区域 Ω 内解析. 如果存在 $z_0 \in \Omega$, 使得
$$f(z_0) = f'(z_0) = f''(z_0) = \cdots = f^{(n)}(z_0) = \cdots = 0,$$
则 $f(z)$ 在 Ω 上恒为零.

证明 令
$$S = \{z \in \Omega \mid f(z) = f'(z) = f''(z) = \cdots = f^{(n)}(z) = \cdots = 0\}.$$
由于 $f^{(n)}(z)$ 都在 Ω 上连续, 因此 S 是 Ω 中的闭集 (即 $\Omega - S$ 是开集). 另一方面, 如果 $\tilde{z} \in S$, 取 $\varepsilon > 0$ 充分小, 使得 $D(\tilde{z}, \varepsilon) \subset \Omega$, 则 $f(z)$ 在 $D(\tilde{z}, \varepsilon)$ 上可展开为幂级数
$$f(z) = \sum_{n=0}^{+\infty} \frac{f^{(n)}(\tilde{z})}{n!}(z-\tilde{z})^n.$$
但对任意的 n, $f^{(n)}(\tilde{z}) = 0$, 得 $f(z)$ 在 $D(\tilde{z}, \varepsilon)$ 上恒为零. 因此 $D(\tilde{z}, \varepsilon) \subset S$, 从而 S 是 Ω 中的开集. 而 Ω 是区域, 必须是连通的. $S \neq \varnothing$ ($z_0 \in S$), 且其在 Ω 中既开又闭, 所以必须 $S = \Omega$. 证毕.

例 1 令
$$f(x) = \begin{cases} e^{-\frac{1}{x^2}}, & x \neq 0, \\ 0, & x = 0, \end{cases}$$
则 $f(x)$ 在 $\mathbb{R}$ 上任意阶可导, 并且 $f^{(n)}(0) = 0$ ($n = 1, 2, \cdots$), 但 $f(x)$ 并不恒为零. 所以 $f(x) \neq \sum_{n=0}^{+\infty} \frac{f^{(n)}(0)}{n!} x^n \equiv 0$, $f(x)$ 不能展开为幂级数. 注意在这里函数 $f(x)$ 在 $x = 0$ 展开的 Taylor 级数处处收敛, 但并不收敛到函数 $f(x)$.

如果一个函数局部可展为幂级数, 利用幂级数可逐项求导得这一函数任意阶可导. 上例说明任意阶可导的函数不一定可展为幂级数. 如果以 C^ω 表示局部可展为幂级数的函数全体, 则我们得到 $C^\omega \subsetneq C^\infty$.

由定理 1, 我们有下面的推论.

推论 1 设 $f(z)$ 是区域 Ω 上不为常数的解析函数, 则 $\forall z_0 \in \Omega$, 存在正整数 m, 使得

$$f'(z_0) = f''(z_0) = \cdots = f^{(m-1)}(z_0) = 0, \quad 而 \quad f^{(m)}(z_0) \neq 0.$$
这时存在 z_0 的邻域 O，使得 $f(z)$ 在 O 上可表示为
$$f(z) - f(z_0) = (z - z_0)^m g(z),$$
其中 $g(z)$ 在 O 上解析，且 $g(z_0) \neq 0$.

在推论 1 中，如果 $f(z_0) = 0$，则 z_0 称为 $f(z)$ 的 m **阶零点**. 推论 1 表示对于不为常数的解析函数，其所有零点都是有限阶的. 利用此则有：

推论 2 设 $f(z)$ 是区域 Ω 上不为常数的解析函数. 如果 $z_0 \in \Omega$ 满足 $f(z_0) = 0$，则 $\exists \, \varepsilon > 0$，使得 z_0 是 $f(z)$ 在 $D(z_0, \varepsilon)$ 中唯一的零点.

证明 设 z_0 是 $f(z)$ 的 m 阶零点，由推论 1，存在函数 $g(z)$ 在 z_0 的邻域 O 上解析，$g(z_0) \neq 0$，使得在 O 上 $f(z) = (z - z_0)^m g(z)$. 因而 $\exists \, \varepsilon > 0$，使得 $g(z)$ 在 $D(z_0, \varepsilon)$ 上处处不为零. 而 z_0 是 $(z - z_0)^m$ 唯一的零点，从而 $f(z)$ 在 $D(z_0, \varepsilon)$ 上除 z_0 外无其他零点. 证毕.

设 $f(z)$ 是区域 Ω 上不恒为零的解析函数. 令
$$Z(f) = \{z \in \Omega \mid f(z) = 0\}.$$
$Z(f)$ 通常称为 $f(z)$ 的**零点集**. 推论 2 表示集合 $Z(f)$ 中的每一个点都是 $Z(f)$ 的孤立点，即对每一点 $z_0 \in Z(f)$，都存在开集 O，使得
$$O \cap Z(f) = \{z_0\}.$$
因此推论 2 也称为解析函数的**零点孤立性定理**. 下面例子表明对于 C^∞ 的函数，零点孤立性定理并不成立.

例 2 令
$$f(x) = \begin{cases} e^{-\frac{1}{x^2}} \sin \frac{1}{x}, & x \neq 0, \\ 0, & x = 0, \end{cases}$$
则 $f(x)$ 任意阶可导，但 $x = 0$ 不是 $f(x)$ 的孤立零点.

零点的孤立性也可等价地表示为：区域 Ω 上解析函数 $f(z)$ 如果不恒为零，则其零点集 $Z(f)$ 在 Ω 中无极限点. 利用此则有下面定理.

定理 2（解析函数的唯一性定理） 设 $f(z), g(z)$ 都是区域 Ω 上的解析函数. 如果存在 Ω 中点列 $\{z_n\}$ 使得 $f(z_n) = g(z_n) (n = 1, 2, \cdots)$，并且集合 $\{z_n\}$ 有极限点 $z_0 \in \Omega$，则在 Ω 上 $f(z) \equiv g(z)$.

证明 $Z(f - g)$ 在 Ω 内有极限点 z_0，因而 z_0 不是 $f(z) - g(z)$ 的

孤立零点,因此必须 $f(z)-g(z)\equiv 0$. 证毕.

定理 2 中条件 $z_0\in\Omega$ 是必要的.

例 3 令 $f(z)=\sin\dfrac{1}{z}$,则 $f(z)$ 在 $\mathbb{C}-\{0\}$ 上解析,$f\left(\dfrac{1}{n\pi}\right)=0$. 因此 $z=0$ 是 $Z(f)$ 的极限点,但 $f(z)$ 不恒为零.

下面我们将解析函数看做平面区域到平面区域的映射,利用幂级数从几何的角度来描叙解析映射的局部性质.

设 $f(z)=u(x,y)+iv(x,y)$ 在区域 Ω 上解析,$z_0=x_0+iy_0\in\Omega$. 在第二章 §2.3 的定理 1 中,我们证明了这时 $|f'(z_0)|^2$ 就是映射
$$(x,y)\mapsto(u(x,y),v(x,y))$$
在 (x_0,y_0) 的 Jacobi 行列式. 如果 $z_0\in\Omega$ 是 $f(z)-f(z_0)$ 的一阶零点,即 $f'(z_0)\neq 0$,利用微积分中的逆映射存在定理,我们知道存在 z_0 的邻域 O_1 和 $f(z_0)$ 的邻域 O_2,使得 $f:O_1\to O_2$ 为一一到上的映射. $f^{-1}:O_2\to O_1$ 也是解析的. 这时 $f:O_1\to O_2$ 为解析同胚. 即如果 $f'(z_0)\neq 0$,则 $f(z)$ 在 z_0 的邻域上是解析同胚映射.

如果 z_0 是 $f(z)-f(z_0)$ 的 m 阶零点,其中 $m>1$,则存在 $\varepsilon>0$,使在 $D(z_0,\varepsilon)$ 上 $f(z)-f(z_0)$ 可表为 $(z-z_0)^m g(z)$ 的形式,其中 $g(z)$ 在 $D(z_0,\varepsilon)$ 上解析且处处不为零. 由第二章 §2.2 的定理 7 知,存在 $D(z_0,\varepsilon)$ 上解析函数 $h(z)$,使得 $h^m(z)=g(z)$. 因此利用 $h(z)$,在 $D(z_0,\varepsilon)$ 上
$$f(z)-f(z_0)=[(z-z_0)h(z)]^m.$$
令 $\varphi(z)=(z-z_0)h(z)$,则 $\varphi'(z_0)=h(z_0)\neq 0$. 所以存在 z_0 的邻域 O_1 和 $\varphi(z_0)=0$ 的邻域 O_2,使 $\varphi(z)=(z-z_0)h(z)$ 为解析同胚. 而在 O_2 上 $f(z)-f(z_0)=\varphi^m(z)$,其是 m 对 1 的映射,即存在 $f(z_0)$ 的邻域 O_3,使得 $\forall\,w\in O_3, w-f(z_0)=\varphi^m(z)$ 在 O_2 中有且仅有 m 个解. 如果适当选取 O_1 和 O_3,上面结论可表示为 $\forall\,w\in O_3, f^{-1}(w)$ 在 O_1 中有且仅有 m 个点. 即从几何上看,如果忽略解析同胚 $z\to\varphi(z)$,映射 $z\mapsto w=f(z)-f(z_0)=\varphi^m(z)$ 与映射 $z\mapsto z^m$ 基本相同(见图 3.3).

上面利用解析函数的幂级数展开,我们描述了解析映射的局部性质. 而以这些局部性质为基础我们可以讨论解析映射的一些整体性质. 下面介绍这方面的几个重要定理.

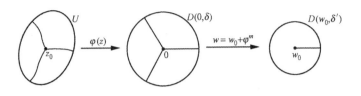

图 3.3

定理 3(开映射定理) 如果 $f(z)$ 是区域 Ω 上不为常数的解析函数,则 $f(z)$ 将 Ω 中开集映为开集.

证明 仅需证 $f(\Omega)$ 为开集. 任取 $w_0 = f(z_0) \in f(\Omega)$. 设 z_0 是 $f(z) - f(z_0)$ 的 m 阶零点,则存在 w_0 的邻域 O,使对其中每一个点 $w \in O$,其逆像 $f^{-1}(w)$ 在 z_0 的邻域都有 m 个点. 特别地 $w \in f(\Omega)$,得 $O \subset f(\Omega)$,因而 w_0 是 $f(\Omega)$ 的内点. 但 w_0 是任取的,得 $f(\Omega)$ 为开集. 证毕.

将开集映为开集的映射通常称为**开映射**. 上面定理表明,如果解析函数不是常数,则由其定义的映射是开映射.

前面我们定义了单叶解析函数的概念:区域 Ω 上的解析函数 $f(z)$ 称为**单叶解析函数**,如果对 Ω 中的任意两点 $z_1 \neq z_2$,恒有 $f(z_1) \neq f(z_2)$. 利用上面对解析映射的局部描叙则有:

定理 4 如果 $f(z)$ 是区域 Ω 上的单叶解析函数,则 $f(\Omega)$ 是 $\mathbb{C}$ 中的开集,因而是区域;$f'(z)$ 在 Ω 上处处不为零. 因此 $f^{-1}: f(\Omega) \to \Omega$ 是解析的;$f: \Omega \to f(\Omega)$ 是解析同胚.

证明 由开映射定理知 $f(\Omega)$ 为区域,因此仅需证 $f'(z)$ 在 Ω 上处处不为零. 假设存在 $z_0 \in \Omega$,使 $f'(z_0) = 0$. 若 z_0 为 $f(z) - f(z_0)$ 的 m 阶零点,则 $m > 1$. 因而局部 f 为 m 对 1 的映射,与 f 的单叶性矛盾. 证毕.

如前所述,定理对 C^∞ 的映射是不成立的. 例如令 $f(x) = x^3$,其是 $\mathbb{R}$ 到 $\mathbb{R}$ 的一一的映射,但 $f'(0) = 0$.

下面是两个关于开映射定理的重要应用.

定理 5(最大模原理) 如果 $f(z)$ 是区域 Ω 上不为常数的解析函

数,则 $|f(z)|$ 在 Ω 内无极大值点.

证明 设 z_0 是 $|f(z)|$ 在 Ω 内的极大值点,即存在 $\varepsilon>0$,使 $|f(z_0)|$ 是 $|f(z)|$ 在 $D(z_0,\varepsilon)$ 上的最大值. 由于 $f(z)$ 不为常数,因此 $f(D(z_0,\varepsilon))$ 是开集. 特别地 $f(z_0)$ 是 $f(D(z_0,\varepsilon))$ 的内点,因而 $|f(z_0)|$ 不可能是最大值. 证毕.

定理 6(代数学基本定理) 设
$$P(z)=a_n z^n + a_{n-1} z^{n-1} + \cdots + a_0$$
是一 n 次多项式,其中 $n\geqslant 1$, $a_n\neq 0$,则方程 $P(z)=0$ 在 $\mathbb{C}$ 中有解.

证明 1 从
$$P(z)=z^n\left(a_n + a_{n-1}\frac{1}{z} + \cdots + \frac{a_0}{z^n}\right)$$
容易推出
$$\lim_{z\to\infty}|P(z)|=+\infty.$$
取 R 充分大,使得
$$\min\{|P(z)| \mid |z|=R\}>|P(0)|.$$
设 z_0 是 $|P(z)|$ 在闭圆盘 $\overline{D(0,R)}$ 内的最小值点,由假设得 $z_0\in D(0,R)$. 因为 $P(z)$ 解析且不为常数,所以 $P(D(0,R))$ 是 $\mathbb{C}$ 中的开集. 从而 $P(z_0)$ 是 $P(D(0,R))$ 的内点. 如果 $P(z_0)\neq 0$,则 $|P(z_0)|$ 不能是最小. 此矛盾说明了必有 $P(z_0)=0$.

证明 2 对多项式 $P(z)$,由于 $\lim_{z\to\infty}P(z)=\infty$,因此定义 $P(\infty)=\infty$. 则 $P(z)$ 可看做扩充复平面 $\overline{\mathbb{C}}$ 到 $\overline{\mathbb{C}}$ 的连续映射. 我们考虑在 $z=\infty$ 和 $P(\infty)=\infty$ 处的坐标变换. 由
$$\frac{1}{P\left(\frac{1}{w}\right)}=\frac{w^n}{a_n + a_{n-1}w + \cdots + a_0 w^n},$$
其在 $w=0$ 是解析的,因此 $P:\overline{\mathbb{C}}\to\overline{\mathbb{C}}$ 是解析的映射. 而其不为常数,所以 $P(\overline{\mathbb{C}})$ 是 $\overline{\mathbb{C}}$ 中的开集. 但另一方面,由于 $\overline{\mathbb{C}}$ 是紧的,而 P 是连续的,因此 $P(\overline{\mathbb{C}})$ 是 $\overline{\mathbb{C}}$ 中的紧集,因而是闭集. 于是得 $P(\overline{\mathbb{C}})$ 在 $\overline{\mathbb{C}}$ 中是既开又闭的集合. 但 $\overline{\mathbb{C}}$ 是连通的,因而其是 $\overline{\mathbb{C}}$ 中唯一的一个非空且既开又闭的的集合,必须 $P(\overline{\mathbb{C}})=\overline{\mathbb{C}}$. 特别地 $P^{-1}(0)\neq\varnothing$,即方程 $P(z)=0$ 在 $\mathbb{C}$ 中有

解. 证毕.

证明 2 的方法也经常被用来讨论紧曲面到紧曲面的开映射.

下面的例子是开映射定理和最大模原理的应用.

例 4 设 D 是 $\mathbb{C}$ 中一有界区域，$f(z)$ 在 D 内解析，在 $\overline{D}$ 上连续，且在 ∂D 上 $|f(z)|\equiv R>0$，证明：如果 $f(z)$ 不为常数，则
$$f(D) = D(0,R).$$
特别地 $f(z)=0$ 在 D 中有解.

证明 $\forall z\in D$，由最大模原理知 $|f(z)|<R$，因此 $f(D)\subset D(0,R)$，且 $f(D)$ 是 $D(0,R)$ 中的开集. 设 $w_0\in\partial f(D)$，则存在 $f(D)$ 中的序列 $\{w_n\}$，使得 $w_n\to w_0$. 取 D 中的序列 $\{z_n\}$，使得 $f(z_n)=w_n$. 不妨设 $z_n\to z_0$. 由 $f(z)$ 的连续性知 $f(z_0)=w_0$. 如果 $z_0\in D$，则 $f(z_0)$ 是 $f(D)$ 的内点，与 $w_0\in\partial f(D)$ 矛盾. 所以必须 $z_0\in\partial D$，得
$$|w_0| = |f(z_0)| = R.$$
因此 $f(D)=D(0,R)$. 证毕.

例 5 设 $f(z)$ 在 $D(0,1)$ 内解析，在 $\overline{D(0,1)}$ 上连续，且在 $\partial D(0,1)$ 上 $|f(z)|\equiv 1$，证明 $f(z)$ 是一个有理函数.

证明 设 $z_1,z_2,\cdots,z_n$ 为 $f(z)$ 在 $D(0,1)$ 内的零点 (计重数). 令
$$F(z) = f(z)\frac{1-\bar{z}_1 z}{z-z_1}\cdot\frac{1-\bar{z}_2 z}{z-z_2}\cdot\cdots\cdot\frac{1-\bar{z}_n z}{z-z_n},$$
则 $F(z)$ 在 $D(0,1)$ 内解析，无零点，而在 $\partial D(0,1)$ 上 $|F(z)|\equiv 1$. 由最大模原理推知 $|F(z)|$ 和 $\dfrac{1}{|F(z)|}$ 都只能在 $\partial D(0,1)$ 上取到最大值 1. 这说明 $|F(z)|$ 为一常数函数. 由此推出存在 $\theta_0\in[0,2\pi)$ 使得 $F(z)=e^{i\theta_0}$，从而有
$$f(z) = e^{i\theta_0}\frac{z-z_1}{1-\bar{z}_1 z}\cdot\frac{z-z_2}{1-\bar{z}_2 z}\cdot\cdots\cdot\frac{z-z_n}{1-\bar{z}_n z}.$$

§3.5　Cauchy 不等式

在 §3.4 中我们利用解析函数局部幂级数展开的存在性，以幂级数作为工具研究了解析函数的局部性质. 这节我们将利用另一个工具——积分表示来讨论解析函数的另外一些性质.

设 Ω 是以有限条逐段光滑曲线为边界的有界区域，$f(z)$ 在区域 Ω 内解析，在 $\overline{\Omega}$ 上连续．对给定的 $z_0 \in \Omega$，取 r 使 $0 < r < \mathrm{dist}(z_0, \partial\Omega)$，则 $\forall z \in D(z_0, r)$，由 Cauchy 公式得

$$f(z) = \frac{1}{2\pi \mathrm{i}} \int_{\partial\Omega} \frac{f(w)}{w-z} \mathrm{d}w = \frac{1}{2\pi \mathrm{i}} \int_{\partial\Omega} \frac{f(w)}{w - z_0 - (z - z_0)} \mathrm{d}w$$

$$= \frac{1}{2\pi \mathrm{i}} \int_{\partial\Omega} \frac{f(w)}{w - z_0} \cdot \frac{1}{1 - \frac{z - z_0}{w - z_0}} \mathrm{d}w$$

$$= \frac{1}{2\pi \mathrm{i}} \int_{\partial\Omega} \frac{f(w)}{w - z_0} \cdot \sum_{n=0}^{+\infty} \left(\frac{z - z_0}{w - z_0} \right)^n \mathrm{d}w$$

$$= \sum_{n=0}^{+\infty} \left[\frac{1}{2\pi \mathrm{i}} \int_{\partial\Omega} \frac{f(w)}{(w - z_0)^{n+1}} \mathrm{d}w \right] (z - z_0)^n.$$

对这一幂级数逐项求导则可看出这一幂级数就是 $f(z)$ 在 z_0 处的 Taylor 展开，即

$$f^{(n)}(z_0) = \frac{n!}{2\pi \mathrm{i}} \int_{\partial\Omega} \frac{f(w)}{(w - z_0)^{n+1}} \mathrm{d}w.$$

由于 $z_0 \in \Omega$ 是任意的，上面等式表明 Cauchy 公式可以在积分号下任意阶求导．在上式中如果特别地取 $\Omega = D(z_0, r)$，则有

$$f^{(n)}(z_0) = \frac{n!}{2\pi \mathrm{i}} \int_{|w - z_0| = r} \frac{f(w)}{(w - z_0)^{n+1}} \mathrm{d}w.$$

对此利用绝对值不等式，我们得到：

定理 1（Cauchy 不等式） 设 $f(z)$ 在区域 Ω 上解析，且在 Ω 上 $|f(z)| \leqslant M$，则 $\forall z_0 \in \Omega, 0 < r \leqslant \mathrm{dist}(z_0, \partial\Omega)$，恒有

$$|f^{(n)}(z_0)| \leqslant \frac{n!M}{r^n}.$$

证明 先设 $0 < r < \mathrm{dist}(z_0, \partial\Omega)$，由

$$f^{(n)}(z_0) = \frac{n!}{2\pi \mathrm{i}} \int_{|w - z_0| = r} \frac{f(w)}{(w - z_0)^{n+1}} \mathrm{d}w,$$

利用绝对值不等式得

$$|f^{(n)}(z_0)| \leqslant \frac{n!}{2\pi} \int_{|w - z_0| = r} \left| \frac{f(w)}{(w - z_0)^{n+1}} \right| |\mathrm{d}w|$$

$$\leqslant \frac{n!M}{2\pi r^{n+1}} \int_{|w - z_0| = r} \mathrm{d}s = \frac{n!M}{r^n}.$$

令 $r \to \text{dist}(z_0, \partial\Omega)$，得不等式对 $r = \text{dist}(z_0, \partial\Omega)$ 也成立. 证毕.

Cauchy 不等式表明对于解析函数 $f(z)$，其函数值的模 $|f(z)|$ 在区域内部的上确界可以控制其在任意给定点 z 的任意阶导数的模 $|f^{(n)}(z)|$. 下面是这一不等式的一个推广.

定理 2 设 $f(z)$ 在区域 Ω 内解析，且在 Ω 内 $|f(z)| \leqslant M$，则对 Ω 中任意紧集 K 以及 $n \in \mathbb{N}$，存在仅与 K 和 n 有关的常数 C，使得 $\forall z \in K$，恒有
$$|f^{(n)}(z)| \leqslant C \cdot M.$$

证明 由 K 是 Ω 中紧集知 $\text{dist}(K, \partial\Omega) \xrightarrow{\text{记为}} r_0 > 0$，因此对于任意 $0 < r < r_0$，以及 $z_0 \in K$，有 $D(z_0, r) \subseteq \Omega$. 由 Cauchy 不等式得
$$|f^{(n)}(z_0)| \leqslant \frac{n!M}{r^n}.$$

令 $r \to r_0$，并取 $C = \dfrac{n!}{r_0^n}$. 定理得证.

定理 2 常被用来讨论解析函数列的收敛性质.

推论 如果解析函数列 $\{f_n(z)\}$ 在区域 Ω 上内闭一致收敛，则对任意 $k \in \mathbb{N}$，$\{f_n^{(k)}(z)\}$ 也在 Ω 上内闭一致收敛.

证明 设 $\{f_n(z)\}$ 在 Ω 上内闭一致收敛于 $f(z)$，由 §3.3 的定理 4 知 $f(z)$ 在 Ω 上解析. 设 $K \subset \Omega$ 是 Ω 中的紧集. 令 $2r_0 = \text{dist}(K, \partial\Omega)$，由 K 紧知 $r_0 > 0$. 令 $D = \{z \mid \text{dist}(K, z) \leqslant r_0\}$，则 D 也是 Ω 中的紧集. 而 $\{f_n(z)\}$ 在 Ω 上内闭一致收敛，因此在 D 上一致收敛，即 $\forall \varepsilon > 0, \exists N$，只要 $n > N$，则 $\forall z \in D$，恒有 $|f_n(z) - f(z)| < \varepsilon$. 而由定理 2 知这时 $|f_n^{(k)}(z) - f^{(k)}(z)| < C\varepsilon$ 在 K 上成立. 因此 $\{f_n^{(k)}(z)\}$ 在 Ω 上内闭一致收敛于 $f^{(k)}(z)$. 证毕.

对于 C^∞ 的函数，上面推论是不成立的. 例如令 $f_n(x) = \dfrac{\sin n^2 x}{n}$，则 $\{f_n(x)\}$ 在 $\mathbb{R}$ 上一致收敛于 0，但 $\{f_n'(x)\} = \{n\cos n^2 x\}$ 在 $\mathbb{R}$ 的任意区间上都不收敛.

Cauchy 不等式的另一重要应用是下面著名的 **Liouville 定理**.

定理 3(Liouville 定理) 如果 $f(z)$ 在整个平面 $\mathbb{C}$ 上解析且有界，则 $f(z)$ 必为常数.

证明 设对于任意 $z \in \mathbb{C}$, $|f(z)| \leqslant M$. 任取 $z_0 \in \mathbb{C}$, $r > 0$. 由于 $f(z)$ 在 $D(z_0, r)$ 上解析, 在 Cauchy 不等式中, 令 $n = 1$, 则有

$$|f'(z_0)| \leqslant \frac{M}{r}.$$

令 $r \to +\infty$, 得 $f'(z_0) = 0$. 由 z_0 的任意性, $f'(z) \equiv 0$. 因此有 $f(z) = c$ 为常数. 证毕.

从解析映射的角度来看, Liouville 定理说明不存在 $\mathbb{C}$ 到 $\mathbb{C}$ 中有界区域非平凡的解析映射. 特别地我们有:

定理 4 复平面 $\mathbb{C}$ 与单位圆盘 $D(0, 1)$ 不能解析同胚.

定理 4 对于复平面中的区域相对于解析同胚的分类是非常重要的, 关于这方面进一步的讨论可参阅第八章中的 Riemann 映射定理.

应该说明的是复平面 $\mathbb{C}$ 与单位圆盘 $D(0, 1)$ 在可微的意义下是同胚的. 例如定义 $D(0, 1)$ 到 $\mathbb{C}$ 的映射 F 为

$$F: z \mapsto \frac{z}{1 - |z|^2},$$

则不难看出 F 是 $D(0, 1)$ 到 $\mathbb{C}$ 的一一到上 C^∞ 的映射, 并且其 Jacobi 行列式处处不为零. 因此 F 的逆也是 C^∞ 的. 映射 F 表明从 C^∞ 的观点来看, 单位圆盘与复平面是同一个空间. 定理 4 则表明从解析的观点看, 单位圆盘与复平面是完全不同的空间, 或者说其上的复结构不同.

下面我们从解析函数值域的角度来看 Liouville 定理.

我们将复平面 $\mathbb{C}$ 上的解析函数称为**整函数**(**Entire function**). 如果一个整函数不是多项式, 则称其为**超越整函数**. 超越整函数也可定义为收敛半径是 $+\infty$ 的幂级数 $\sum_{n=0}^{+\infty} a_n z^n$, 其中有无穷多个 a_n 不为零. Liouville 定理表示对于非常数的整函数而言, 其值域不能包含在一个有界区域内. 为推广 Liouville 定理, 我们先给出下面的定义.

定义 $\mathbb{C}$ 中的集合 S 称为在集合 T 中**稠密**, 如果 $\bar{S} \supset T$.

由定义不难看出 S 在 T 中稠密当且仅当 $\forall z_0 \in T$, 存在 S 中的序列 $\{z_n\}$, 使得 $z_n \to z_0$. 例如有理数的集合在实数中稠密. 利用稠密的概念, Liouville 定理可推广为:

定理 5(**Weierstrass 定理**) 如果 $f(z)$ 是不为常数的整函数, 则 $f(z)$ 的值域 $f(\mathbb{C})$ 在 $\mathbb{C}$ 中稠密.

证明 $f(\mathbb{C})$ 在 $\mathbb{C}$ 中稠等价于 $\overline{f(\mathbb{C})} = \mathbb{C}$. 倘若定理的结论不成立, 则 $\exists\, z_0 \in \mathbb{C}$, 使 $z_0 \in \mathbb{C} - \overline{f(\mathbb{C})}$. 由于 $\overline{f(\mathbb{C})}$ 是闭集, $\mathbb{C} - \overline{f(\mathbb{C})}$ 为开集, 因此存在 $\varepsilon > 0$, 使得 $D(z_0, \varepsilon) \bigcap \overline{f(\mathbb{C})} = \varnothing$. 令

$$g(z) = \frac{1}{f(z) - z_0},$$

则 $g(z)$ 也是整函数, 且 $|g(z)| \leqslant \dfrac{1}{\varepsilon}$. 由 Liouville 定理得 $g(z)$ 为常数, 从而 $f(z)$ 也是常数. 这与已知矛盾. 证毕.

如果一个整函数是不为常数的多项式, 则由代数学基本定理得其值域就是 $\mathbb{C}$. 因此一个自然的问题是对于超越整函数, 这一结论是否也成立? 即如果 $f(z)$ 为超越整函数, $\forall\, w_0 \in \mathbb{C}$, 方程 $f(z) - w_0 = 0$ 是否一定有解? 对此问题只需考查函数 $f(z) = \mathrm{e}^z$. 显然方程 $\mathrm{e}^z = 0$ 无解. 因此, 对超越整函数 $f(z)$ 我们一般的不能期望 $f(\mathbb{C}) = \mathbb{C}$. 但 Picard 证明了下面比 Liouville 定理和 Weierstrass 定理更为深刻的结论.

定理 6(Picard 小定理)　如果 $f(z)$ 是超越整函数, 则集合 $\mathbb{C} - f(\mathbb{C})$ 至多包含一个点.

若集合 $\mathbb{C} - f(\mathbb{C}) = \{w_0\}$, 则 w_0 称为 $f(z)$ 的 **Picard 例外值**. 例如 0 是函数 e^z 的 Picard 例外值.

Picard 小定理的证明超出了本书的范围, 有兴趣的读者可以参阅参考文献[7].

现在我们回到解析函数以及其导函数的积分表示式

$$f^{(n)}(z_0) = \frac{n!}{2\pi \mathrm{i}} \int_{|w - z_0| = r} \frac{f(w)}{(w - z_0)^{n+1}} \mathrm{d}w.$$

如果在此式中令 $n = 0$, 并将圆周 $|w - z_0| = r$ 表示为参数的形式

$$w = z_0 + r\mathrm{e}^{\mathrm{i}\theta}, \quad \theta \in [0, 2\pi],$$

则得到

$$f(z_0) = \frac{1}{2\pi \mathrm{i}} \int_0^{2\pi} \frac{f(z_0 + r\mathrm{e}^{\mathrm{i}\theta})}{r\mathrm{e}^{\mathrm{i}\theta}} \mathrm{d}(r\mathrm{e}^{\mathrm{i}\theta}) = \frac{1}{2\pi} \int_0^{2\pi} f(z_0 + r\mathrm{e}^{\mathrm{i}\theta}) \mathrm{d}\theta.$$

这一等式称为解析函数的**平均值定理**.

定理 7(平均值定理)　如果 $f(z)$ 在区域 Ω 上解析, 则 $\forall\, z_0 \in \Omega$, $0 < r < \mathrm{dist}(z_0, \partial \Omega)$, 恒有

$$f(z_0) = \frac{1}{2\pi}\int_0^{2\pi} f(z_0 + re^{i\theta})\mathrm{d}\theta.$$

定理 7 告诉我们：解析函数 $f(z)$ 在圆心 z_0 的值 $f(z_0)$ 是 $f(z)$ 在圆周 $|z-z_0|=r$ 上取值的平均.

由于平均值定理中的 $\mathrm{d}\theta$ 是实变量,比较等式两边的实部和虚部,得平均值定理对调和函数也成立,即调和函数在圆心的值为其在圆周上取值的平均.

由平均值定理推出

$$|f(z_0)| \leqslant \frac{1}{2\pi}\int_0^{2\pi} |f(z_0 + re^{i\theta})|\mathrm{d}\theta.$$

这说明解析函数在圆心的值的模要小于或等于其在圆周上模的平均值. 这一不等式被称为**平均值不等式**.

如果在平均值定理中取定 R,使得 $0<R<\mathrm{dist}(z_0,\partial D)$,并在等式

$$f(z_0) = \frac{1}{2\pi}\int_0^{2\pi} f(z_0 + re^{i\theta})\mathrm{d}\theta$$

两端同乘 $r\mathrm{d}r$ 后,对 r 从 0 到 R 积分,则有

$$\int_0^R f(z_0)r\mathrm{d}r = \frac{1}{2\pi}\int_0^R\int_0^{2\pi} f(z_0 + re^{i\theta})r\mathrm{d}r\mathrm{d}\theta.$$

将等式右边的累次积分化为重积分,则推出

$$f(z_0) = \frac{1}{\pi R^2}\iint_{D(z_0,R)} f(z)\mathrm{d}S,$$

这里 $\mathrm{d}S=r\mathrm{d}r\mathrm{d}\theta$ 是平面对极坐标的面积微元.

上面等式是平均值定理的另一种形式,它表示的是相对于面积的平均值. 对这一等式应用绝对值不等式,则有

$$|f(z_0)| \leqslant \frac{1}{\pi R^2}\iint_{D(z_0,R)} |f(z)|\mathrm{d}S.$$

*§3.6 平方可积解析函数

作为上面平均值不等式的应用,我们对平方可积的解析函数作一些简单的介绍. 这部分内容可以看做微积分中 Fourier 级数的理论对

解析函数的推广.

以下总假定 Ω 是 $\mathbb{C}$ 中以有限条逐段光滑曲线为边界的有界区域. 设 $f(z)$ 是 Ω 上的复值函数. 如果 $|f(z)|^2$ 在 Ω 上广义可积, 则称 $f(z)$ 为 Ω 上的**平方可积函数**. 我们以 $A^2(\Omega)$ 表示 Ω 上平方可积的解析函数全体. 利用不等式

$$|f(z)| \leqslant \frac{1+|f(z)|^2}{2},$$

我们可知: 如果 $f \in A^2(\Omega)$, 则 $|f(z)|$ 在 Ω 上可积. 再由不等式

$$|f(z)+g(z)|^2 \leqslant |f(z)|^2 + 2|f(z)||g(z)| + |g(z)|^2$$
$$\leqslant |f(z)|^2 + 2\frac{|f(z)|^2+|g(z)|^2}{2} + |g(z)|^2$$
$$= 2(|f(z)|^2 + |g(z)|^2),$$

利用广义积分的控制收敛定理, 我们可以推出: 如果 $f(z)$ 和 $g(z)$ 都是 $A^2(\Omega)$ 中的元素, 则

$$f(z) + g(z) \in A^2(\Omega).$$

因此 $A^2(\Omega)$ 是一复线性空间.

设 $f(z)$ 和 $g(z)$ 都是 $A^2(\Omega)$ 中的元素, 令

$$(f,g) = \iint_{\Omega} f(z)\overline{g(z)} \mathrm{d}S.$$

(f,g) 称为函数 $f(z)$ 和 $g(z)$ 在 $A^2(\Omega)$ 中的**内积**. 内积 (f,g) 满足:

(1) **对称性**: $(f,g) = \overline{(g,f)}$;

(2) **线性性**: $(af_1+bf_2, g) = a(f_1,g) + b(f_2,g)$, 其中 $f_1, f_2 \in A^2(\Omega)$, a, b 为任意复数;

(3) **正定性**: $(f,f) \geqslant 0$, 并且 $(f,f)=0$ 等价于 $f=0$.

与 n 维欧氏空间的内积相同, 对此内积我们同样有 Cauchy 不等式.

引理 1 (Cauchy 不等式) 如果 $f(z)$ 和 $g(z)$ 都是 $A^2(\Omega)$ 中的元素, 则

$$|(f,g)|^2 = \left|\iint_{\Omega} f(z)\overline{g(z)} \mathrm{d}S\right|^2$$
$$\leqslant \iint_{\Omega} |f(z)|^2 \mathrm{d}S \cdot \iint_{\Omega} |g(z)|^2 \mathrm{d}S = (f,f)(g,g).$$

证明 设 $t\in\mathbb{R}$,定义 t 的二次函数 $P(t)$ 为
$$P(t) = (|f|+t|g|, |f|+t|g|)$$
$$= (|f|,|f|) + 2t(|f|,|g|) + t^2(|g|,|g|),$$
则 $\forall\, t\in\mathbb{R}$,恒有 $P(t)\geqslant 0$. 因此其判别式满足
$$\Delta = (|f|,|g|)^2 - (|f|,|f|)(|g|,|g|) \leqslant 0.$$
而 $|(f,g)|\leqslant(|f|,|g|)$,得 Cauchy 不等式. 证毕.

如果函数 $f(z)$ 在圆盘 $D(z_0,R)$ 上解析且平方可积,利用 Cauchy 不等式则有
$$|f(z_0)|^2 \leqslant \left(\frac{1}{\pi R^2}\iint_{D(z_0,R)}|f(z)|\mathrm{d}V\right)^2 = \left(\frac{1}{\pi R^2}\right)^2 (1,|f|)^2$$
$$\leqslant \left(\frac{1}{\pi R^2}\right)^2 \iint_{D(z_0,R)}\mathrm{d}S \cdot \iint_{D(z_0,R)}|f(z)|^2\mathrm{d}S$$
$$= \frac{1}{\pi R^2}\iint_{D(z_0,R)}|f(z)|^2\mathrm{d}S. \tag{3.2}$$

例1 试用上面不等式证明解析函数的最大模原理.

证明 设 $f(z)$ 在区域 Ω 上解析,且 $z_0\in\Omega$ 是 $|f(z)|$ 的极大值点,即存在 $R>0$,使得 $|f(z_0)|$ 是 $|f(z)|$ 在 $D(z_0,R)$ 上的最大值,则
$$\iint_{D(z_0,R)}(|f(z_0)|^2 - |f(z)|^2)\mathrm{d}S \geqslant 0.$$
但与不等式(3.2)比较,得上式必须为零. 而 $|f(z_0)|^2-|f(z)|^2\geqslant 0$,我们得到在 $D(z_0,R)$ 上 $|f(z)|^2\equiv|f(z_0)|^2$,所以 $f(z)$ 在 $D(z_0,R)$ 上为常数. 再由解析函数的唯一性定理得 $f(z)$ 在 Ω 上为常数.

现在我们回到不等式(3.2),对于一般的区域 Ω,这一不等式可表示为:

引理2 设 K 是区域 Ω 中给定的紧集,则存在常数 C_K,使得对 Ω 上任意平方可积的解析函数 $f(z)$,恒有
$$\max_{z\in K}|f(z)| \leqslant C_K\sqrt{\iint_\Omega|f(z)|^2\mathrm{d}S} = C_K\sqrt{(f,f)}. \tag{3.3}$$

证明 K 是 Ω 中的紧集,则 $\mathrm{dist}(K,\partial\Omega)\xlongequal{\text{记为}}r_0>0$. 因此,取 $0<R<r_0$,则 $\forall\, z\in K$,有 $D(z,R)\subsetneq\Omega$. 由(3.2)式得

$$|f(z)| \leqslant \frac{1}{\pi R^2}\sqrt{\iint_{D(z_0,R)}|f(z)|^2 \mathrm{d}S} \leqslant \frac{1}{\pi R^2}\sqrt{\iint_{\Omega}|f(z)|^2\mathrm{d}S}.$$

令 $C_K = \frac{1}{\pi R^2}$ 即可. 证毕.

引理 2 中的不等式是研究平方可积解析函数的一个重要不等式. 下面我们利用上面给出的内积在线性空间 $A^2(\Omega)$ 中定义元素的长度和相互之间的距离, 并利用不等式 (3.3) 来讨论由这一距离关系给出的 $A^2(\Omega)$ 中的极限理论.

设 $f,g \in A^2(\Omega)$, 定义 $\|f\| = \sqrt{(f,f)}$ 为 f 的 **长度**; 定义 $\|f-g\|$ 为 f 与 g 之间的 **距离**. 称 $A^2(\Omega)$ 中的序列 $\{f_n\}$ 在 $A^2(\Omega)$ **中收敛于** f, 如果 $\|f_n-f\| \to 0$, 即

$$\lim_{n \to +\infty}\iint_\Omega |f_n(z) - f(z)|^2 \mathrm{d}S = 0.$$

这时也称 $\{f_n(z)\}$ 在 Ω 上均方收敛于 $f(z)$.

例 2 如果 $\{f_n(z)\}$ 在 $A^2(\Omega)$ 中收敛于 $f(z)$, 则 $\{f_n(z)\}$ 在 Ω 上内闭一致收敛于 $f(z)$.

证明 对 Ω 中任意的紧集 K, 由引理 2, 存在常数 C_K, 使得在 K 上

$$\max_{z \in K}|f_n(z)-f(z)| \leqslant C_K\sqrt{(f_n-f, f_n-f)} = C_K\|f_n-f\| \to 0.$$

于是得 $f_n(z)$ 在 K 上一致收敛于 $f(z)$.

例 3 $A^2(\Omega)$ 中的序列 $\{f_n\}$ 如果是 Cauchy 序列 (即对于任意 $\varepsilon > 0$, 存在 N, 使得只要 $n>N, m>N$, 就有 $\|f_n-f_m\|<\varepsilon$), 试证 $\{f_n\}$ 在 Ω 上内闭一致收敛.

证明 对 Ω 中任意的紧集 K, 由引理 2 知在 K 上

$$\max_{z \in K}|f_n(z) - f_m(z)| \leqslant C_K\sqrt{(f_n-f_m, f_n-f_m)}$$
$$= C_K\|f_n-f_m\|.$$

但 $\{f_n(z)\}$ 是 $A^2(\Omega)$ 中的 Cauchy 序列, 得序列 $\{f_n(z)\}$ 在 K 上满足一致收敛的 Cauchy 准则, 因而在 K 上一致收敛.

设序列 $\{f_n\}$ 是 $A^2(\Omega)$ 中的 Cauchy 序列, 由例 3 知 $\{f_n\}$ 在 Ω 上内闭一致收敛. 设 $\lim_{n \to +\infty}f_n(z)=f(z)$. 我们希望证明 $\{f_n\}$ 依 $A^2(\Omega)$ 的距离也

收敛于 $f(z)$. 设 D 是 Ω 中以有限条逐段光滑曲线为边界的区域,且 $\overline{D}$ 是 Ω 中的紧集. 首先有

$$\iint_D |f_n(z) - f_m(z)|^2 dS \leqslant \|f_n - f_m\|^2,$$

其中 $\|f_n - f_m\|$ 是 $f_n(z) - f_m(z)$ 在 $A^2(\Omega)$ 中的模. 由于 $\{f_n\}$ 是 Cauchy 序列,因此对于任意 $\varepsilon > 0$,存在 N,只要 $n > N, m > N$,就有

$$\|f_n - f_m\| < \varepsilon, \quad 即 \quad \iint_D |f_n(z) - f_m(z)|^2 dS \leqslant \varepsilon.$$

在上式中令 $n \to +\infty$,得

$$\iint_D |f(z) - f_m(z)|^2 dS \leqslant \varepsilon.$$

而 $D \subset \Omega$ 是任意的,因此

$$\iint_\Omega |f(z) - f_m(z)|^2 dS \leqslant \varepsilon.$$

所以由 $|f(z)|^2 = |f - f_m + f_m|^2 \leqslant 2(|f - f_m|^2 + |f_m|^2)$,得 $f(z) \in A^2(\Omega)$ 且 $\|f_n(z) - f(z)\| \to 0 \ (n \to \infty)$.

我们得到序列 $\{f_n\}$ 在 $A^2(\Omega)$ 收敛,当且仅当其是 $A^2(\Omega)$ 中的 Cauchy 序列. 类比于实数域和复数域的完备性定理,这一结论表明 $A^2(\Omega)$ 对于我们上面定义的极限是完备的.

定义 $A^2(\Omega)$ 中的函数 $f(z), g(z)$ 如果满足 $(f, g) = 0$,则称 $f(z)$ 与 $g(z)$ **正交**. $A^2(\Omega)$ 中的函数系 $\{\varphi_n(z)\}$ 如果满足

$$\iint_\Omega \varphi_n(x) \overline{\varphi_m(x)} dS = \begin{cases} 1, & n = m, \\ 0, & n \neq m, \end{cases}$$

则称 $\{\varphi_n(z)\}$ 为**单位正交函数系**. 如果 $\{\varphi_n(z)\}$ 是单位正交函数系,且不存在 $f(z) \in A^2(\Omega)$,使得 $f(z) \neq 0$,但 $f(z)$ 与所有 $\varphi_n(z)$ 都正交,则称 $\{\varphi_n(z)\}$ 为**完备单位正交函数系**.

如果 $\{\varphi_n(z)\}$ 是一为完备单位正交函数系,对于任意 $f \in A^2(\Omega)$,类比于微积分中关于三角函数系的 Fourier 级数,我们称形式级数

$$f(z) \sim \sum_{n=1}^{+\infty} (f, \varphi_n) \varphi_n(z)$$

为 f 对于 $\{\varphi_n(z)\}$ 的 Fourier 展开,或称 f 对于 $\{\varphi_n(z)\}$ 的 Fourier 级数.

对于这一级数,首先由 $\{\varphi_n(z)\}$ 的单位正交性,对于任意 m,有

$$0 \leqslant \left\| f - \sum_{n=1}^{m}(f,\varphi_n)\varphi_n \right\|^2$$
$$= \left(f - \sum_{n=1}^{m}(f,\varphi_n)\varphi_n, f - \sum_{n=1}^{m}(f,\varphi_n)\varphi_n \right)$$
$$= (f,f) - \sum_{n=1}^{m}|(f,\varphi_n)|^2,$$

因而 $\sum_{n=1}^{+\infty}|(f,\varphi_n)|^2 \leqslant (f,f) < +\infty$. 特别地,如果令

$$S_k(f,z) = \sum_{n=1}^{k}(f,\varphi_n)\varphi_n(z)$$

为 Fourier 级数的部分和,则

$$\| S_{k+p}(f,z) - S_k(f,z) \|^2 = \sum_{n=k+1}^{k+p}|(f,\varphi_n)|^2,$$

因而 $\{S_k(f,z)\}$ 是 $A^2(\Omega)$ 中的 Cauchy 序列. 由上面讨论得函数级数 $\sum_{n=1}^{+\infty}(f,\varphi_n)\varphi_n(z)$ 在 Ω 上内闭一致收敛. 如果 $\sum_{n=1}^{+\infty}(f,\varphi_n)\varphi_n(z)$ 与 $f(z)$ 不相等,则不难看出 $\sum_{n=1}^{+\infty}(f,\varphi_n)\varphi_n(z) - f(z)$ 与 $\{\varphi_n(z)\}$ 中的每一个函数正交. 这与函数系 $\{\varphi_n(z)\}$ 的完备正交性矛盾. 我们得到:

定理 如果 $\{\varphi_n(z)\}$ 是 $A^2(\Omega)$ 中的完备单位正交函数系,则对于任意 $f(z) \in A^2(\Omega)$,$f(z)$ 关于函数系 $\{\varphi_n(z)\}$ 的 Fourier 级数 $\sum_{n=1}^{+\infty}(f,\varphi_n)\varphi_n(z)$ 在 Ω 上均方收敛于 $f(z)$,同时也内闭一致收敛于 $f(z)$.

与微积分中利用 Riemann 积分定义的平方可积函数的 Fourier 级数理论不同,对于解析函数,由于 $A^2(\Omega)$ 是完备的,因而如果 $\{a_n\}$ 是一复数序列,满足 $\sum_{n=1}^{+\infty}|a_n|^2 < +\infty$,则函数级数 $\sum_{n=1}^{+\infty}a_n\varphi_n(z)$ 的部分和序列是 $A^2(\Omega)$ 中的 Cauchy 序列,因而在 $A^2(\Omega)$ 中均方收敛同时也在 Ω 上内闭一致收敛. 于是得 $\sum_{n=1}^{+\infty}a_n\varphi_n(z)$ 必是 $A^2(\Omega)$ 中一个函数的 Fourier 展

开. 如果我们令
$$l^2(\mathbb{C}) = \left\{ \{a_n\} \,\middle|\, a_n \in \mathbb{C}, \sum_{n=1}^{+\infty} |a_n|^2 < +\infty \right\},$$
则不难看出 $l^2(\mathbb{C})$ 是一线性空间,而映射
$$f(z) \mapsto \sum_{n=1}^{+\infty} (f, \varphi_n) \varphi_n(z) \mapsto \{(f, \varphi_n)\}$$
给出了 $A^2(\Omega)$ 到 $l^2(\mathbb{C})$ 的线性同构.

例 4 在单位圆盘 $D(0,1)$ 上,令 $\varphi_n(z) = \sqrt{\dfrac{n+1}{\pi}} z^n$,则 $\{\varphi_n(z)\}$ 构成 $A^2(D(0,1))$ 的完备单位正交系.

§3.7 Schwarz 引理和非欧几何介绍

最大模原理的一个重要应用是 Schwarz 引理.

定理 1(Schwarz 引理) 设 $f(z)$ 是单位圆盘 $D(0,1)$ 到自身的解析映射,满足 $f(0)=0$,则

(1) $\forall z \in D(0,1)$,$|f(z)| \leqslant |z|$,且 $|f'(0)| \leqslant 1$;

(2) 存在 $z_0 \neq 0$ 使得 $|f(z_0)| = |z_0|$ 或 $|f'(0)| = 1$ 的充分必要条件是 $f(z) = e^{i\theta} z$,其中 $\theta \in [0, 2\pi]$ 为常数.

证明 设 $f(z) = a_0 + a_1 z + \cdots + a_n z^n + \cdots$ 是 $f(z)$ 在 $z=0$ 处展开的幂级数. 由 $f(0) = 0$ 得 $a_0 = 0$. 因此
$$\frac{f(z)}{z} = a_1 + a_2 z + \cdots + a_n z^{n-1} + \cdots$$
在单位圆盘 $D(0,1)$ 内解析. 当 $z_0 \in D(0,1)$ 固定后,任取 r 使 $|z_0| < r < 1$,则由最大模原理知 $\left|\dfrac{f(z)}{z}\right|$ 在圆盘 $D(0,r)$ 的边界 $|z| = r$ 达到最大值. 因此
$$\left|\frac{f(z_0)}{z_0}\right| \leqslant \frac{1}{r}.$$
令 $r \to 1$,得 $|f(z_0)| \leqslant |z_0|$. 特别地,
$$|f'(0)| = \left|\lim_{z \to 0} \frac{f(z)}{z}\right| \leqslant 1.$$

另一方面，如果存在 $z_0 \neq 0$，使 $|f(z_0)| = |z_0|$ 或 $|f'(0)| = 1$，则 $\left|\dfrac{f(z)}{z}\right|$ 在 z_0 或 0 处达到最大值 1. 由最大模原理得 $f(z) = e^{i\theta}z$. 证毕.

如果以 $d(z,w)$ 表示复平面 $\mathbb{C}$ 中 z 到 w 的**欧氏距离**，则 Schwarz 引理可表示为如果 $f(z)$ 是单位圆盘到自身的解析映射，且保持原点不动，则对于任意单位圆盘中的点 z，恒有 $d(f(z), f(0)) \leqslant d(z,0)$. 映射缩短了到原点的欧氏距离. 但欧氏距离并不是解析不变的，即如果 $\tau: D(0,1) \to D(0,1)$ 为解析自同胚，一般并没有 $d(\tau(z), \tau(w)) = d(z,w)$. 因此我们不能简单地以缩短欧氏距离来推广 Schwarz 引理.

下面我们先利用 Schwarz 引理给出单位圆盘 $D(0,1)$ 的全纯自同胚群，然后利用这个群将 Schwarz 引理表示为在解析自同胚的变换下不变的形式，并说明其几何背景.

定理 2 如果 $g: D(0,1) \to D(0,1)$ 是单位圆盘到自身的解析自同胚，则 $g(z)$ 为一分式线性变换，因此有以下的形式

$$g(z) = e^{i\theta} \frac{z - z_0}{1 - \bar{z}_0 z},$$

其中 $z_0 \in D(0,1), \theta \in [0, 2\pi]$.

证明 设 $g(0) = a$. 令

$$l(z) = \frac{z - a}{1 - \bar{a}z},$$

则 $l(z)$ 是单位圆盘到自身的分式线性变换，将 a 点变为原点. 令

$$f(z) = l[g(z)],$$

则 $f(z)$ 是单位圆盘到自身的解析自同胚，$f(0) = 0$. 由 Schwarz 引理知 $|f'(0)| \leqslant 1$. 另一方面 $f^{-1}(z)$ 也是保持原点不动的单位圆盘到自身的解析自同胚. 同样由 Schwarz 引理知 $|(f^{-1})'(0)| \leqslant 1$. 但

$$z = f^{-1} \circ f(z),$$

因而 $1 = (f^{-1})'(0) \cdot f'(0)$. 所以必须 $|f'(0)| = 1$. 由 Schwarz 引理知 $f(z) = e^{i\theta}z$. 因此

$$\frac{g(z) - a}{1 - \bar{a}g(z)} = e^{i\theta}z,$$

得

$$g(z) = \frac{a + e^{i\theta}z}{1 + \bar{a}e^{i\theta}z}.$$

令 $z_0 = -a e^{-i\theta}$,定理得证.

如果以 $A(\Omega)$ 表示由 Ω 到自身的所有解析自同胚构成的群,则定理 2 表明

$$A(D(0,1)) = \left\{ e^{i\theta} \frac{z - z_1}{1 - \bar{z}_1 z} \,\Big|\, \theta \in [0, 2\pi], z_1 \in D(0,1) \right\}.$$

显然对于任意 $z, w \in D(0,1)$,存在 $g \in A(D(0,1))$,使 $g(z) = w$. 这一性质称为 $D(0,1)$ 在群 $A(D(0,1))$ 作用下是**可递**的,即对于 $D(0,1)$ 中任何两点,都可通过 $D(0,1)$ 的解析自同胚,将一点变为另一点. 因而 $D(0,1)$ 中关于一个点的解析性质在 $A(D(0,1))$ 作用下对任意点应该一样. 由此利用 $A(D(0,1))$ 可将 Schwarz 引理中 $f(0) = 0$ 的条件去掉,这时 Schwarz 引理可表示为:

定理 3 (Schwarz 引理)　如果 $f: D(0,1) \to D(0,1)$ 是单位圆盘到自身的解析映射,则对任意 $z_1, z_2 \in D(0,1)$,恒有

$$\left| \frac{f(z_1) - f(z_2)}{1 - \overline{f(z_1)} f(z_2)} \right| \leq \left| \frac{z_1 - z_2}{1 - \bar{z}_1 z_2} \right|,$$

并且存在 z_1, z_2,使等式成立的充分必要条件是

$$f(z) = e^{i\theta} \frac{z - a}{1 - \bar{a} z} \in A(D(0,1)).$$

证明　设 z_1, z_2 给定,$z_0 = f(z_1)$. 令

$$l_{z_1}(z) = \frac{z - z_1}{1 - \bar{z}_1 z}, \quad l_{z_0}(z) = \frac{z - z_0}{1 - \bar{z}_0 z},$$

则 $l_{z_1}(z_1) = l_{z_0}(z_0) = 0$. 令 $F = l_{z_0} \circ f \circ l_{z_1}^{-1}$,则 $F: D(0,1) \to D(0,1)$ 为解析映射,$F(0) = 0$. 因此由 Schwarz 引理知:对任意 $z \in D(0,1)$,有 $|F(z)| \leq |z|$,即

$$|l_{z_0} \circ f \circ l_{z_1}^{-1}(z)| \leq |z|.$$

以 $l_{z_1}(z)$ 代替 z,则上式为

$$|l_{z_0} \circ f(z)| \leq |l_{z_1}(z)|,$$

即 $\forall z \in D(0,1)$,

$$\left| \frac{f(z_1) - f(z)}{1 - \overline{f(z_1)} f(z)} \right| \leq \left| \frac{z_1 - z}{1 - \bar{z}_1 z} \right|.$$

令 $z = z_2$,得 Schwarz 引理.

上式中等式成立当且仅当 $F(z)=\mathrm{e}^{\mathrm{i}\theta}z$. 因此
$$f(z) = \mathrm{e}^{\mathrm{i}\theta} l_{z_0}^{-1} \circ l_{z_1}$$
为分式线性变换. 证毕.

为了将定理 1 中 $|f'(0)|\leqslant 1$ 也推广到定理 3,我们在不等式
$$\left|\frac{f(z_1)-f(z_2)}{1-\overline{f(z_1)}f(z_2)}\right| \leqslant \left|\frac{z_1-z_2}{1-\overline{z_1}z_2}\right|$$
的两边同乘 $\dfrac{1}{z_1-z_2}$,并令 $z_1\to z_2$,得对任意 $z\in D(0,1)$,恒有
$$\frac{|f'(z)|}{1-|f(z)|^2} \leqslant \frac{1}{1-|z|^2}.$$
如果令 $w=f(z)$,并在上式两边同乘 $|\mathrm{d}z|$,上式为
$$\frac{|\mathrm{d}w|}{1-|w|^2} \leqslant \frac{|\mathrm{d}z|}{1-|z|^2},$$
并且其中等式成立当且仅当 $w=f(z)\in A(D(0,1))$,即 $w=f(z)$ 为分式线性变换(这点也可直接计算得到,见第二章习题 24).

不等式 $\dfrac{|\mathrm{d}w|}{1-|w|^2}\leqslant\dfrac{|\mathrm{d}z|}{1-|z|^2}$ 称为 **Schwarz 引理的微分形式**(或无穷小形式). 为了说明其意义,我们下面对非欧几何作一些简单介绍.

在微积分中我们曾给出了平面上度量曲线长度的**弧长微元**
$$\mathrm{d}s = \sqrt{\mathrm{d}x^2+\mathrm{d}y^2} = |\mathrm{d}z|.$$
如果 $l:[a,b]\to\mathbb{C}, t\mapsto x(t)+\mathrm{i}y(t)$ 是平面上光滑曲线,则其弧长为
$$\int_a^b \sqrt{\mathrm{d}x^2+\mathrm{d}y^2} = \int_a^b \sqrt{[x'(t)]^2+[y'(t)]^2}\mathrm{d}t.$$
$\mathrm{d}s=|\mathrm{d}z|$ 称为平面的**欧氏度量**. 显然其在平移 $w=z+a$ 和旋转 $w=\mathrm{e}^{\mathrm{i}\theta}z$ 变换下不变,即 $|\mathrm{d}w|=|\mathrm{d}z|$. 由欧氏度量确定的平面的几何性质称为**欧氏几何**.

类似地,以单位圆盘 $D(0,1)$ 作为基本空间,我们在 $D(0,1)$ 上定义一个新的弧长微元
$$\mathrm{d}s = \frac{|\mathrm{d}z|}{1-|z|^2}.$$
$\mathrm{d}s$ 称为 **Poincaré 度量**或**非欧度量**,由其决定的几何性质称为**非欧几何**.

由上面的 Schwarz 引理讨论(或直接计算)知,如果

§3.7 Schwarz 引理和非欧几何介绍

$$w = \mathrm{e}^{\mathrm{i}\theta}\frac{z-a}{1-\bar{a}z} \in A(D(0,1)),$$

则
$$\frac{|\mathrm{d}w|}{1-|w|^2} = \frac{|\mathrm{d}z|}{1-|z|^2},$$

即非欧度量在单位圆盘的全纯自同胚群作用下保持不变.

设 $l: [a,b] \to D(0,1), t \mapsto z(t)$ 是 $D(0,1)$ 中分段光滑的曲线,我们定义 l 的**非欧长度**为

$$\int_l \mathrm{d}s = \int_a^b \frac{|\mathrm{d}z(t)|}{1-|z(t)|^2} = \int_a^b \frac{|z'(t)|}{1-|z(t)|^2}\mathrm{d}t.$$

对于 $D(0,1)$ 中任意两点 z_1,z_2,我们定义 z_1,z_2 之间的**非欧距离**为

$d(z_1,z_2) = \inf\{s | s$ 为 $D(0,1)$ 中连结 z_1,z_2 的曲线的非欧长度$\}$.

设 l 是 $D(0,1)$ 中自身无交点的曲线. 若对 l 上任何两点 z_1,z_2, l 在 z_1,z_2 之间的曲线的非欧长度都等于 z_1,z_2 的**非欧距离**,则 l 称为**测地线**,也称**非欧直线**.

由于非欧度量在单位圆盘的全纯自同胚群作用下保持不变,因此曲线的非欧长度、两点间的非欧距离和测地线等在单位圆盘的全纯自同胚群作用下都是保持不变的.

为了得到任意两点 z_1,z_2 之间的非欧距离,先令 $z_1=0, z_2=r>0$,并设 $l: z(t)=x(t)+\mathrm{i}y(t), t\in[0,1]$ 是 $D(0,1)$ 中连结 z_1,z_2 的光滑曲线,则对 l 的非欧弧长,有

$$s(l) = \int_0^1 \frac{\sqrt{[x'(t)]^2+[y'(t)]^2}}{1-\{[x(t)]^2+[y(t)]^2\}}\mathrm{d}t$$
$$\geq \int_0^1 \frac{|x'(t)|}{1-[x(t)]^2}\mathrm{d}t$$
$$= \frac{1}{2}\ln\frac{1+x(t)}{1-x(t)}\Big|_0^1 = \frac{1}{2}\ln\frac{1+z_2}{1-z_2},$$

并且其中等式成立当且仅当 $y(t)\equiv 0$. 因此得

$$d(0,r) = \frac{1}{2}\ln\frac{1+r}{1-r}.$$

而曲线 $l: t \mapsto rt, t\in[0,1]$,即线段 $[0,r]$ 就是 $D(0,1)$ 中连结 $z_1=0, z_2=r$ 的测地线.

利用非欧距离在 $D(0,1)$ 的全纯自同胚群作用下保持不变. 对任意

两点 $z_1, z_2 \in D(0,1)$，作分式线性变换

$$l(z) = e^{i\theta} \frac{z - z_1}{1 - \bar{z}_1 z},$$

其将 z_1 变为原点，而适当选取 θ 可使其将 z_2 变到正实轴上，则由

$$d(z_1, z_2) = d(l(z_1), l(z_2)) = d(0, l(z_2))$$

得

$$d(z_1, z_2) = \frac{1}{2} \ln \frac{1 + \left|\frac{z_1 - z_2}{1 - \bar{z}_1 z_2}\right|}{1 - \left|\frac{z_1 - z_2}{1 - \bar{z}_1 z_2}\right|}.$$

同时由于全纯自同胚将测地线映为测地线．因此曲线 $l^{-1}([0,r])$ 是连结 z_1, z_2 的测地线．另外，分式线性变换将直线变为圆或直线，而其作为解析映射又是保角的．由于对任何两点 $r_1, r_2 (-1 < r_1 < r_2 < 1)$，总存在单位圆盘到自身的分式线性变换 $l_1(z)$ 使得 $l_1([0,r]) = [r_1, r_2]$．因此 x 轴的直线段 $(-1,1)$ 是 $D(0,1)$ 中连结其上任意两点的测地线即非欧直线，其与单位圆周 $|z|=1$ 垂直．所以 $l^{-1}((-1,1))$ 是 $D(0,1)$ 中连结 z_1, z_2 的测地线，即连结 z_1, z_2 并与圆周 $|z|=1$ 垂直的圆弧是连结 z_1, z_2 的测地线．

非欧几何最早是针对欧几里得几何中的**平行公理**提出的．平行公理假设过直线 l 外任意一点 p，存在唯一的一条与 l 平行的直线．由于这一公理在表述形式上更像一个定理，人们一直希望其能由欧几里得几何的其他公理推出．俄国数学家 **N. I. Lobatchevsky**（1793—1856）首先对平行公理可能独立于欧几里得几何中的其他公理的问题作了大量研究．而上面在单位圆盘上构造的非欧几何模型是由 Poincaré 提出来的，因此非欧度量一般也称为 **Poincaré 度量**．Poincaré 验证了在上面的模型中欧几里得几何的其他公理都是成立的．但由我们的讨论不难看出平行公理不成立，即过一条测地线 l 外一点 p，有无穷多条测地线与 l 不相交．这证明了平行公理不可能是欧几里得几何中的其他公理的推论，即平行公理是独立于欧氏几何的其他公理的．同时这一模型也说明平行公理的反命题"过给定直线外一点存在无穷多直线与给定的直线平行"与欧氏几何的其他公理是相容的，或者说是不矛盾的．

回到本节的 Schwarz 引理，利用非欧度量我们得到

定理 4(Schwarz 引理) 如果 f 是单位圆盘到自身的解析映射，l 是单位圆盘中的任意光滑曲线，则 $s(f\circ l)\leqslant s(l)$. 特别地，对于单位圆盘中任意两点 z_1,z_2，恒有
$$d(f(z_1),f(z_2))\leqslant d(z_1,z_2).$$
其中 $s(l),d(\,,\,)$ 分别表示单位圆盘上的非欧弧长和非欧距离.

上面定理 4 表明非欧度量在解析映射下不会增加. 由于在复分析的研究中我们会用到各种度量，因此自然的问题是这一形式的 Schwarz 引理是否可推广到其他度量. 这一问题至今仍是复变函数研究中的一个重要课题.

习　题　三

1. 如果 $w=f(z)$ 是区域 Ω 上的解析函数，$\gamma: t\mapsto z(t), t\in[0,b]$ 是 Ω 中一光滑曲线，$f(z)$ 在 γ 上处处不为零. 令 Γ 是由 $t\mapsto f[z(t)]=w, t\in[0,b]$ 定义的曲线，证明
$$\int_\gamma \frac{f'(z)}{f(z)}\mathrm{d}z=\int_\Gamma \frac{\mathrm{d}w}{w}.$$

2. 设 γ 是一不过原点的闭曲线，由
$$\int_\gamma \frac{\mathrm{d}w}{w}=\int_\gamma \mathrm{d}\mathrm{Ln}w=\int_\gamma \mathrm{d}(\ln|w|+\mathrm{i}\mathrm{Arg}w),$$
试证：
$$\int_\gamma \frac{\mathrm{d}w}{w}=\mathrm{i}\int_\gamma \mathrm{d}\mathrm{Arg}w.$$
问其在什么条件下为零？

3. 设 γ 是 $\mathbb{C}$ 中一有界的光滑曲线，$\bar\gamma=\gamma$，$\phi(z)$ 是 γ 上的连续函数，利用导数定义证明
$$f(z)=\frac{1}{2\pi\mathrm{i}}\int_\gamma \frac{\phi(w)}{w-z}\mathrm{d}w$$
在 $\mathbb{C}-\gamma$ 上解析.

4. $f(z)$ 是 z_0 邻域上的函数，且在 z_0 点连续，证明
$$\lim_{\varepsilon\to 0}\frac{1}{2\pi\mathrm{i}}\int_{|w-z_0|=\varepsilon}\frac{f(w)}{w-z_0}\mathrm{d}w=f(z_0).$$

5. 设 $f(z)$ 在区域 Ω 上解析,$z_0 \in \Omega$,证明:

(1) $f(z)$ 在 z_0 邻域上可展开为 $(z-z_0)$ 的幂级数
$$f(z) = \sum_{n=0}^{+\infty} \frac{f^{(n)}(z_0)}{n!}(z-z_0)^n;$$

(2) 此幂级数收敛半径大于等于 $\mathrm{dist}(z_0, \partial\Omega)$;

(3) 如果 $f(x)$ 为 (x_0-r, x_0+r) 上的实函数,在 x_0 处展开的 Taylor 级数收敛于 $f(x)$,且这一级数的收敛半径 $R>r$,则对于任意 $x' \in (x_0-r, x_0+r)$,$f(x)$ 在 x' 处展开的 Taylor 级数收敛于 $f(x)$.

6. 计算:

(1) $\int_{|z|=2} \dfrac{\mathrm{d}z}{z^2+1}$; (2) $\int_{|z+i|=1} \dfrac{\mathrm{e}^z}{1+z^2} \mathrm{d}z$;

(3) $\int_{|z|=2} \dfrac{|\mathrm{d}z|}{z-1}$; (4) $\int_{|z|=1} \bar{z} \mathrm{d}z$.

7. 计算:

(1) $\int_{|z|=2} \dfrac{\mathrm{d}z}{z^3(z+3)^2}$;

(2) $\int_{|z|=R} \dfrac{\mathrm{d}z}{(z-a)^n(z-b)}$,其中 a,b 不在圆周 $|z|=R$ 上.

8. 设 $f(z)$ 在 $D_0(z_0, R) = \{z \mid 0 < |z-z_0| < R\}$ 上解析,证明:存在常数 c,使 $f(z) - \dfrac{c}{(z-z_0)}$ 在 $D_0(z_0, R)$ 上有原函数.

9. 设 $f(z)$ 是区域 Ω 上的连续函数. 如果 γ 是 Ω 中的一段圆弧,$f(z)$ 在 $\Omega - \gamma$ 上解析,证明 $f(z)$ 在 Ω 上解析.

10. $\{f_n(z)\}$ 是区域 Ω 上的解析函数列,且在 Ω 上内闭一致收敛于 $f(z)$,证明:

(1) $f(z)$ 在 Ω 上解析;

(2) $\{f_n^{(k)}(z)\}$ 在 Ω 上也内闭一致收敛于 $f^{(k)}(z)$;

(3) 设 $\{f_n(x)\}$ 是 $[-1,1]$ 上连续可导的函数列,$\{f_n(0)\}$ 收敛,且 $\{f_n'(x)\}$ 在 $[-1,1]$ 上一致收敛,则 $\{f_n(x)\}$ 在 $[-1,1]$ 上一致收敛,且
$$[\lim_{n\to\infty} f_n(x)]' = \lim_{n\to\infty} f_n'(x).$$

比较(2)和(3)证明中的不同处.

11. 设 $f(z)$ 在 Ω 上解析,证明:不存在 $z_0 \in \Omega$,使得对于任意 $n \in \mathbb{N}$,

$|f^{(n)}(z_0)| \geq n! n^n.$

12. (1) 设 $f(z), g(z)$ 都在 z_0 邻域上解析，$g(z_0) \neq 0$，讨论 $f(z), g(z)$ 在 z_0 展开的幂级数相除后的收敛半径；

(2) 设 $f(z)$ 在 z_0 的邻域上解析，$z = g(w)$ 都在 w_0 的邻域上解析，$z_0 = g(w_0)$，讨论 $f(z)$ 在 z_0 展开的幂级数复合 $g(z)$ 在 w_0 展开的幂级数后所得的幂级数的收敛半径.

13. 设 $f(z)$ 在 Ω 上解析且有无穷多个零点，$f(z)$ 不恒为零，证明可将 $f(z)$ 的零点排成一列 $\{z_n\}$，且 $\{z_n\}$ 在 Ω 内无极限点.

14. 设 $f(z)$ 在 $\mathbb{C}$ 上解析，且存在 n，使 $\lim\limits_{z \to \infty} f(z)/z^n = M$，证明 $f(z)$ 为阶数小于等于 n 的多项式.

15. 设 $f(z)$ 在区域 Ω 上解析且不为多项式，证明：存在 $z_0 \in \Omega$，使得对于任意 n，恒有 $f^{(n)}(z_0) \neq 0$.

16. 利用平均值定理证明最大模原理.

17. 如果 $u(x,y)$ 是 $\mathbb{R}^2$ 上非负的调和函数，证明 $u(x,y)$ 为常数.

18. 设 $f(z)$ 在 $\overline{D(0,1)}$ 的邻域上解析. 令 $\gamma = f(\partial D(0,1))$，证明 γ 的弧长 $L \geq 2\pi |f'(0)|$.

19. 设 $f(z)$ 将 $D(0,1)$ 单叶地映为 D，证明：D 的面积 $A(D) \geq \pi |f'(0)|^2$.

20. 设非常数的函数 $f(z)$ 在 $1 < |z| < \infty$ 上解析，且 $\lim\limits_{z \to \infty} f(z) \xlongequal{\text{记为}} f(\infty)$ 存在，证明：

(1) $f(\infty) = \dfrac{1}{2\pi} \int_{|z|=R} f(Re^{i\theta}) d\theta, R > 1$；

(2) 在区域 $|z| > 1$ 上最大模原理对 $f(z)$ 成立.

21. 设 $f(z)$ 在区域 Ω 上解析，$z_0 \in \Omega$，$f(z) = \sum\limits_{n=0}^{+\infty} a_n (z-z_0)^n$ 是 $f(z)$ 在 z_0 的幂级数展开，证明：

(1) 当 $r > 0$ 充分小时，
$$\frac{1}{2\pi} \int_0^{2\pi} |f(z_0 + re^{i\theta})|^2 d\theta = \sum_{n=0}^{+\infty} |a_n|^2 r^{2n}.$$

(2) 利用(1)证明解析函数的最大模原理.

(3) 设 $f_1(z), f_2(z), \cdots, f_n(z)$ 都是区域 Ω 上的解析函数，定义 Ω

上解析的向量函数 $F(z)=(f_1(z),\cdots,f_n(z))$,并定义 $F(z)$ 在 z 的模为
$$\|F(z)\| = \sqrt{|f_1(z)|^2 + |f_2(z)|^2 + \cdots + |f_n(z)|^2}.$$
如果 $F(z)$ 是不为常值的向量函数,则 $\|F(z)\|$ 在 Ω 内没有最大值.

22. 设 $f(z)$ 在 $D(0,1)$ 上解析,证明:存在序列 $\{z_n\}\subset D(0,1)$,使得其同时满足:

(1) $\lim\limits_{n\to\infty}|z_n|=1$;

(2) $\lim\limits_{n\to\infty}f(z_n)$ 存在.

23. 若 $P(z)$ 为 n 次多项式,且当 $|z|\leqslant 1$ 时,$|P(z)|\leqslant M$,证明:当 $R>1$, $|z|\leqslant R$ 时,$|P(z)|\leqslant MR^n$.

24. 设 D 是以有限条逐段光滑曲线为边界的有界区域,$\{f_n(z)\}$ 是 D 上的解析函数列,满足 $\forall\varepsilon>0$, $\exists N$, 使得只要 $n>N, m>N$, 就有 $\iint_D |f_n(z)-f_m(z)|\,\mathrm{d}x\mathrm{d}y<\varepsilon$, 证明 $\{f_n(z)\}$ 在 D 上内闭一致收敛.

*25. 证明:如果 $f(z)$ 在 $\mathbb{C}$ 上解析,且平方可积,则 $f(z)\equiv 0$.

26. 设 $z_1\neq z_2$ 和 $w_1\neq w_2$ 是上半平面任意给定的两组点,问是否存在上半平面的解析自同胚 L,使得 $L(z_1)=w_1, L(z_2)=w_2$?

27. 设 $f(z)$ 在 $D(0,1)$ 内解析,$\mathrm{Re}f(z)\geqslant 0, f(0)=a>0$,证明
$$\left|\frac{f(z)-a}{f(z)+a}\right|\leqslant |z|, \quad |f'(0)|\leqslant 2a.$$
若 $a=1$,则
$$\frac{1-|z|}{1+|z|}\leqslant |f(z)|\leqslant \frac{1+|z|}{1-|z|}.$$

28. 如果 $f(z)$ 是上半平面到自身的解析同胚,证明
$$f(z)=\frac{az+b}{cz+d},$$
其中 $a,b,c,d\in\mathbb{R}, ad-bc>0$.

29. 设 $f(z)$ 在单位圆盘内解析,$|f(z)|\leqslant 1$,并且
$$f(0)=f'(0)=\cdots=f^{(k)}(0)=0,$$
证明:$\forall z\in D(0,1)$,恒有 $|f(z)|\leqslant |z|^{k+1}$,并且存在 $z_0\in D(0,1)$ 使等式成立当且仅当 $f(z)=e^{i\theta}z^{k+1}$.

30. 若 $f(z)$ 为上半平面到上半平面的解析映射,$f(i)=i$,证明:对

任意 z 满足 $\mathrm{Im}z>0$,恒有
$$\left|\frac{f(z)-\mathrm{i}}{f(z)+\mathrm{i}}\right|\leqslant\left|\frac{z-\mathrm{i}}{z+\mathrm{i}}\right|.$$

31. 若 $f(z)$ 在 $D(0,1)$ 内解析,$f(0)=0$,证明 $\sum_{n=1}^{+\infty}f(z^n)$ 在单位圆盘内解析.

32. 设 $f(z)$ 在圆环 $D=\{z\,|\,1<|z|<2\}$ 上解析,在 $\overline{D}$ 上连续. 如果
$$\max_{|z|=1}|f(z)|\leqslant 1,\quad \max_{|z|=2}|f(z)|\leqslant 2,$$
证明:(1) $\forall\,z\in D,|f(z)|\leqslant|z|$;

(2) 如果 $f(z)\neq\mathrm{e}^{\mathrm{i}\theta}z$,且在 $|z|=1$ 上,$|f(z)|\equiv 1$,在 $|z|=2$ 上,$|f(z)|\equiv 2$,则 $f(z)$ 在圆环 $D=\{z\,|\,1<|z|<2\}$ 内有零点.

33. 设 $f(z)$ 在 $D(0,1)$ 上解析,$|f(z)|\leqslant 1$,证明:对任意 n,存在 n 阶多项式 $p(z)$,使得 $\forall\,z\in D(0,1)$,
$$|f(z)-p(z)|\leqslant(n+2)|z|^{n+1}.$$

*34. 设 $\mathrm{d}s$ 为单位圆盘 $D(0,1)$ 的非欧度量.

(1) 证明:对 $z_1,z_2\in D(0,1)$,过 z_1,z_2 且与圆周 $|z|=1$ 垂直的圆弧是 $D(0,1)$ 中连结 z_1,z_2 的最短曲线($\mathrm{d}s$ 的测地线). 问这样的测地线是否唯一?

(2) 设 l 是 $D(0,1)$ 中对 $\mathrm{d}s$ 给定的一条测地线,$P\in D(0,1)$ 是 l 外任给的一点,证明过 P 有 $D(0,1)$ 中无穷多条测地线不与 l 相交.

*35. 设 $f:D(0,1)\to D(0,1)$ 是解析映射,证明:对 $D(0,1)$ 中任意的光滑曲线 γ,有 $s(f(\gamma))\leqslant s(\gamma)$,其中 $s(\gamma)$ 表示曲线 γ 的非欧长度.

第四章 Laurent 级数

如果函数 $f(z)$ 在 z_0 的邻域解析,上一章利用 Cauchy 公式我们证明了 $f(z)$ 可在 z_0 的邻域上展开为 $(z-z_0)$ 的幂级数.利用幂级数我们讨论了解析函数 $f(z)$ 在 z_0 邻域的局部性质.由于幂级数收敛的区域必须是圆盘,而圆盘这样的区域相对比较简单,这限制了我们所能讨论的函数的范围.例如,当函数 $f(z)$ 仅在 z_0 的去心邻域 $D_0(z_0,r) = D(z_0,r) - \{z_0\}$ 上解析,在 z_0 处出现了某种奇异性时(这时 z_0 称为 $f(z)$ 的**孤立奇点**),要讨论 $f(z)$ 在 z_0 邻域的性质,直接利用幂级数显然不行.在这章中,我们将介绍另一种形式的幂级数——Laurent 级数,并证明当 z_0 是 $f(z)$ 的孤立奇点时,我们可以将 $f(z)$ 在 z_0 的邻域上展开为 Laurent 级数.我们将利用 Laurent 级数来讨论函数在奇点邻域的性质.下一章,我们将结合积分表示,利用 Laurent 级数讨论有孤立奇点的解析函数的另一些性质.

§4.1 Laurent 级数

前面我们讨论了 $\mathbb{C}$ 中的区域上解析函数局部幂级数展开,现设函数 $f(z)$ 在 ∞ 的邻域上解析,自然的问题是 $f(z)$ 在 ∞ 的邻域可展为什么样的幂级数.

由定义,$f(z)$ 在 ∞ 的邻域 $D\left(\infty,\dfrac{1}{r}\right) = \{z \mid |z| > r\} \cup \{\infty\}$ 上解析等价于 $f\left(\dfrac{1}{w}\right)$ 在 $w=0$ 的邻域 $\left\{w \mid |w| < \dfrac{1}{r}\right\}$ 上解析.因此 $f\left(\dfrac{1}{w}\right)$ 在 $w=0$ 的邻域 $D\left(0,\dfrac{1}{r}\right)$ 上可展为幂级数

$$f\left(\frac{1}{w}\right) = \sum_{n=0}^{+\infty} b_n w^n.$$

换回坐标 z,得

$$f(z) = \sum_{n=0}^{+\infty} b_n \frac{1}{z^n}.$$

这是 $f(z)$ 在 ∞ 的邻域 $D\left(\infty, \frac{1}{r}\right) = \{z \mid |z| > r\} \cup \{\infty\}$ 上的幂级数展开. 对于任意 $r' > r$, 这一级数在区域 $D\left(\infty, \frac{1}{r'}\right) = \{z \mid |z| > r'\}$ 上一致收敛, 而其在 $D(0, r)$ 上发散.

设 $\sum_{n=0}^{+\infty} a_n z^n$ 是一在 $z = 0$ 展开的幂级数, 其收敛半径 $R > r$, 作和

$$\sum_{n=0}^{+\infty} a_n z^n + \sum_{n=0}^{+\infty} b_n \frac{1}{z^n},$$

则我们用上面形式的幂级数得到在圆环 $D(0, r, R) = \{z \mid r < |z| < R\}$ 上的一个解析函数.

一般的对于 $\mathbb{C}$ 中给定的点 z_0, 用 z_0 代替上面讨论中的 0, 我们考虑以下形式的级数:

$$\sum_{n=1}^{+\infty} b_n \frac{1}{(z - z_0)^n} + \sum_{n=0}^{+\infty} a_n (z - z_0)^n. \tag{4.1}$$

称之为 $z - z_0$ 的 **Laurent 级数**, 其中 $\sum_{n=1}^{+\infty} b_n \frac{1}{(z - z_0)^n}$ 是在 ∞ 处展开的幂级数, 称为 Laurent 级数的**主部**; 而 $\sum_{n=0}^{+\infty} a_n (z - z_0)^n$ 是 z_0 处展开的幂级数, 称为 Laurent 级数的**正则部分**. 为了方便起见, 我们令 $a_{-n} = b_n$, 其中 $n = 1, 2, 3, \cdots$. 利用此则 Laurent 级数可表示为

$$\sum_{n=-\infty}^{+\infty} a_n (z - z_0)^n.$$

我们首先讨论 Laurent 级数的主部. 将 $\sum_{n=1}^{+\infty} a_{-n} \frac{1}{(z - z_0)^n}$ 作为 ∞ 处展开的幂级数, 根据以上的分析, 总存在 $r \in [0, +\infty]$, 使得对任意 $r' > r$, 这一级数在 ∞ 的邻域 $D\left(\infty, \frac{1}{r'}\right) = \overline{\mathbb{C}} - \overline{D(z_0, r')}$ 上一致收敛, 而在 $D(z_0, r)$ 上发散. 因而当 $r \neq \infty$ 时这一级数定义了区域 $\overline{\mathbb{C}} - \overline{D(z_0, r)}$ 上一个解析函数. 在下面的讨论中我们总假定 $r \neq \infty$.

对于 Laurent 级数的正则部分, 设级数 $\sum_{n=0}^{+\infty} a_n (z - z_0)^n$ 的收敛半径

为 R,级数定义了 $D(z_0,R)$ 上的解析函数. 当 $R\leqslant r$ 时,Laurent 级数 (4.1)在任何区域都不收敛. 下面我们假定 $R>r$. 这时 Laurent 级数 (4.1)在环形区域

$$\{z\,|\,r<|z-z_0|<R\}\xrightarrow{\text{记为}}D(z_0,r,R)$$

内收敛. 因此它的和是 $D(z_0,r,R)$ 内的解析函数.

值得注意的是这里我们是将 Laurent 级数 $\sum_{n=-\infty}^{+\infty}a_n(z-z_0)^n$ 看做两个幂级数的和. Laurent 级数收敛是指这两个幂级数分别收敛.

反之,设 $f(z)$ 是圆环区域 $D(z_0,r,R)$ 上的解析函数. 对任意给定的 $z\in D(z_0,r,R)$,取 r' 和 R',使得 $r<r'<|z-z_0|<R'<R$,则 $f(z)$ 在 $\overline{D(z_0,r',R')}$ 上连续. 由 Cauchy 公式得

$$f(z)=\frac{1}{2\pi i}\int_{|w-z_0|=R'}\frac{f(w)}{w-z}dw-\frac{1}{2\pi i}\int_{|w-z_0|=r'}\frac{f(w)}{w-z}dw.$$

由于

$$\frac{1}{2\pi i}\int_{|w-z_0|=R'}\frac{f(w)}{w-z}dw=\frac{1}{2\pi i}\int_{|w-z_0|=R'}\frac{f(w)}{w-z_0-(z-z_0)}dw$$

$$=\frac{1}{2\pi i}\int_{|w-z_0|=R'}\frac{f(w)}{w-z_0}\left[\sum_{n=0}^{+\infty}\left(\frac{z-z_0}{w-z_0}\right)^n\right]dw,$$

而当 z 固定时,级数

$$\sum_{n=0}^{+\infty}\left(\frac{z-z_0}{w-z_0}\right)^n$$

在圆周 $|w-z_0|=R'$ 上关于 w 一致收敛,从而可逐项积分,因此我们有

$$\frac{1}{2\pi i}\int_{|w-z_0|=R'}\frac{f(w)}{w-z}dw=\sum_{n=0}^{+\infty}\left[\frac{1}{2\pi i}\int_{|w-z_0|=R'}\frac{f(w)}{(w-z_0)^{n+1}}dw\right](z-z_0)^n$$

$$=\sum_{n=0}^{+\infty}a_n(z-z_0)^n.$$

其中

$$a_n=\frac{1}{2\pi i}\int_{|w-z_0|=R'}\frac{f(w)}{(w-z_0)^{n+1}}dw. \qquad (4.2)$$

由 Cauchy 定理可知,(4.2)式中的积分与 $R'\in(r,R)$ 的选取无关. 而由幂级数理论我们知道 $\sum_{n=0}^{+\infty}a_n(z-z_0)^n$ 的收敛半径大于或等于 R,因此它

是 $D(z_0, R)$ 内的解析函数.

另一方面,我们有

$$-\frac{1}{2\pi i}\int_{|w-z_0|=r'}\frac{f(w)}{w-z}dw = -\frac{1}{2\pi i}\int_{|w-z_0|=r'}\frac{f(w)}{w-z_0-(z-z_0)}dw$$

$$=\frac{1}{2\pi i}\int_{|w-z_0|=r'}\frac{f(w)}{z-z_0}\cdot\frac{dw}{1-\frac{w-z_0}{z-z_0}}$$

$$=\frac{1}{2\pi i}\int_{|w-z_0|=r'}\frac{f(w)}{z-z_0}\sum_{n=0}^{+\infty}\left(\frac{w-z_0}{z-z_0}\right)^n dw.$$

由 $|z-z_0|>r'=|w-z_0|$,因此 z 固定时 $\sum_{n=0}^{+\infty}\left(\frac{w-z_0}{z-z_0}\right)^n$ 在 $|w-z_0|=r'$ 上关于 w 一致收敛,从而以上积分可与求和交换顺序,得

$$-\frac{1}{2\pi i}\int_{|w-z_0|=r'}\frac{f(w)}{w-z}dw$$

$$=\sum_{n=0}^{+\infty}\left[\frac{1}{2\pi i}\int_{|w-z_0|=r'}f(w)(w-z_0)^n dw\right]\frac{1}{(z-z_0)^{n+1}}$$

$$=\sum_{n=1}^{+\infty}\left[\frac{1}{2\pi i}\int_{|w-z_0|=r'}f(w)(w-z_0)^{n-1}dw\right]\frac{1}{(z-z_0)^n}$$

$$=\sum_{n=-1}^{-\infty}\left[\frac{1}{2\pi i}\int_{|w-z_0|=r'}f(w)(w-z_0)^{-n-1}dw\right](z-z_0)^n$$

$$=\sum_{n=-1}^{-\infty}a_n(z-z_0)^n,$$

其中

$$a_n = \frac{1}{2\pi i}\int_{|w-z_0|=r'}f(w)(w-z_0)^{-n-1}dw. \tag{4.3}$$

我们注意到(4.3)式中的积分与 $r'\in(r,R)$ 的选取无关. 利用变换 $w=\frac{1}{z-z_0}$ 和幂级数理论容易知道: $\sum_{n=-\infty}^{-1}a_n(z-z_0)^n$ 在 $\{z\mid |z-z_0|>r\}$ 上收敛.

最后我们得到,当 $z\in D(z_0,r,R)$ 时,

$$f(z) = \sum_{n=0}^{+\infty}a_n(z-z_0)^n + \sum_{n=-1}^{-\infty}a_n(z-z_0)^n$$

$$= \sum_{n=-\infty}^{+\infty} a_n (z-z_0)^n.$$

这说明 $f(z)$ 在圆环区域 $D(z_0, r, R)$ 内可以展开为 Laurent 级数.

综合以上讨论,我们得到以下结果:

定理 函数 $f(z)$ 在圆环区域 $D(z_0, r, R)$ 内解析的充分必要条件是 $f(z)$ 可在 $D(z_0, r, R)$ 上展开为关于 $(z-z_0)$ 的 Laurent 级数.

另外,由于 Laurent 级数在 $D(z_0, r, R)$ 上是内闭一致收敛性的,因此在任意圆周 $|z-z_0|=r'$ 上可逐项积分,其中 $r<r'<R$. 利用此则不难证明函数的 Laurent 级数展开式(简称 Laurent 展式)是唯一的,其系数由(4.2)式和(4.3)式给出. 证明的细节留给读者.

需要说明的是圆环区域 $D(z_0, r, R)$ 与圆盘 $D(z_0, R)$ 是有本质区别的. 前者内部有洞,因而允许函数在圆心的邻域上出现奇异性. Laurent 级数是研究这种奇异性的基本工具.

下面是两个求 Laurent 展式的例.

例 1 求 $e^{\frac{1}{z}}$ 在 $0<|z|<+\infty$ 的 Laurent 展式.

解 $e^{\frac{1}{z}}$ 在的圆环 $D(0,0,+\infty)=D_0(0,+\infty)$ 内解析,因而在其上有 Laurent 展式. 而利用 $e^z = \sum_{n=0}^{+\infty} \frac{z^n}{n!}$,得 $e^{\frac{1}{z}}$ 在 $z=0$ 处的 Laurent 展式为

$$e^{\frac{1}{z}} = \sum_{n=0}^{+\infty} \frac{1}{n!} z^{-n}.$$

展式中 $a_0=1$ 是 Laurent 级数的正则部分,其余是主部.

例 2 求

$$f(z) = \frac{-z^2 + (4+2i)z - 2i}{z(z+i)(z-2)}$$

在圆环 $\{z \mid 0<|z|<1\}$, $\{z \mid 1<|z|<2\}$ 和 $\{z \mid |z|>2\}$ 上的 Laurent 展式.

解 因为 $f(z)$ 在圆环 $\{z \mid 0<|z|<1\}$, $\{z \mid 1<|z|<2\}$ 和 $\{z \mid |z|>2\}$ 上解析,我们在这些区域上分别讨论 $f(z)$ 的 Laurent 展开.

由于

$$f(z) = \frac{1}{z} - \frac{3}{z+i} + \frac{1}{z-2},$$

因此,当 $0 < |z| < 1$ 时,

$$f(z) = \frac{1}{z} - \frac{3}{i} \cdot \frac{1}{1+\frac{z}{i}} - \frac{1}{2\left(1-\frac{z}{2}\right)}$$

$$= \frac{1}{z} - \frac{3}{i} \sum_{n=0}^{+\infty} (-1)^n \left(\frac{z}{i}\right)^n - \frac{1}{2} \sum_{n=0}^{+\infty} \left(\frac{z}{2}\right)^n;$$

当 $1 < |z| < 2$ 时,

$$f(z) = \frac{1}{z} - \frac{3}{z} \cdot \frac{1}{1+\frac{i}{z}} - \frac{1}{2\left(1-\frac{z}{2}\right)}$$

$$= \frac{1}{z} - 3 \sum_{n=0}^{+\infty} (-1)^n \frac{i^n}{z^{n+1}} - \frac{1}{2} \sum_{n=0}^{+\infty} \left(\frac{z}{2}\right)^n;$$

当 $|z| > 2$ 时,

$$f(z) = \frac{1}{z} - \frac{3}{z} \cdot \frac{1}{1+\frac{i}{z}} + \frac{1}{z\left(1-\frac{2}{z}\right)}$$

$$= \frac{1}{z} - 3 \sum_{n=0}^{+\infty} (-1)^n \frac{i^n}{z^{n+1}} + \sum_{n=0}^{+\infty} \frac{2^n}{z^{n+1}}.$$

下面我们讨论函数在 ∞ 处的 Laurent 展开. 设 $f(z)$ 在 ∞ 的空心邻域 $D_0(\infty, \varepsilon) = \left\{ z \mid |z| > \frac{1}{\varepsilon} \right\}$ 上解析. 作变元代换 $w = \frac{1}{z}$,并令

$$g(w) = f\left(\frac{1}{w}\right),$$

则 $g(w)$ 在 $D_0(0, \varepsilon)$ 上解析. 设其 Laurent 展开为

$$g(w) = \sum_{n=-\infty}^{+\infty} a_n w^n = \sum_{n=0}^{+\infty} a_n w^n + \sum_{n=1}^{+\infty} a_{-n} \frac{1}{w^n},$$

其中 $\sum_{n=0}^{+\infty} a_n w^n$ 为正则部分, $\sum_{n=1}^{+\infty} a_{-n} \frac{1}{w^n}$ 为主部. 换回变元 z 得

$$f(z) = \sum_{n=0}^{+\infty} a_n \frac{1}{z^n} + \sum_{n=1}^{+\infty} a_{-n} z^n.$$

我们称上述展式为 $f(z)$ 在 ∞ 处的 Laurent 展式. 由于对变换 $w=\dfrac{1}{z}$, Laurent 展开的正则部分应变为正则部分,主部应变为主部,我们自然地称 $\sum\limits_{n=0}^{+\infty}a_n\dfrac{1}{z^n}$ 为 $f(z)$ 在 ∞ 的 Laurent 展式的正则部分. 值得注意的是它在 $z=\infty$ 也是解析的. 而 $\sum\limits_{n=1}^{+\infty}a_{-n}z^n$ 称为 ∞ 处 Laurent 展式的主部.

例如在上面的例 1 中,$\mathrm{e}^{\frac{1}{z}}$ 在 $z=0$ 和 $z=\infty$ 处的 Laurent 展式是相同的. 但从 $z=\infty$ 来看,其仅有正则部分,特别地其在 $z=\infty$ 是解析的. 在上面例 2 中,当 $|z|>2$ 时,函数的展式可作为它在 $z=\infty$ 处的 Laurent 展式. 这时 $f(z)$ 的展式中仅有正则部分,无主部.

§4.2 孤立奇点的分类

如果函数 $f(z)$ 在 z_0 的空心邻域上解析,即存在 $\varepsilon>0$,使 $f(z)$ 在 $\overline{D_0(z_0,\varepsilon)}$ 上解析,则 z_0 称为 $f(z)$ 的**孤立奇点**. 如果存在 $R_0>0$,使得 $f(z)$ 在 $\mathbb{C}-\overline{D(0,R_0)}$ 上解析,则称 ∞ 是 $f(z)$ 的一个孤立奇点. 例如任何整函数都以 ∞ 为孤立奇点.

例 1 如果 $f(z)=\mathrm{e}^{\frac{1}{z}}$,则 0 和 ∞ 都是 $f(z)$ 的孤立奇点.

例 2 令 $f(z)=\dfrac{1}{\sin\dfrac{1}{z}}$,试证 $\dfrac{1}{k\pi}$ 和 ∞ 是 $f(z)$ 的孤立奇点,其中 $k=\pm 1,\pm 2,\cdots$,而 0 不是 $f(z)$ 的孤立奇点,$f(z)$ 无其他奇点.

证明 由 Euler 公式得

$$\sin z=\dfrac{\mathrm{e}^{\mathrm{i}z}-\mathrm{e}^{-\mathrm{i}z}}{2\mathrm{i}},$$

因此 $\sin z=0$ 必须 $\mathrm{e}^{\mathrm{i}z}=\mathrm{e}^{-\mathrm{i}z}$,即 $\mathrm{e}^{2\mathrm{i}z}=1$. 设 $z=x+\mathrm{i}y$,则

$$\mathrm{e}^{2\mathrm{i}z}=\mathrm{e}^{-2y}\mathrm{e}^{2\mathrm{i}x}=\mathrm{e}^{-2y}(\cos 2x+\mathrm{i}\sin 2x).$$

所以 $\mathrm{e}^{2\mathrm{i}z}=1$ 必须 $\mathrm{e}^{2y}=1$,而 $\cos 2x=1,\sin 2x=0$. 于是得 $y=0$,而 $x=k\pi$. 即 $\sin z=0$ 则必须 $z=k\pi$. 因此对于函数 $f(z)=\dfrac{1}{\sin\dfrac{1}{z}}$,$\dfrac{1}{k\pi}$ 是 $f(z)$

的孤立奇点. 但 $k\to+\infty$ 时, $\frac{1}{k\pi}\to 0$, 因此 0 不是孤立奇点.

显然 ∞ 是 $f(z)$ 的孤立奇点. 证毕.

如果 $z_0\in\mathbb{C}$ 是函数 $f(z)$ 的孤立奇点, 上一节我们证明了 $f(z)$ 可在 z_0 的邻域上展开为 Laurent 级数:
$$\sum_{n=-\infty}^{+\infty} a_n(z-z_0)^n.$$
此时必存在 $r>0$ 使得上述 Laurent 展式的收敛区域为
$$D(z_0,0,r) = \{z \mid 0<|z-z_0|<r\}.$$
类似于利用幂级数研究解析函数的局部性质, 这里我们希望利用 Laurent 级数讨论 $f(z)$ 在孤立奇点 z_0 的邻域上的性质. 为此我们首先给出下面的定义.

定义 设 z_0 是 $f(z)$ 的孤立奇点.

(1) 如果存在 $c\in\mathbb{C}$ 使得函数
$$g(z) = \begin{cases} f(z), & z\neq z_0, \\ c, & z=z_0, \end{cases}$$
在 z_0 的邻域上解析, 则称 $f(z)$ **可解析开拓**到 z_0 处, 并称 z_0 为 $f(z)$ 的**可去奇点**;

(2) 如果 $f(z)$ 不能解析开拓到 z_0 处, 但 $\frac{1}{f(z)}$ 可解析开拓到 z_0, 则 z_0 称为 $f(z)$ 的**极点**;

(3) 如果 z_0 既不是 $f(z)$ 的可去奇点, 也不是 $f(z)$ 的极点, 则称 z_0 为 $f(z)$ 的**本性奇点**.

例 3 设 $f(z)=\frac{\sin z}{z}$. 由于 $z=0$ 是 $\sin z$ 的零点, 因此在 $z=0$ 的邻域上, $\sin z$ 可表为 $\sin z=zh(z)$, 其中 $h(z)$ 解析. 所以如果补充定义 $f(0)=h(0)$, 则 $f(z)$ 在 $z=0$ 的邻域上解析. 因此 $z=0$ 是 $f(z)$ 的可去奇点.

现设 $f(z)=\frac{1}{z^n}$, 则 $z=0$ 是 $f(z)$ 的极点.

再设 $f(z)=\sin\frac{1}{z}$. 由于当 $k\to+\infty$ 时, $f\left(\frac{1}{2k\pi}\right)\to 0$, 而 $f\left(\frac{1}{2k\pi+\pi/2}\right)\to 1$, $f(z)$ 不能连续开拓到 $z=0$, 因而也不能解析开拓到

$z=0$. 同理,$\frac{1}{f(z)}$也不能解析开拓到 $z=0$. 从而 $z=0$ 是 $f(z)$ 的本性奇点. 事实上,$z=0$ 不是 $\frac{1}{f(z)}$ 的孤立奇点.

对于可去奇点,我们有下面的定理.

定理 1 设 z_0 是 $f(z)$ 的孤立奇点,则下面的条件等价:

(1) z_0 是 $f(z)$ 的可去奇点;

(2) $\lim\limits_{z \to z_0} f(z)$ 在 $\mathbb{C}$ 中存在;

(3) $f(z)$ 在 z_0 的某个空心邻域上有界;

(4) $f(z)$ 在 z_0 的 Laurent 展式的主部为零.

证明 $(1) \Rightarrow (2)$:如果 $f(z)$ 可解析开拓到 z_0,显然 $\lim\limits_{z \to z_0} f(z)$ 在 $\mathbb{C}$ 中有极限.

$(2) \Rightarrow (3)$:显然.

$(3) \Rightarrow (4)$:设 $f(z) = \sum\limits_{n=-\infty}^{+\infty} a_n (z-z_0)^n$ 是 $f(z)$ 在 z_0 的 Laurent 展式,取 ε 充分小,则

$$a_n = \frac{1}{2\pi i} \int_{|w-z_0|=\varepsilon} \frac{f(w)}{(w-z_0)^{n+1}} dw.$$

现设 $f(z)$ 在 z_0 的空心邻域上有界,即存在 $M>0$ 及 $\delta_0 > 0$,当 $z \in D_0(z_0, \delta_0)$ 时,$|f(z)| \leqslant M$,则当 $n \geqslant 1$ 时,

$$|a_{-n}| \leqslant \frac{1}{2\pi} \int_{|w-z_0|=\varepsilon} \frac{M}{\varepsilon^{-n+1}} ds = M \cdot \varepsilon^n.$$

令 $\varepsilon \to 0$,得 $a_{-n}=0$. 这说明了 $f(z)$ 的 Laurent 展式中主部为零.

$(4) \Rightarrow (1)$:在 (4) 的条件下,$f(z)$ 在 z_0 的邻域上可展为

$$f(z) = \sum_{n=0}^{+\infty} a_n (z-z_0)^n.$$

这说明 $f(z)$ 可在 z_0 的领域展开为幂级数,因此它在 z_0 的邻域内解析. 证毕.

对于极点我们有下面的定理.

定理 2 设 z_0 是 $f(z)$ 的孤立奇点,则下面条件等价:

(1) z_0 是 $f(z)$ 的极点;

(2) z_0 是 $\dfrac{1}{f(z)}$ 的零点;

(3) $\lim\limits_{z \to z_0} f(z) = \infty$;

(4) $f(z)$ 在 z_0 处 Laurent 展式的主部中有且仅有有限项不为零.

证明 (1)⇒(2):由于 $\dfrac{1}{f(z)}$ 可解析开拓到 z_0,从而由定理 1 知 $\lim\limits_{z \to z_0} \dfrac{1}{f(z)}$ 在 $\mathbb{C}$ 中存在. 但由于 $f(z)$ 不能解析开拓到 z_0,因此必有

$$\lim_{z \to z_0} \frac{1}{f(z)} = 0.$$

(2)⇒(3):显然.

(3)⇒(4):由 $\lim\limits_{z \to z_0} f(z) = \infty$,我们得到 z_0 是 $\dfrac{1}{f(z)}$ 的孤立零点. 设其是 m 阶零点,则 $\dfrac{1}{f(z)}$ 在 z_0 邻域可展开为

$$\frac{1}{f(z)} = (z - z_0)^m \sum_{n=0}^{+\infty} b_n (z - z_0)^n = (z - z_0)^m g(z),$$

其中 $g(z)$ 在 z_0 的某个邻域内解析且处处不为零. 因此

$$f(z) = \frac{1}{(z - z_0)^m} \cdot \frac{1}{g(z)}.$$

由于 $\dfrac{1}{g(z)}$ 在 z_0 的邻域内解析,我们有

$$\frac{1}{g(z)} = c_0 + c_1(z - z_0) + \cdots,$$

其中 $c_0 \neq 0$. 从而推出

$$f(z) = \frac{c_0}{(z - z_0)^m} + \frac{c_1}{(z - z_0)^{m-1}} + \cdots.$$

而 Laurent 展式是唯一的,上式就是 $f(z)$ 在 z_0 处的 Laurent 展式.

(4)⇒(1):设 $f(z)$ 在 z_0 处 Laurent 展式的主部为

$$\frac{a_{-m}}{(z - z_0)^m} + \frac{a_{-m+1}}{(z - z_0)^{m-1}} + \cdots + \frac{a_{-1}}{(z - z_0)},$$

其中 $a_{-m} \neq 0$,则

$$(z - z_0)^m f(z) \xlongequal{\text{记为}} g(z)$$

在 z_0 处解析,且 $g(z_0) \neq 0$. 因此

$$f(z) = \frac{1}{(z-z_0)^m} \cdot g(z)$$

不能解析开拓到 z_0,但

$$\frac{1}{f(z)} = \frac{(z-z_0)^m}{g(z)}$$

可解析开拓到 z_0,即 z_0 是 $f(z)$ 的极点. 证毕.

由定理 2 的证明我们可以看出,如果点 z_0 是 $f(z)$ 的极点,则 $f(z)$ 在 z_0 的邻域可展成

$$\frac{a_{-m}}{(z-z_0)^m} + \frac{a_{-m+1}}{(z-z_0)^{m-1}} + \cdots + \frac{a_{-1}}{(z-z_0)} + \sum_{n=0}^{+\infty} a_n (z-z_0)^n,$$

其中 $a_{-m} \neq 0$. 这时 m 称为 $f(z)$ 在 z_0 处的**极点的阶**,或称 z_0 是 $f(z)$ 的 m **阶极点**. 从定理 2 的证明我们同时知道 z_0 是 $f(z)$ 的 m 阶极点等价于 $f(z)$ 在 z_0 的邻域上可表为

$$f(z) = \frac{g(z)}{(z-z_0)^m},$$

其中 $g(z)$ 在 z_0 的邻域上解析且 $g(z_0) \neq 0$. 由此得知 z_0 是 $f(z)$ 的 m 阶极点的充分必要条件是 z_0 是 $\dfrac{1}{f(z)}$ 的 m 阶零点.

对于本性奇点,由上面定理 1 和定理 2 得:

定理 3 设 z_0 是 $f(z)$ 的孤立奇点,则下面条件等价:

(1) z_0 是 $f(z)$ 的本性奇点;

(2) $\lim\limits_{z \to z_0} f(z)$ 在 $\overline{\mathbb{C}} = \mathbb{C} \cup \{\infty\}$ 中不存在;

(3) $f(z)$ 在 z_0 的 Laurent 展式的主部中有无穷多项不为零.

如果 z_0 是 $f(z)$ 的本性奇点,$f(z) = \sum\limits_{n=-\infty}^{+\infty} a_n (z-z_0)^n$ 是 $f(z)$ 在 z_0 处的 Laurent 展式. 由于其主部有无穷多项不为零,而主部是 $\overline{\mathbb{C}} - \{z_0\}$ 上的解析函数,因此如果对这部分考虑坐标变换 $w = \dfrac{1}{z-z_0}$,并令

$$g(w) = \sum_{n=1}^{+\infty} a_{-n} w^n,$$

则 $g(w)$ 是 $\mathbb{C}$ 上的超越整函数. 所以本性奇点的讨论与超越整函数在无穷远的邻域上性质的讨论是相同的. 例如我们同样有下面的

Weierstrass 定理.

定理 4(Weierstrass 定理) 如果 z_0 是 $f(z)$ 的本性奇点,则 $\forall\, \varepsilon > 0, f(D_0(z_0, \varepsilon))$ 都是 $\mathbb{C}$ 中的稠密子集.

证明 由定义集合 $f(D_0(z_0, \varepsilon))$ 在 $\mathbb{C}$ 中稠密等价于 $\overline{f(D_0(z_0, \varepsilon))} = \mathbb{C}$. 如果此结论不成立,则存在 $z^* \in \mathbb{C} - \overline{f(D_0(z_0, \varepsilon))}$. 但是我们知道 $\mathbb{C} - \overline{f(D_0(z_0, \varepsilon))}$ 是开集,因而存在 $\delta > 0$,使得
$$D(z^*, \delta) \cap \overline{f(D_0(z_0, \varepsilon))} = \varnothing.$$
令
$$g(z) = \frac{1}{f(z) - z^*},$$
则
$$|g(z)| = \frac{1}{|f(z) - z^*|} \leqslant \frac{1}{\delta}.$$
因此 $g(z)$ 在 z_0 邻域上有界,由定理 1 得 z_0 是 $g(z)$ 的可去奇点. 而由于
$$f(z) = z^* + \frac{1}{g(z)},$$
所以 z_0 只能是 $f(z)$ 的可去奇点或极点. 此矛盾便证明了定理.

Weierstrass 定理表明,如果 z_0 是 $f(z)$ 的本性奇点,则对任意 $w \in \mathbb{C}$,在 z_0 任意小的空心邻域 $D_0(z_0, \varepsilon)$ 内存在序列 $z_n \to z_0$,使得 $f(z_n) \to w$. Picard 证明了更进一步的结果:如果 z_0 是 $f(z)$ 的本性奇点,则 $f(z)$ 在 z_0 的任意小的空心邻域 $D_0(z_0, \varepsilon)$ 内能取到任意复数,最多可能有一个点 $a \in \mathbb{C}$ 是例外.

定理 5(Picard 大定理) 设 z_0 是 $f(z)$ 的本性奇点,$f(z)$ 在 $D_0(z_0, R)$ 上解析,则对任意给定的 $0 < \varepsilon < R$,集合 $\mathbb{C} - f(D_0(z_0, \varepsilon))$ 中最多包含一个点.

从 Picard 大定理推出:除了可能存在一个例外的点 $a \in \mathbb{C}$ 外,对于任意 $w \in \mathbb{C} - \{a\}$,存在序列 $z_n \to z_0$,使得 $f(z_n) = w$.

Picard 大定理的证明可参阅文献[7].

例 4 令 $f(z) = e^{\frac{1}{z}}$,则 $z = 0$ 是 $f(z)$ 的本性奇点,$a = 0$ 为 $f(z)$ 的例外值.

如果 ∞ 是 $f(z)$ 的孤立奇点,设 $f(z)$ 在 ∞ 处的 Laurent 展式为

$$f(z) = \sum_{n=1}^{+\infty} a_n z^n + \sum_{n=0}^{+\infty} a_{-n} \frac{1}{z^n},$$

则由上面奇点的分类知 ∞ 是 $f(z)$ 的可去奇点等价于 $\sum_{n=1}^{+\infty} a_n z^n = 0$. 这时 $\lim_{z \to \infty} f(z) = a_0$ 可定义为 $f(z)$ 在 ∞ 处的值. ∞ 是 $f(z)$ 的极点等价于 $\sum_{n=1}^{+\infty} a_n z^n$ 中仅有有限项不为零. ∞ 是 $f(z)$ 的本性奇点等价于 $\sum_{n=1}^{+\infty} a_n z^n$ 中有无穷多项不为零.

如果 $f(z)$ 是整函数，则 $f(z)$ 在 $z=0$ 处的幂级数展开式

$$f(z) = \sum_{n=0}^{+\infty} a_n z^n$$

就是 $f(z)$ 在 $z=\infty$ 处的 Laurent 展式. 因此如果将 $z=\infty$ 作为 $f(z)$ 的孤立奇点，则我们有以下的分类：∞ 是可去奇点当且仅当 $f(z)$ 为常数；∞ 是极点当且仅当 $f(z)$ 是次数大于零的多项式；∞ 是 $f(z)$ 的本性奇点当且仅当 $f(z)$ 是超越整函数.

例 5 证明：(1) ∞ 是 $\sin z$ 的本性奇点；

(2) $\sin z$ 无 Picard 例外值，即对于任意复数 $a \in \mathbb{C}$，方程 $\sin z = a$ 在 $\mathbb{C}$ 中有无穷多解.

证明 由 $\sin z$ 的幂级数展开式

$$\sin z = z - \frac{z^3}{3!} + \frac{z^5}{5!} + \cdots + (-1)^n \frac{z^{(2n+1)}}{(2n+1)!} + \cdots$$

得 ∞ 是 $\sin z$ 的本性奇点. 而对于任意复数 $a \in \mathbb{C}$，方程 $\sin z = a$ 利用 Euler 公式可表为

$$\frac{e^{iz} - e^{-iz}}{2i} = a,$$

即 $(e^{iz})^2 - 2ia e^{iz} - 1 = 0$. 解得

$$e^{iz} = ia \pm \sqrt{1 - a^2}.$$

由于 $ia \pm \sqrt{1-a^2} \neq 0$，因此取 $x, y \in \mathbb{R}$，使得

$$e^x = |ia \pm \sqrt{1-a^2}|, \quad y = \arg(ia \pm \sqrt{1-a^2}).$$

则当 $z = x + iy$ 时，$e^z = ia \pm \sqrt{1-a^2}$，从而得 $\sin z = a$ 有解. 又由于 $\sin(z + 2\pi) = \sin z$，因而 $\sin z = a$ 有无穷多解.

利用奇点的分类，容易给出 $\mathbb{C}$ 到自身的全纯自同胚.

定理 6 $f: \mathbb{C} \to \mathbb{C}$ 为全纯自同胚的充分必要条件是 $f(z)$ 可表示为 $f(z)=az+b$，其中 $a,b \in \mathbb{C}, a \neq 0$。

证明 设 $f: \mathbb{C} \to \mathbb{C}$ 为全纯自同胚，则 $f(z)$ 是整函数。因此 ∞ 是其孤立奇点。若 ∞ 是 $f(z)$ 的可去奇点，则易知 $f(z)$ 在 $\mathbb{C}$ 上有界，从而它是一个常数。这与 $f(z)$ 是同胚矛盾。如果 ∞ 是 $f(z)$ 的本性奇点，由 Weierstrass 定理知，对任意 $w_0 \in \mathbb{C}$，存在序列 $\{z_n\}$，使得 $z_n \to \infty$，而 $f(z_n) \to w_0$。由于 $f: \mathbb{C} \to \mathbb{C}$ 是同胚，因此存在 $z_0 \in \mathbb{C}$，使得 $f(z_0) = w_0$。这时 $w=f(z)$ 将 z_0 的邻域 U ——地映满了 w_0 的一个邻域 V。而当 n 充分大时，$z_n \notin U$，但 $f(z_n) \in V$。矛盾。因此 ∞ 只能是 $f(z)$ 的极点。设

$$f(z) = a_n z^n + a_{n-1} z^{n-1} + \cdots + a_0,$$

其中 $a_n \neq 0, n \geq 1$。如果 $n>1$，则由代数学基本定理知 $f(z)$ 是 n 对 1 的映射，因而也不能是同胚。因此必有 $n=1$，即 $f(z)=az+b$。

反之，如果 $f(z)=az+b$，其中 $a \neq 0$，显然 $f: \mathbb{C} \to \mathbb{C}$ 为全纯自同胚。证毕。

§4.3 亚纯函数

设 z_0 是函数 $f(z)$ 的极点，我们知道这时 $\lim\limits_{z \to z_0} f(z) = \infty$。如果定义 $f(z_0) = \infty$，则 $f(z)$ 可看做 z_0 的邻域到扩充复平面 $\overline{\mathbb{C}} = \mathbb{C} \cup \{\infty\}$ 的映射。由于 $\dfrac{1}{f(z)}$ 在 z_0 处解析，所以 f 是 z_0 的邻域到 $\overline{\mathbb{C}}$ 的解析映射。如果我们将扩充复平面作为映射的值域，则 $f(z)$ 可解析开拓到 z_0。对于这类函数，我们给出下面的定义。

定义 设 Ω 为 $\overline{\mathbb{C}}$ 中的区域，$f(z)$ 是 Ω 上的函数。若 $f(z)$ 在 Ω 内除了可能有极点外处处解析，则称 $f(z)$ 为 Ω 上的**亚纯函数**。

由定义知，任何解析函数都是亚纯函数。若 $f(z)$ 是 Ω 上的亚纯函数，则 $\forall z_0 \in \Omega$，或者 $f(z)$ 在 z_0 的邻域解析，或者 z_0 是 $f(z)$ 的极点。

如果我们将解析函数看做复平面中区域到复平面中区域的解析映射，则亚纯函数又可定义为扩充复平面中区域 Ω 到扩充复平面且不恒为 ∞ 的解析映射。

例1 z 的多项式可看做 $\mathbb{C}$ 上的解析函数,而 z 的有理函数则可看做 $\mathbb{C}$ 上的亚纯函数. 这两种函数都是 $\overline{\mathbb{C}}$ 上的亚纯函数.

例2 函数 $f(z) = \dfrac{1}{\sin\dfrac{1}{z}}$ 是 $\mathbb{C} - \{0\}$ 上的亚纯函数. 由于 $z=0$ 不是 $f(z)$ 的孤立奇点,而 ∞ 是 $f(z)$ 的本性奇点,因此 $f(z)$ 不是 $\mathbb{C}$ 上的亚纯函数.

例3 设 $f(z)$ 是区域 Ω 上的解析函数,不恒为零. 令 $g(z) = \dfrac{1}{f(z)}$,则在 $f(z)$ 不为零的点上 $g(z)$ 解析;而如果 z_0 是 $f(z)$ 的 m 阶零点,则 z_0 是 $g(z)$ 的 m 阶极点. 因而 $g(z)$ 是 Ω 上的亚纯函数. 同理,如果 $f(z)$ 是 Ω 上不恒为零的亚纯函数,则 $\dfrac{1}{f(z)}$ 也是 Ω 上的亚纯函数.

由亚纯函数的定义不难看出,对于区域 Ω 内的两个亚纯函数 f 和 g,函数 $f \pm g, fg, \dfrac{f}{g}(g \not\equiv 0)$ 仍然是亚纯函数. 因此如果以 $m(\Omega)$ 表示 Ω 上的亚纯函数全体,则 $m(\Omega)$ 是一个域,我们称其为 Ω 的**亚纯函数域**.

对亚纯函数同样有唯一性定理.

定理1 设 f 和 g 都是区域 Ω 上的亚纯函数. 如果存在 Ω 中的序列 $\{z_n\}$ 使得 $f(z_n) = g(z_n)$,且 $\{z_n\}$ 在 Ω 内有极限点,则 $f(z) \equiv g(z)$.

证明留给读者.

思考题:对于在区域 Ω 内除去一些孤立奇点外处处解析的函数,上面的唯一性定理是否仍然成立?

设 $f(z)$ 是区域 Ω 上的亚纯函数. 由于 $f(z)$ 的极点都是孤立的,因此对 Ω 中任意紧集 K,$f(z)$ 在 K 中至多有有限个极点. 如果 $f(z)$ 在 Ω 中有无穷多个极点时,则可将这些极点排为一序列 $\{z_n\}$,且序列 $\{z_n\}$ 在 Ω 内无极限点.

另一方面,如果 $f(z)$ 和 $g(z)$ 都是 Ω 上的亚纯函数,有相同的极点,且在极点处 Laurent 展式的主部都相同,则 $f(z) - g(z)$ 在 Ω 上全纯. 这说明在不计全纯函数的意义下,一个亚纯函数由其极点和极点处 Laurent 展式的主部唯一确定. 或者说,亚纯函数相对于解析函数的奇异性是由极点和极点处 Laurent 展开的主部造成的.

因此关于亚纯函数,我们有以下的存在问题. 设 $\{z_n\}$ 是区域 Ω 中给定的序列,集合 $\{z_n\}$ 在 Ω 内无极限点. 再设

$$L_n(z) = \frac{a_{n_1}}{z-z_n} + \frac{a_{n_2}}{(z-z_n)^2} + \cdots + \frac{a_{n_{m_n}}}{(z-z_n)^{m_n}}$$

是给定的函数. 问是否存在 Ω 上的亚纯函数 $f(z)$,使得 $f(z)$ 的极点为 $\{z_n\}$,且在每一点 z_n 处, $f(z)$ 在 z_n 处 Laurent 展式的主部为 $L_n(z)$? 即问区域 Ω 上具有给定奇异性的亚纯函数是否存在? 这一问题称为 **Mittag-Leffler 问题**. 对于 $\mathbb{C}$ 中的区域,这一问题的答案是肯定的. 下面我们仅以 $\Omega = \mathbb{C}$ 为例说明证明的基本思想.

定理 2(**Mittag-Leffler 定理**) 设 $\{z_n\}$ 是 $\mathbb{C}$ 中给定的一个两两不等的点列,$\lim\limits_{n \to +\infty} z_n = \infty$. 设对每一个 z_n,给定

$$L_n(z) = \frac{a_{n_1}}{z-z_n} + \frac{a_{n_2}}{(z-z_n)^2} + \cdots + \frac{a_{n_{m_n}}}{(z-z_n)^{m_n}}.$$

则存在 $\mathbb{C}$ 上的亚纯函数 $f(z)$,使得 $f(z)$ 的极点集为 $\{z_n\}$,且 $f(z)$ 在 z_n 处 Laurent 展式的主部为 $L_n(z)$.

***证明** 为使符号简单,不妨设 $\{z_1, z_2, \cdots, z_{n-1}\} \subset D(0, n)$,而 $m \geqslant n$ 时, $z_m \notin \overline{D(0, n)}$.

取一序列 $\{a_n\}$,使 $a_n > 0$, $\sum\limits_{n=1}^{+\infty} a_n < +\infty$. 设对 $z_1, z_2, \cdots, z_{n-1}$ 已取到多项式 $P_1(z), P_2(z), \cdots, P_{n-1}(z)$,使

$$\max_{z \in \overline{D(0,k)}} \{|L_k(z) - P_k(z)|\} < a_k, \quad k = 1, 2, \cdots, n-1.$$

由于 $z_n \notin \overline{D(0, n)}$, $L_n(z)$ 在 $\overline{D(0, n)}$ 的邻域上解析,从而 $L_n(z)$ 在 $z = 0$ 展开的幂级数在 $\overline{D(0, n)}$ 上一致收敛于 $L_n(z)$. 因此 $L_n(z)$ 在 $\overline{D(0, n)}$ 可用多项式一致逼近. 因而可取多项式 $P_n(z)$,使得

$$\max_{z \in \overline{D(0,n)}} \{|L_n(z) - P_n(z)|\} < a_n.$$

由此得一列多项式 $\{P_n(z)\}$.

令 $f(z) = \sum\limits_{k=1}^{+\infty} [L_k(z) - P_k(z)]$. 对任意 n, $\sum\limits_{k=1}^{n-1}[L_k(z) - P_k(z)]$ 在 $\mathbb{C}$ 上亚纯,以 $z_1, z_2, \cdots, z_{n-1}$ 为极点,并且在 z_i 处 Laurent 展式的主部为 $L_i(z)$,其中 $i = 1, 2, \cdots, n-1$. 而在 $\overline{D(0, n)}$ 上,由

$$\sum_{k=n}^{+\infty} |L_k(z) - P_k(z)| < \sum_{k=n}^{+\infty} a_k,$$

根据控制收敛定理,$\sum_{k=n}^{+\infty} [L_k(z) - P_k(z)]$ 在 $D(0,n)$ 上一致收敛,因而解析. $f(z)$ 满足所需条件. 证毕.

如果以扩充复平面 $\overline{\mathbb{C}}$ 代替 $\mathbb{C}$,由于 $\overline{\mathbb{C}}$ 是紧的,利用最大模原理不难看出其上全纯函数都是常数. 因此 $\overline{\mathbb{C}}$ 上的亚纯函数由其极点和极点处 Laurent 展式的主部在差一常数的意义下唯一确定. 另外,由于 $\overline{\mathbb{C}}$ 是紧的,其上亚纯函数只能有有限个极点. 利用此,我们有以下的结论.

定理 3 $\overline{\mathbb{C}}$ 上的亚纯函数都是有理函数.

证明   设 $f(z)$ 是 $\overline{\mathbb{C}}$ 上的亚纯函数,$z_1, z_2, \cdots, z_l, \infty$ 为 $f(z)$ 的所有极点,而

$$L_k(z) = \frac{a_{k_1}}{z - z_k} + \frac{a_{k_2}}{(z - z_k)^2} + \cdots + \frac{a_{k_{m_k}}}{(z - z_k)^{m_k}} \quad (k = 1, 2, \cdots, l),$$

$$L_\infty(z) = b_1 z + b_2 z^2 + \cdots + b_m z^m$$

分别为 $f(z)$ 在 $z_1, z_2, \cdots, z_l$ 和 ∞ 处 Laurent 展式的主部,则

$$f(z) - \sum_{k=1}^{l} L_k(z) - L_\infty(z)$$

是 $\overline{\mathbb{C}}$ 上的全纯函数,因而是常数. 设其为 c,得

$$f(z) = c + L_\infty(z) + \sum_{k=1}^{l} L_k(z).$$

于是得 $f(z)$ 是有理函数. 证毕.

另一方面,有理函数

$$\frac{P(z)}{Q(z)} = \frac{a_0 z^n + a_1 z^{n-1} + \cdots + a_n}{b_0 z^m + b_1 z^{m-1} + \cdots + b_m}$$

当然是 $\overline{\mathbb{C}}$ 上的亚纯函数. 上面证明表明 $\frac{P(z)}{Q(z)}$ 可表示为

$$\frac{P(z)}{Q(z)} = c + b_1 z + \cdots + b_m z^m + \sum_{k=1}^{l} \sum_{i=1}^{m_k} \frac{a_{k_i}}{(z - z_k)^i}.$$

这一分解称为有理函数的**部分分式分解**. 在微积分中讨论有理函数的不定积分时我们曾用这一关系式来证明有理函数的不定积分都是初等函数,因而在理论上可以积出.

利用定理 3,我们容易给出扩充复平面 $\overline{\mathbb{C}}$ 的全纯自同胚群.

推论 1　$f: \overline{\mathbb{C}} \to \overline{\mathbb{C}}$ 是全纯自同胚的充分必要条件是 $f(z)$ 为一分式线性变换.

证明　如果 $f: \overline{\mathbb{C}} \to \overline{\mathbb{C}}$ 是全纯自同胚,则 $f(z)$ 可看做 $\overline{\mathbb{C}}$ 上的亚纯函数,因而为有理函数. 设 $f(z) = \dfrac{P(z)}{Q(z)}$,但如果多项式 $P(z)$ 或 $Q(z)$ 的阶大于 1,则 $f(z)$ 不是一一映射. 这与它是自同胚矛盾. 所以 $f(z)$ 为一分式线性变换.

反之,分式线性变换显然是 $\overline{\mathbb{C}}$ 的全纯自同胚. 证毕.

从另一个角度,定理 3 表明 $\overline{\mathbb{C}}$ 上的亚纯函数域 $m(\overline{\mathbb{C}}) = \mathbb{C}(z)$. 这里 $\mathbb{C}(z)$ 表示变量 z 的有理函数域,其是变量 z 的多项式环的商域. 类比于此,关于整函数和亚纯函数的另一个基本问题是:如果以 $A(\Omega)$ 表示区域 Ω 上的解析函数全体,则有关系 $A(\Omega) \subset m(\Omega)$. 但 $A(\Omega)$ 是一整环,其商域是 $m(\Omega)$ 的子域,那么这一商域是否就是 $m(\Omega)$,即是否 Ω 上任一亚纯函数都可表示为 Ω 上两个解析函数的商? 要回答这一问题,需要解决下面一个关于解析函数的存在问题.

Cousin 问题 2[①]　设 $\{z_n\}$ 是区域 Ω 中给定的序列,且 $\{z_n\}$ 在 Ω 内无极限点,并设 $\{m_n\}$ 是给定的正整数列,问是否存在区域 Ω 上的解析函数 $f(z)$,使得 $f(z)$ 以序列 $\{z_n\}$ 为其零点,且 $f(z)$ 在 z_n 处零点的阶数为 m_n?

对于复平面 $\mathbb{C}$ 中的区域,Cousin 问题 2 也是可解的. 以 $\mathbb{C}$ 为例,我们有:

定理 4　设 $\{z_n\}$ 是一给定的序列,$\lim\limits_{n \to +\infty} z_n = \infty$,$\{m_n\}$ 是给定的正整数列,则存在 $\mathbb{C}$ 上的解析函数 $f(z)$,使得 $f(z)$ 以序列 $\{z_n\}$ 为其零点,且 $f(z)$ 在 z_n 处零点的阶数为 m_n.

由于这一定理的证明需要利用无穷乘积,这里就不再讨论了,有兴趣的读者可参阅文献[7]. 我们希望利用这一定理给出 $\mathbb{C}$ 上解析函数与亚纯函数之间的关系.

推论 2　如果 $g(z)$ 是 $\mathbb{C}$ 上的亚纯函数,则存在 $\mathbb{C}$ 上解析函数 $f(z)$

[①] Mittag-Leffler 问题一般也称为 **Cousin 问题 1**.

和 $h(z)$，使得 $g(z) = \dfrac{f(z)}{h(z)}$.

证明 设 $\{z_n\}$ 为 $g(z)$ 的极点序列，m_n 为 $g(z)$ 在 z_n 处极点的阶，则 $\lim\limits_{n \to +\infty} z_n = \infty$. 由定理 3 知存在 $\mathbb{C}$ 上解析函数 $h(z)$，使得 z_n 为 $h(z)$ 的零点，m_n 为 $h(z)$ 在 z_n 处零点的阶. 因此 $h(z)g(z)$ 在 $\mathbb{C}$ 上解析. 令 $f(z) = h(z)g(z)$ 即可. 证毕.

习 题 四

1. 求下列函数在指定区域内的 Laurent 展式.

    (1) $f(z) = \dfrac{3z}{(2-z)(2z-1)}$，$|z| < \dfrac{1}{2}$，$\dfrac{1}{2} < |z| < 2$，$2 < |z| < +\infty$.

    (2) $f(z) = \dfrac{1}{(z)^2(z+i)}$，$0 < |z-i| < 1$.

2. 求 $\cos\dfrac{z}{1+z}$ 在 $z = -1$ 处的 Laurent 展式.

3. 设 $f(z)$ 在圆环区域 $\{z \mid r < |z - z_0| < R\}$ 上解析，证明 $f(z)$ 在其上的 Laurent 展式是唯一的.

4. 设 $g(z)$ 是在区域 Ω 上不恒为零的解析函数，$f(z)$ 在 $g(z)$ 的零点以外解析，且 $f(z)$ 有界，证明 $f(z)$ 可开拓为 Ω 上的解析函数.

5. 问 $\dfrac{1}{z^2+1}\sin\dfrac{1}{z}$ 在 $\overline{\mathbb{C}}$ 上有什么样的奇点？

6. 设 $f(z)$ 在圆环 $0 < r < |z - z_0| < R < +\infty$ 上解析，在闭圆环 $r \leqslant |z - z_0| \leqslant R$ 上连续，且 $\forall \theta \in [0, 2\pi)$，$f(Re^{i\theta} + z_0) = 0$，证明 $f(z) \equiv 0$.

7. 设 $f(z), g(z)$ 都是 $\mathbb{C}$ 上的亚纯函数，并且满足 $|f(z)| \leqslant |g(z)|$，证明：存在常数 C，使得 $f(z) = Cg(z)$.

8. 证明环形区域 $D(0, 0, 1)$ 与 $D(0, r, R)$ 不解析同胚，其中 $0 < r < R$.

9. 区域 D 上的函数 $f(z)$ 如果满足 $f^2(z)$ 和 $f^3(z)$ 都在 D 上解析，证明 $f(z)$ 在 D 上解析.

10. 如果 z_0 是 $f(z)$ 的极点，问 z_0 是 $e^{f(z)}$ 的什么奇点？

11. 设 $f(z)$ 是 $\mathbb{C}$ 上仅有孤立奇点的函数，$g(z)$ 是 $\mathbb{C}$ 上不为常数的亚纯函数，如果 $g[f(z)]$ 在 $\mathbb{C}$ 上亚纯，证明 $f(z)$ 在 $\mathbb{C}$ 亚纯.

习题四 **141**

12. 设 $z=1$ 是 $f(z)$ 在 $\mathbb{C}$ 上唯一的一阶极点，$f(z)$ 无其他奇点，且 $f(z)=\sum_{n=0}^{+\infty}a_n z^n$，证明 $\sum_{n=0}^{+\infty}a_n z^n$ 在圆周 $|z|=1$ 上处处发散，而 $\lim_{n\to+\infty}a_n$ 收敛。

13. 设 $f(z)$ 是整函数。如果其将任意无界的集合映为无界的集合，证明 $f(z)$ 是多项式。

14. 设 $f(z)$ 在 $0<|z|<+\infty$ 上解析。如果存在 $a\in\mathbb{C}$，$0<|a|<1$，使得 $f(z)=zf(az)$，证明或者 $f(z)\equiv 0$，或者 0 和 ∞ 都是 $f(z)$ 的本性奇点。

15. 证明 $\mathbb{C}$ 上的解析函数 $f(z)$ 为超越整函数的充分必要条件是对任意常数 $a>0$，
$$\lim_{r\to+\infty}\frac{\max_{|z|=r}|f(z)|}{r^a}=+\infty.$$

16. 设 $f(z)$ 是上半平面 H 上的亚纯函数，在 $\overline{H}$ 连续，在实轴上 $|f(z)|=1$ 且沿实轴有 $\lim_{x\to\pm\infty}|f(x)|=1$，证明 $f(z)$ 是有理函数。

*17. 试用 Picard 大定理证明：如果整函数 $f(z)$ 满足 $f(z)$ 为实数当且仅当 z 为实数，则 $f(z)=az+b$，其中 a,b 是实数。

18. 问解析函数的唯一性定理对亚纯函数是否成立？对仅有孤立奇点的函数是否成立？成立请证明，不成立请给一反例。

19. 设 $f(z)$ 是 $\overline{\mathbb{C}}$ 上亚纯函数，证明 $f(z)$ 在 $\overline{\mathbb{C}}$ 上的零点的个数与极点的个数相同（零点、极点都按重数计）。

20. (1) 设 $f(z)$ 在圆环区域 $r<|z-z_0|<R<+\infty$ 上解析，证明其 Laurent 展式可逐项求导。问 $f(z)$ 在什么条件下有原函数？

(2) 设 $f(z)$ 在 $|z|>R$ 上解析且 ∞ 为其可去奇点，问 $f(z)$ 是否有原函数？

21. 对单位圆盘证明 Mittag-Leffler 定理，即：设 $\{z_n\}$ 是单位圆盘中任意序列，在单位圆盘内无极限点，L_n 是在 z_n 处给定的 Laurent 展式的主部，则存在单位圆盘上亚纯函数，使其以 $\{z_n\}$ 为极点，L_n 为其在 z_n 处 Laurent 展式的主部。

22. 设 $f(z)$ 是区域 D 上的亚纯函数。如果 $f(D)\neq\overline{\mathbb{C}}$，证明：存在

D 上解析函数 $h(z), g(z)$，使得 $f(z) = \dfrac{h(z)}{g(z)}$.

23. 设 $f(z) = u + iv$ 是 $\mathbb{C}$ 上的亚纯函数，且存在常数 C 使得 $u \geqslant C$，证明 $f(z)$ 是常数.

*24. 证明 $\left(\dfrac{1}{\sin z}\right)^2 = \sum\limits_{n=-\infty}^{+\infty} \dfrac{1}{(z-\pi n)^2}$.

25. 求 $\mathbb{C}$ 上所有满足 $|z|=1$ 时 $|f(z)|=1$ 的亚纯函数.

26. (1) 问 $\mathbb{C}$ 的什么样的全纯自同胚保持 $\mathbb{C}$ 的欧氏度量 $ds^2 = |dz|^2$ 不变？

(2) 问扩充复平面 $\overline{\mathbb{C}}$ 的什么样的全纯自同胚保持 $\overline{\mathbb{C}}$ 的球度量 $ds^2 = \dfrac{4|dz|^2}{(1+|z|^2)^2}$ 不变？

第五章 留　　数

第四章我们利用 Laurent 级数讨论了有孤立奇点的函数在孤立奇点邻域上的性质. 这章中我们将利用积分表示来研究这些函数. 我们的问题是怎样将 Cauchy 定理和 Cauchy 公式推广到这些有孤立奇点的函数上, 并且由此能够得到一些什么样的结论? 我们将首先引进留数. 留数是复变函数理论中的一个基本概念, 它有着许多的应用. 在本章中我们将对它进行系统的介绍.

§5.1　留数的概念与计算

为了将 Cauchy 定理和 Cauchy 公式推广到有孤立奇点的函数上, 我们先从局部开始讨论. 设 z_0 是函数 $f(z)$ 的孤立奇点, 即存在一去心圆盘 $D_0(z_0, R)$, 使得 $f(z)$ 在 $D_0(z_0, R)$ 上解析. 这时对 $D_0(z_0, R)$ 中任一条可求长简单闭曲线 Γ, 当 Γ 内部不含 z_0 时, 由 Cauchy 定理得

$$\int_\Gamma f(z) \mathrm{d}z = 0.$$

但如果 z_0 位于 Γ 的内部, 上面积分可能不为零, 对此利用 Cauchy 定理, 我们有

$$\int_\Gamma f(z) \mathrm{d}z = \int_{|z-z_0|=\rho} f(z) \mathrm{d}z,$$

其中 $0 < \rho < R$ 为任意常数. 因此当考虑函数 $f(z)$ 在 $D_0(z_0, R)$ 中的闭路积分时, 我们仅需考虑形如 $\int_{|z-z_0|=\rho} f(z) \mathrm{d}z$ 的积分即可.

将 $f(z)$ 在 $D_0(z_0, R)$ 上展成 Laurent 级数

$$f(z) = \sum_{n=-\infty}^{+\infty} a_n (z - z_0)^n.$$

由于 Laurent 级数在圆周 $|z - z_0| = \rho$ 上一致收敛, 从而可逐项积分, 而由

$$\frac{1}{2\pi i}\int_{|z-a|=r}\frac{\mathrm{d}z}{(z-a)^n}=\begin{cases}1, & n=1,\\ 0, & n\neq 1,\end{cases} \quad 0<r<+\infty,$$

得

$$\frac{1}{2\pi i}\int_{|z-z_0|=\rho}f(z)\mathrm{d}z=a_{-1}.$$

人们经过一些深入的研究,发现以上的积分有着重要的性质以及许多的应用.因此引入了以下的概念:

定义 设 $f(z)$ 在 $D_0(z_0,R)$ 内解析,即 z_0 是 $f(z)$ 的一个孤立奇点. 函数 $f(z)$ 在 z_0 处的**留数**,记做 $\mathrm{Res}(f,z_0)$,定义为

$$\mathrm{Res}(f,z_0)=\frac{1}{2\pi i}\int_{|z-z_0|=\rho}f(z)\mathrm{d}z,$$

其中 $0<\rho<R$.

当 ∞ 为 $f(z)$ 的孤立奇点,即存在 $R>0$,使得 $f(z)$ 在 $\mathbb{C}-\overline{D(0,R)}$ 上解析,则 $f(z)$ 在 ∞ 处的留数记做 $\mathrm{Res}(f,\infty)$,定义为

$$\mathrm{Res}(f,\infty)=-\frac{1}{2\pi i}\int_{|z|=\rho}f(z)\mathrm{d}z,$$

其中 $R<\rho<+\infty$.

从留数的定义知,当有限复数 z_0 为 $f(z)$ 的孤立奇点时,$f(z)$ 在 z_0 处的留数即为 $f(z)$ 在 z_0 附近的 Laurent 展式中 $\dfrac{1}{z-z_0}$ 的系数 a_{-1}. 而当 $z_0=\infty$ 时,设 $f(z)$ 在 $z=\infty$ 处的 Laurent 展式为 $f(z)=\sum\limits_{n=-\infty}^{+\infty}a_n z^n$,则

$$\mathrm{Res}(f,\infty)=-a_{-1}.$$

值得注意的是当 ∞ 是 $f(z)$ 的可去奇点时,$\mathrm{Res}(f,\infty)$ 可以不为 0. 例如 $f(z)=\dfrac{1}{z}$ 在 $z=\infty$ 的留数为 -1.

下面我们先来讨论一些简单的留数计算问题. 一般说来,我们可以通过直接积分或将函数展成 Laurent 级数来求留数. 但当 $z_0\neq\infty$ 为 $f(z)$ 的 $m(m\geqslant 1)$ 阶极点时,$f(z)$ 在 z_0 处的留数可由下述公式得到:

$$\mathrm{Res}(f,z_0)=\frac{1}{(m-1)!}\lim_{z\to z_0}\frac{\mathrm{d}^{m-1}}{\mathrm{d}z^{m-1}}[(z-z_0)^m f(z)]. \tag{5.1}$$

特别地,当 $z=z_0$ 为 $f(z)$ 的一阶极点时,我们有

$$\text{Res}(f,z_0) = \lim_{z\to z_0}(z-z_0)f(z). \tag{5.2}$$

事实上,当 $z=z_0$ 为 $f(z)$ 的 m 阶极点时,在 z_0 的邻域内我们有

$$f(z) = \frac{1}{(z-z_0)^m}g(z), \tag{5.3}$$

其中 $g(z)$ 在 z_0 解析. 设 $g(z)$ 在 z_0 的 Taylor 展式为

$$g(z) = \sum_{n=0}^{+\infty} \frac{1}{n!}g^{(n)}(z_0)(z-z_0)^n.$$

代入(5.3)式,我们就可以看出

$$\text{Res}(f,z_0) = \frac{1}{(m-1)!}g^{(m-1)}(z_0),$$

此即为(5.1)式.

若 $f(z)$ 可写成 $\frac{\varphi(z)}{\psi(z)}$, $\varphi(z_0)\neq 0$, $\psi(z_0)=0$, $\psi'(z_0)\neq 0$, 则由(5.2)式得

$$\text{Res}\left(\frac{\varphi}{\psi},z_0\right) = \frac{\varphi(z_0)}{\psi'(z_0)}. \tag{5.4}$$

例1 如果 $f(z)$ 在 $z=z_0$ 的邻域解析,则

$$\text{Res}\left(\frac{f(z)}{z-z_0},z_0\right) = f(z_0).$$

利用上面关于函数在孤立奇点邻域上闭路积分的讨论,我们希望用留数来描述仅有孤立奇点的函数在区域上一般闭路的积分. 对此我们有下面在理论和实际应用中都非常有用的留数定理.

定理1(留数定理) 设 Ω 是 $\overline{\mathbb{C}}$ 中以有限条逐段光滑曲线为边界的区域, $\infty \notin \partial\Omega$, $z_1,z_2,\cdots,z_n$(z_i 可以为 ∞)位于 Ω 的内部,再设函数 $f(z)$ 在 Ω 内除去 $z_1,z_2,\cdots,z_n$ 外解析,在 $\overline{\Omega}$ 上除去 $z_1,z_2,\cdots,z_n$ 外连续,则

$$\int_{\partial\Omega}f(z)\text{d}z = 2\pi i\sum_{k=1}^{n}\text{Res}(f,z_k).$$

证明 下面仅以 Ω 是 $\mathbb{C}$ 中有界区域为例给出证明. 取 $r>0$ 充分小,在 Ω 内作以 z_k ($k=1,2,\cdots,n$)为圆心, r 为半径的圆盘 $D(z_k,r)$, 使得 $\overline{D_k(z_k,r)}$ 均位于 Ω 内且两两互不交. 由 Cauchy 定理及留数定义得

$$\int_{\partial\Omega}f(z)\text{d}z = \sum_{k=1}^{n}\int_{|z-z_k|=r}f(z)\text{d}z = 2\pi i\sum_{k=1}^{n}\text{Res}(f,z_k).$$

定理证毕.

如果考虑到 $z \in \Omega - \{z_1, z_2, \cdots, z_n\}$ 时, $\text{Res}(f, z) = 0$. 上面的留数定理也可表示为

$$\int_{\partial \Omega} f(z) \mathrm{d}z = 2\pi \mathrm{i} \sum_{z \in \Omega} \text{Res}(f, z).$$

在留数定理中, 如果假定 $f(z)$ 在 Ω 上解析, $\infty \notin \Omega$, 则 $f(z)$ 的留数处处为零, 于是得 Cauchy 定理; 如果假定 $f(z) = \dfrac{g(z)}{z - z_0}$, 其中 $g(z)$ 在 Ω 上解析, 而 $z_0 \in \Omega$, 则 $2\pi \mathrm{i} \sum_{z \in \Omega} \text{Res}(f, z) = 2\pi \mathrm{i} g(z_0)$, 留数定理就是 Cauchy 公式. 因此留数定理是 Cauchy 定理和 Cauchy 公式对仅有孤立奇点的函数的推广.

如果 $\Omega = \overline{\mathbb{C}}$, 则其没有边界, 或者可以认为它的边界为空集. 在这种情形下留数定理有以下形式:

定理 2 设函数 $f(z)$ 在 $\overline{\mathbb{C}}$ 内除去 $z_1, z_2, \cdots, z_n$ 外是解析的, 则有

$$\sum_{k=1}^{n} \text{Res}(f, z_k) + \text{Res}(f, \infty) = 0.$$

证明 1 取 R 充分大, 使得 $z_1, z_2, \cdots, z_n$ 均位于圆盘 $D(0, R)$ 的内部. 由定理 1 及留数的定义有

$$\sum_{k=1}^{n} \text{Res}(f, z_k) = \frac{1}{2\pi \mathrm{i}} \int_{|z| = R} f(z) \mathrm{d}z = -\text{Res}(f, \infty).$$

定理证毕.

证明 2 取 $z_0 \in \mathbb{C}$, 使得 $f(z)$ 在 $\overline{D(z_0, r)}$ 的邻域上解析, 则由 Cauchy 定理得

$$\int_{|z - z_0| = r} f(z) \mathrm{d}z = 0.$$

但是, 对 $\overline{\mathbb{C}} - \overline{D(z_0, r)}$ 应用留数定理, 得

$$-\int_{|z - z_0| = r} f(z) \mathrm{d}z = \sum_{k=1}^{n} \text{Res}(f, z_k) + \text{Res}(f, \infty).$$

定理得证.

下面我们利用例题说明留数计算的一些常用方法.

例 2 令

$$f(z) = \frac{e^z}{(z-a)(z-b)},$$

问 $f(z)$ 在 $\overline{\mathbb{C}}$ 上有怎样的奇点?求 $f(z)$ 在这些奇点处的留数.

解 当 $a \neq b$ 时,$f(z)$ 有三个孤立奇点 a, b, ∞,其中 a, b 是 $f(z)$ 的一阶极点,∞ 是 $f(z)$ 的本性奇点.

$$\operatorname{Res}(f, a) = \frac{e^z}{z-b}\bigg|_{z=a} = \frac{e^a}{a-b},$$

$$\operatorname{Res}(f, b) = \frac{e^z}{z-a}\bigg|_{z=b} = \frac{e^b}{b-a},$$

$$\operatorname{Res}(f, \infty) = -\operatorname{Res}(f, a) - \operatorname{Res}(f, b)$$
$$= \frac{1}{a-b}(e^b - e^a).$$

当 $a = b$ 时,$z = a$ 是 $f(z)$ 的一个二阶极点.我们将 e^z 在 $z = a$ 展成 Taylor 级数

$$e^z = e^a e^{z-a} = e^a \sum_{n=0}^{+\infty} \frac{(z-a)^n}{n!} \quad (|z-a| < \infty).$$

由此得

$$\operatorname{Res}(f, a) = e^a, \quad \operatorname{Res}(f, \infty) = -e^a.$$

例 3 令 $f(z) = \dfrac{1}{z^3 - z^5}$,问 $f(z)$ 在 $\overline{\mathbb{C}}$ 上有怎样的奇点?求 $f(z)$ 在这些奇点处的留数.

解 $f(z)$ 有四个孤立奇点:$z=0, z=\pm 1$ 和 $z=\infty$,其中 $z=0$ 是三阶极点,$z=\pm 1$ 是一阶极点,而 $z=\infty$ 是可去奇点.由

$$f(z) = \frac{1}{z^3} \cdot \frac{1}{1-z^2} = \frac{1}{z^3} \sum_{n=0}^{+\infty} z^{2n}, \quad |z| < 1$$

得

$$\operatorname{Res}(f, 0) = 1,$$

$$\operatorname{Res}(f, 1) = \lim_{z \to 1} \frac{-1}{z^3(1+z)} = -\frac{1}{2},$$

$$\operatorname{Res}(f, -1) = \lim_{z \to -1} \frac{1}{z^3(1-z)} = \frac{1}{2},$$

$$\operatorname{Res}(f, \infty) = -1 + \frac{1}{2} - \frac{1}{2} = -1.$$

例 4 令 $f(z)=\dfrac{z^2-1}{z^2\sin z}$,求 $\mathrm{Res}(f,0)$.

解 $z=0$ 是 $f(z)$ 的三阶极点,但利用求导计算 $\mathrm{Res}(f,0)$ 比较复杂,因此我们用待定系数法.

设 $f(z)$ 在 $z=0$ 的 Laurent 展式为
$$f(z)=\frac{a_{-3}}{z^3}+\frac{a_{-2}}{z^2}+\frac{a_{-1}}{z}+\cdots.$$

由 $z^2\sin z f(z)=z^2-1$,得
$$z^2-1=\left(\frac{a_{-3}}{z^3}+\frac{a_{-2}}{z^2}+\frac{a_{-1}}{z}+\cdots\right)z^2\sin z$$
$$=\left(\frac{a_{-3}}{z^3}+\frac{a_{-2}}{z^2}+\frac{a_{-1}}{z}+\cdots\right)z^2\left(z-\frac{z^3}{3!}+\cdots\right)$$

比较对应系数,得 $a_{-3}=-1, a_{-2}=0, a_{-1}=\dfrac{5}{6}$.因此 $\mathrm{Res}(f,0)=\dfrac{5}{6}$.

下面我们从原函数的角度对留数作一点说明.设 Ω 是 $\mathbb{C}$ 中单连通的区域.如果 $f(z)$ 是 Ω 上的解析函数,则由 Cauchy 定理知,$f(z)$ 在 Ω 上的路径积分仅与路径的起点和终点有关,因而有原函数,即存在 Ω 上的函数 $F(z)$,使得 $F'(z)=f(z)$.现假设 $f(z)$ 是 Ω 上可能有孤立奇点的函数,问是否存在 Ω 上函数 $g(z)$,使得在 $f(z)$ 的孤立奇点外有 $g'(z)=f(z)$?如果这样的函数 $g(z)$ 存在,则 $f(z)$ 沿不过孤立奇点的任意简单闭曲线积分为零.因而其在所有孤立奇点的留数为零.反之,如果 $f(z)$ 在所有孤立奇点的留数为零,则由留数定理知 $f(z)$ 沿 Ω 中不过孤立奇点的任意简单闭曲线积分为零,因而其有原函数.由此我们看到留数是单连通区域上有孤立奇点的函数存在原函数的阻碍.一般的,设 $z_1,z_2,\cdots,z_k$ 是 $f(z)$ 在 Ω 内的孤立奇点,则函数
$$h(z)=f(z)-\sum_{n=1}^{k}\mathrm{Res}(f,z_n)\frac{1}{z-z_n}$$
在 Ω 上有原函数.

§5.2 辐角原理与 Rouché 定理

我们先考查以下的积分:

$$\frac{1}{2\pi i}\int_{|z-a|=r}\frac{\mathrm{d}z}{(z-a)^n}=\begin{cases}1,&n=1,\\0,&n\neq 1,\end{cases}\quad 0<r<+\infty.$$

对上式的一个解释是,当 $n\neq 1$ 时,$\dfrac{1}{(z-a)^n}$ 在 $D_0(a,+\infty)$ 内是一个单值解析函数的导函数,从而其在 $D_0(a,+\infty)$ 内的任一可求长简单闭曲线上的积分等于零.当 $n=1$ 时,由于 $\mathrm{Ln}(z-a)$ 的不同解析分支之间仅差一常数,而常数在求导中为零,因此可以定义 $[\mathrm{Ln}(z-a)]'$ 为其任何一个解析分支的导数.按照这样的观点,$\dfrac{1}{z-a}$ 是多值函数 $\mathrm{Ln}(z-a)$ 的导函数,其沿圆周 $|z-a|=r$ 积分一周时,原函数从一个解析分支变到另一解析分支,因而其差不为零.由于 $\mathrm{Ln}(z-a)$ 的实部 $\ln|z-a|$ 是单值函数,而它的虚部 $\mathrm{Arg}(z-a)$ 是多值函数,因此积分

$$\frac{1}{2\pi i}\int_{|z-a|=r}\frac{\mathrm{d}z}{z-a}$$
$$=\frac{1}{2\pi i}\left\{\int_{|z-a|=r}[\mathrm{ReLn}(z-a)]'\mathrm{d}z\right.$$
$$+\mathrm{i}\int_{|z-a|=r}[\mathrm{ImLn}(z-a)]'\mathrm{d}z\bigg\}$$
$$=\frac{1}{2\pi}\int_{|z-a|=r}[\mathrm{ImLn}(z-a)]'\mathrm{d}z$$

的值为 $\mathrm{Ln}(z-a)$ 的虚部绕 a 一周时的增量 2π 与 2π 的商,亦即动点 z 沿着 $|z-a|=r$ 绕 a 点的圈数.

对任意整数 m,如果我们以 $\mathrm{Ln}(z-a)^m$ 代替 $\mathrm{Ln}(z-a)$,则有

$$\frac{1}{2\pi i}\int_{|z-a|=r}\mathrm{dLn}(z-a)^m=\frac{1}{2\pi i}\int_{|z-a|=r}\frac{m\mathrm{d}z}{z-a}=m,$$

即动点 z 沿着圆周 $|z-a|=r$ 绕 a 点一周时,$(z-a)^m$ 绕原点转了 m 周.因而 $\mathrm{Ln}(z-a)^m$ 的虚部 $\mathrm{Arg}(z-a)$ 的增量为 $m2\pi$.

类似地我们考虑 $[\mathrm{Ln}f(z)]'$,其中 $f(z)$ 为区域 D 内一亚纯函数.设 $z_0\in D$ 是 $f(z)$ 的一个 m 阶零点.由上一章的知识我们可以得到在 z_0 的邻域内有

$$f(z)=(z-z_0)^m g(z),$$

其中 $g(z)$ 在 z_0 邻域解析且 $g(z_0)\neq 0$.由此可得

$$[\mathrm{Ln}f(z)]'=\frac{f'(z)}{f(z)}=\frac{m}{z-z_0}+\frac{g'(z)}{g(z)}.$$

如果取充分小的正数 r，使得曲线 $\Gamma_r: |z-z_0|=r$ 落在 $g(z)$ 处处不为零的区域内，由以上的推理得

$$\frac{1}{2\pi i}\int_{\Gamma_r}\frac{f'(z)}{f(z)}dz = \text{Res}\left(\frac{f'}{f},z_0\right) = m.$$

同理，设 $z_0 \in D$ 是 $f(z)$ 的一个 p 阶极点，则在 z_0 的邻域内有

$$f(z) = (z-z_0)^{-p}g(z),$$

其中 $g(z)$ 在 z_0 邻域解析且 $g(z_0) \neq 0$。由此可得在 z_0 的邻域内

$$[\text{Ln} f(z)]' = \frac{f'(z)}{f(z)} = \frac{-p}{z-z_0} + \frac{g'(z)}{g(z)}.$$

如果取充分小的正数 r，使得曲线 $\Gamma_r: |z-z_0|=r$ 落在 $g(z)$ 处处不为零的区域内，由以上的推理得

$$\frac{1}{2\pi i}\int_{\Gamma_r}\frac{f'(z)}{f(z)}dz = \text{Res}\left(\frac{f'}{f},z_0\right) = -p.$$

综合以上的分析，我们可以得到以下重要的结果：

定理 1（辐角原理） 设 $f(z)$ 在区域 D 内亚纯，Γ 是 D 内一条可求长的简单闭曲线，其内部 $\Omega \subset D$，再设 $f(z)$ 在 Γ 上无零点和极点，则

$$\frac{1}{2\pi i}\int_{\Gamma}\frac{f'(z)}{f(z)}dz = N - P,$$

其中 N 和 P 分别是 $f(z)$ 在 Γ 内部的零点和极点的个数（记重数）。

证明 由于 $f(z)$ 在 Ω 的邻域上亚纯，在 Γ 上没有零点和极点，从而 $f(z)$ 在 Ω 内只能有有限个零点和极点。设 $f(z)$ 在 Ω 内的零点为 $z_1, z_2, \cdots, z_n$，并设 z_j 是 $f(z)$ 的 $\alpha_j (j=1,2,\cdots,n)$ 阶零点；设 $w_1, w_2, \cdots, w_k$ 是 $f(z)$ 在 Ω 内的极点，并设 w_i 是 $f(z)$ 的 $\beta_i (i=1,2,\cdots,k)$ 阶极点。取正数 r 充分小使得 $D(z_j, r) (j=1,2,\cdots,n)$ 和 $D(w_i, r) (i=1,2,\cdots,k)$ 均位于 Ω 内且两两不交，从而由 Cauchy 定理，有

$$\frac{1}{2\pi i}\int_{\Gamma}\frac{f'(z)}{f(z)}dz = \frac{1}{2\pi i}\sum_{j=1}^{n}\int_{|z-z_j|=r}\frac{f'(z)}{f(z)}dz$$

$$+ \frac{1}{2\pi i}\sum_{i=1}^{k}\int_{|w-w_i|=r}\frac{f'(z)}{f(z)}dz$$

$$= \sum_{j=1}^{n}\alpha_j - \sum_{i=1}^{k}\beta_i = N - P.$$

证毕。

为什么以上定理称为辐角原理呢？当 $f(z)$ 为解析函数时，我们可

以作以下解释:

记 $\gamma = f(\Gamma)$,由 $f(z)$ 的解析性可知 γ 是一条闭且不过原点的可求长曲线. 记 $w=f(z)$,则有
$$\frac{1}{2\pi i}\int_\Gamma \frac{f'(z)}{f(z)}\mathrm{d}z = \frac{1}{2\pi i}\int_\gamma \frac{\mathrm{d}w}{w}.$$

由此我们可知以上积分实质上是 w 沿着 γ 前进,最后回到出发点的辐角改变量 $\Delta_\gamma \mathrm{Arg}\, w$ 除以 2π 的商,即
$$\frac{1}{2\pi}\Delta_\gamma \mathrm{Arg}\, w = \frac{1}{2\pi i}\int_\gamma \frac{\mathrm{d}w}{w} = \frac{1}{2\pi i}\int_\Gamma \frac{f'(z)}{f(z)}\mathrm{d}z = \frac{1}{2\pi}\Delta_\Gamma \mathrm{Arg}\, f(z)$$
(见图 5.1).

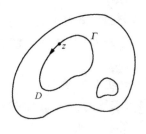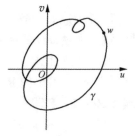

图 5.1

等式 $\frac{1}{2\pi}\Delta_\Gamma \mathrm{Arg}\, f(z) = N$ 表明当 z 沿 Γ 转一圈时,$w=f(z)$ 围绕原点转了 N 圈.

辐角原理有许多应用,下面是其中的一些例子.

例 1 设 $f(z)$ 是 $\overline{\mathbb{C}}$ 上不为常数的亚纯函数,试证:$\forall p \in \overline{\mathbb{C}}$,$f^{-1}(p)$ 中点的个数(按重数计)与 p 无关.

证明 取 $z_0 \in \mathbb{C}$,使 z_0 不是 $f(z)$ 的零点,也不是 $f(z)$ 的极点. 取 $r>0$ 使 $f(z)$ 在 $\overline{D(z_0,r)}$ 上既无零点,也无极点,则由 Cauchy 定理得
$$\frac{1}{2\pi i}\int_{|z-z_0|=r} \frac{f'(z)}{f(z)}\mathrm{d}z = 0.$$

但另一方面,曲线 $|z-z_0|=r$ 也是 $\overline{\mathbb{C}} - \overline{D(z_0,r)}$ 的边界,因此
$$-\frac{1}{2\pi i}\int_{|z-z_0|=r}\frac{f'(z)}{f(z)}\mathrm{d}z = N - P,$$
其中 N 和 P 分别是 $f(z)$ 的零点和极点的个数. 由此推出 $N=P$. 而对

任意的 $z_0 \in \mathbb{C}$，对函数 $f(z)-z_0$ 进行类似的讨论，我们推知 $f(z)-z_0$ 的零点个数与 $f(z)$ 的极点个数 P 相同。因而，$\forall\, p \in \overline{\mathbb{C}}, f^{-1}(p)$ 中点的个数与 p 无关。证毕。

例 2 设 D 是以有限条光滑曲线为边界的有界区域，函数 $f(z)$ 在闭区域 $\overline{D}$ 的邻域上解析且不为常数，再设 $f(\partial D) \subseteq \partial f(D)$，试证：$\forall\, w \in f(D)$，集合 $f^{-1}(w)$ 在 D 中点的个数与 w 无关。

证明 任取 $w \in f(D)$，由 $f(\partial D) \subseteq \partial f(D)$，因此 $f(z)-w$ 在 ∂D 上处处不为零。由辐角原理得

$$N(w) = \frac{1}{2\pi i} \int_{\partial D} \frac{f'(z)}{f(z)-w} dz$$

为 $f^{-1}(w)$ 在 D 中点的个数。但由上面的积分表示式容易看出 $N(w)$ 是 w 的连续函数。而 $f(D)$ 是连通的，$N(w)$ 在 $f(D)$ 上是只取整数的函数，因此必须是常数。证毕。

在实际应用中，以下的 Rouché 定理有时更为方便。

定理 2（Rouché 定理） 设 Γ 是 D 内可求长的 Jordan 曲线且其内部属于 D，再设 $f(z)$ 和 $g(z)$ 在 D 内解析，在 Γ 上满足

$$|g(z)| < |f(z)|, \tag{5.5}$$

则 $f(z)$ 和 $f(z)+g(z)$ 在 Γ 内的零点个数（按重数计）相同。

证明 记 $F(z)=f(z)+g(z)$。由 (5.5) 式我们可知 $f(z)$ 和 $F(z)$ 在 Γ 上无零点。分别以 N_F 和 N_f 记 F 和 f 在 Γ 内的零点个数，则

$$N_F - N_f = \frac{1}{2\pi i} \int_\Gamma \left[\frac{F'(z)}{F(z)} - \frac{f'(z)}{f(z)} \right] dz$$

$$= \frac{1}{2\pi i} \int_\Gamma \frac{(F/f)'}{(F/f)} dz = \frac{1}{2\pi} \Delta_\Gamma \mathrm{Arg}\, \frac{F}{f}.$$

由于 $\dfrac{F}{f} = 1 + \dfrac{g}{f}$，从而当 $z \in \Gamma$ 时，

$$\left| \frac{F(z)}{f(z)} - 1 \right| < 1.$$

这说明 Γ 在映射 $\dfrac{F}{f}$ 下的像总落在第一、第四象限，从而不绕原点。由此得到

$$N_F - N_f = \frac{1}{2\pi} \Delta_\Gamma \mathrm{Arg}\, \frac{F}{f} = 0.$$

证毕.

下面的定理是 Rouché 定理的另一种形式.

定理 2′(Rouché 定理) 设 Γ 是 D 内可求长的 Jordan 曲线且其内部属于 D,再设 $f(z)$ 和 $g(z)$ 在 D 内解析,在 Γ 上满足
$$|f(z)-g(z)|<|f(z)|,$$
则 $f(z)$ 和 $g(z)$ 在 Γ 内的零点个数(记重数)相同.

例 3 求方程 $z^5+5z^3+z-2=0$ 的零点个数.

(1) 在 $|z|<1$ 内;   (2) 在 $|z|<\dfrac{5}{2}$ 内.

解 (1) 记 $f(z)=5z^3, g(z)=z^5+z-2$. 当 $|z|=1$ 时,
$$|g(z)|\leqslant 4<5=|f(z)|,$$
从而 $f(z)$ 与 $f(z)+g(z)=z^5+5z^3+z-2$ 在 $|z|<1$ 内具有相同的零点个数. 因为 $f(z)$ 在 $|z|<1$ 有三个零点,所以所求方程在 $|z|<1$ 有三个根.

(2) 记 $f(z)=z^5, g(z)=5z^3+z-2$. 在 $|z|=\dfrac{5}{2}$ 上,
$$|g(z)|\leqslant 5\cdot\left(\dfrac{5}{2}\right)^3+\dfrac{5}{2}+2=\dfrac{641}{8}$$
$$<\dfrac{3125}{32}=|f(z)|.$$
注意到 $f(z)$ 在 $|z|<\dfrac{5}{2}$ 内有五个零点,所以原方程在 $|z|<\dfrac{5}{2}$ 内有五个根.

例 4 证明 $P(z)=z^4+\mathrm{i}z^3+1$ 在第一象限内恰有一根.

证明 1 首先注意到在实轴上
$$P(x)=1+x^4+\mathrm{i}x^3\neq 0,$$
从而 $P(z)=0$ 无实根. 在正虚轴上
$$P(\mathrm{i}y)=1+y^4+y^3>0,$$
从而 $P(z)=0$ 在正虚轴上也无实根.

考虑下面图 5.2 所示路径 $\gamma=\gamma_1+\gamma_2+\gamma_3$,其中右图中的 $\Gamma_j=P(\gamma_j)(j=1,2,3)$. 在 γ_2 上,
$$P(z)=z^4\left(1+\dfrac{\mathrm{i}z^3+1}{z^4}\right),$$

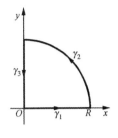 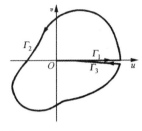

图 5.2

所以

$$\Delta_{\gamma_2} \mathrm{Arg} P(z) = 4 \cdot \frac{\pi}{2} + o(1) = 2\pi + o(1) \quad (R \to +\infty);$$

在 γ_1 上,

$$\Delta_{\gamma_1} \mathrm{Arg} P(z) = \mathrm{Arg} P(R) - \mathrm{Arg} P(O).$$

为对上式求值,起点辐角可以任意取定,然后使辐角连续改变求出终点的辐角,即可求出辐角改变量. 现取 $\mathrm{Arg} P(O) = 0$,当 $R \to +\infty$ 时,

$$\begin{aligned}\mathrm{Arg} P(R) &= \mathrm{Arg}(1 + R^4 + \mathrm{i}R^3) \\ &= \mathrm{Arg}\left(1 + \frac{\mathrm{i}R^3}{1 + R^4}\right) = o(1).\end{aligned}$$

于是 $\quad \Delta_{\gamma_1} \mathrm{Arg} P(z) = o(1) - 0 = o(1) \quad (R \to +\infty).$

由于 $P(z)$ 在 γ_3 上取实值,从而

$$\Delta_{\gamma_3} \mathrm{Arg} P(z) = 0.$$

最后得

$$\Delta_\gamma \mathrm{Arg} P(z) = \sum_{j=1}^3 \Delta_{\gamma_j} \mathrm{Arg} P(z) = 2\pi + o(1) \quad (R \to +\infty);$$

由辐角原理,$P(z)$ 在第一象限恰有一个零点.

证明 2 记 $f(z) = z^4 + 1, g(z) = \mathrm{i}z^3$. 在 $|z| = 2$ 上,

$$|g(z)| = 8 < 15 = |z^4| - 1 \leqslant |z^4 + 1|.$$

而 $f(z)$ 的四个零点为

$$\mathrm{e}^{\frac{\pi}{4}\mathrm{i}}, \quad \mathrm{e}^{\left(\frac{\pi}{4} + \frac{\pi}{2}\right)\mathrm{i}}, \quad \mathrm{e}^{\left(\frac{\pi}{4} + \pi\right)\mathrm{i}}, \quad \mathrm{e}^{\left(\frac{\pi}{4} + \frac{3}{2}\pi\right)\mathrm{i}},$$

它们都落在 $|z| < 2$ 内,从而 $z^4 + \mathrm{i}z^3 + 1$ 的四个零点均落在 $|z| < 2$ 内. 另外注意到 $f(z)$ 在第一象限的零点为 $\mathrm{e}^{\frac{\pi}{4}\mathrm{i}}$.

现考虑闭曲线 $\gamma = \gamma_1 + \gamma_2 + \gamma_3$,其中

$$\gamma_1 = \{z = x + \mathrm{i}y \,|\, 0 \leqslant x \leqslant 2, y = 0\},$$

$$\gamma_2 = \left\{z \,\Big|\, |z| = 2, 0 \leqslant \arg z \leqslant \frac{\pi}{2}\right\},$$

$$\gamma_3 = \{z = x + \mathrm{i}y \,|\, x = 0, 0 \leqslant y \leqslant 2\}.$$

容易验证在 γ 上有

$$|g(z)| < |f(z)|,$$

从而推知 $f(z) + g(z) = z^4 + \mathrm{i}z^3 + 1$ 在 Γ 内与 $f(z)$ 一样只有一个零点. 由于 $z^4 + \mathrm{i}z^3 + 1$ 的四个零点都在 $|z| < 2$ 内,所以它在第一象限恰有一个零点.

作为 Rouché 定理的应用,我们有以下的分歧覆盖定理.

定理 3(分歧覆盖定理) 设 $f(z)$ 在区域 D 内解析,$z_0 \in D$. 记 $w_0 = f(z_0)$. 设 z_0 是 $f(z) - w_0$ 的 m 阶零点,则存在 $\rho > 0$ 和 $\delta > 0$,使得对于任意 $w \in D(w_0, \rho)$,$f(z) - w$ 在圆盘 $D(z_0, \delta)$ 内有且恰有 m 个不同的零点.

证明 因为 z_0 是 $f(z) - w_0$ 的 m 阶零点,由此推知 $f(z)$ 在 D 内不为常数函数,从而 $f'(z)$ 在 D 内不恒为零. 由零点孤立性,存在 $\delta > 0$,使得 $D(z_0, \delta)$ 位于 D 内,且 $f(z) - w_0$ 和 $f'(z)$ 在 $D_0(z_0, \delta)$ 上均无零点. 记

$$\rho = \min_{|z - z_0| = \delta} |f(z) - w_0| > 0.$$

对于 $D(w_0, \rho)$ 中的任一点 w,当 $|z - z_0| = \delta$ 时,

$$|f(z) - w - [f(z) - w_0]| = |w - w_0| < |f(z) - w_0|.$$

由 Rouché 定理,在 $|z - z_0| < \delta$ 内 $f(z) - w$ 与 $f(z) - w_0$ 具有相同的零点个数 m,即 $f(z) - w$ 有 m 个零点. 由于当 $0 < |z - z_0| < \delta$ 时有 $f'(z) \neq 0$,所以 $f(z) - w$ 的每个零点都是一阶零点,即这 m 个零点是两两不同的. 证毕.

以上定理告诉我们,当 z_0 是一个解析函数 $f(z) - w_0$ 的 $m(m \geqslant 1)$ 阶零点时,$f(z) - w_0$ 在 z_0 的附近与 z^m 在 $z = 0$ 附近的映射性质是相似的. 事实上,设 $f(z) - w_0 = (z - z_0)^m g(z)$,$g(z)$ 在 z_0 的领域 $D(z_0, \delta)$ 内解析且不为零. 我们可以在 $D(z_0, \delta)$ 内选出 $\sqrt[m]{g(z)}$ 的单值解析分支

$h(z)$. 记 $\varphi(z)=(z-z_0)h(z)$，易知 $\varphi(z)$ 在 $D(z_0,\delta)$ 内单叶解析. 从而在 $D(z_0,\delta)$ 内 $f(z)-w_0=[(z-z_0)h(z)]^m=[\varphi(z)]^m$. 这就是说，在 z_0 的附近的函数 $f(z)-w_0$ 与在 $z=0$ 附近的函数 z^m 之间只相差一个共形映射（见第三章 §3.4 中的图 3.3）.

我们在利用幂级数讨论解析函数的局部性质时已经涉及了类似的问题. 利用 Rouché 定理我们可以更加精确地对此进行讨论.

推论 设 $f(z)$ 在区域 D 内解析且不为常数，则 $f(D)$ 为一区域.

证明 只要证 $f(D)$ 为连通的开集即可. 从定理 3 易知 $f(D)$ 为一开集. 注意到解析函数将连续曲线映为连续曲线，从而可证 $f(D)$ 是连通的. 证毕.

作为辐角原理的推广，我们有下面的定理.

定理 4 设 Ω 是 $\mathbb{C}$ 中以有限条逐段光滑曲线为边界的区域，$\infty \notin \partial\Omega$，$f(z)$ 是 $\overline{\Omega}$ 的邻域上的亚纯函数，且 $f(z)$ 在 $\partial\Omega$ 上无零点和极点. 再设 $f(z)$ 在 Ω 内的零点为 $z_1, z_2, \cdots, z_n$，并设 z_j 是 $f(z)$ 的 $\alpha_j (j=1,2,\cdots,n)$ 阶零点；$w_1, w_2, \cdots, w_k$ 是 $f(z)$ 在 Ω 内的极点，并设 w_j 是 $f(z)$ 的 $\beta_j (j=1,2,\cdots,k)$ 阶极点. 则对任意 $\overline{\Omega}$ 的邻域上解析的函数 $g(z)$，有

$$\frac{1}{2\pi i}\int_{\partial\Omega} g(z)\frac{f'(z)}{f(z)}dz = \sum_{j=1}^{n}\alpha_j g(z_j) - \sum_{i=1}^{k}\beta_i g(w_i).$$

证明 $z_j \in \Omega$ 是 $f(z)$ 的一个 α_j 阶零点. 我们知在 z_j 的邻域内有

$$f(z) = (z-z_j)^{\alpha_j}h(z),$$

其中 $h(z)$ 在 z_0 的邻域解析且 $h(z_j)\neq 0$. 由此可得

$$g(z)\frac{f'(z)}{f(z)} = g(z)\frac{\alpha_j}{z-z_j} + g(z)\frac{h'(z)}{h(z)}.$$

因此
$$\mathrm{Res}\left(g\frac{f'}{f}, z_j\right) = \alpha_j g(z_j).$$

同理，由 $w_i \in \Omega$ 是 $f(z)$ 的一个 β_i 阶极点，在 w_i 的邻域内有

$$f(z) = (z-w_i)^{-\beta_i}h(z),$$

其中 $h(z)$ 在 w_i 的邻域解析，且 $h(w_i)\neq 0$. 由此可得在 w_i 邻域内

$$g(z)\frac{f'(z)}{f(z)} = g(z)\frac{-\beta_i}{z-w_i} + g(z)\frac{h'(z)}{h(z)}.$$

因此
$$\mathrm{Res}\left(g\frac{f'}{f}, w_i\right) = -\beta_i g(w_i).$$

§5.2 辐角原理与 Rouché 定理

由留数定理得

$$\frac{1}{2\pi i}\int_{\partial \Gamma} g(z)\frac{f'(z)}{f(z)}dz = \sum_{j=1}^{n}\operatorname{Res}\left(g\frac{f'}{f},z_j\right) + \sum_{i=1}^{k}\operatorname{Res}\left(g\frac{f'}{f},w_i\right)$$

$$= \sum_{j=1}^{n}\alpha_j g(z_j) - \sum_{i=1}^{k}\beta_i g(w_i).$$

定理得证.

在定理 4 中如果令 $g(z)\equiv 1$,则我们得辐角原理. 如果令 $f(z)=z-z_0$,则我们得 Cauchy 公式.

下面的例题是这一定理在讨论含参变量路径积分时的一个典型应用.

例 5 设 D 是 $\mathbb{C}$ 中有界区域,$f(z,t)$ 是 $D\times [0,1]$ 上连续的函数,并且当 $t\in [0,1]$ 固定时,$f(z,t)$ 是 z 在 D 上的解析函数. 又设 γ 是 D 内一简单闭曲线,其所围区域的内部 $\Omega\subset D$. 再设 $f(z,t)$ 在 $\gamma\times [0,1]$ 上处处不为零. 当 $t\in [0,1]$ 固定时,如果以 $N(t)$ 表示 $f(z,t)$ 在 Ω 内零点的个数,证明 $N(t)$ 与 t 无关,且这些零点的复坐标的平方和是 t 的连续函数.

证明 以 $f'(z,t)$ 记 $f(z,t)$ 对 z 的导数,则由 Cauchy 公式得

$$f'(z,t) = \frac{1}{2\pi i}\int_{\gamma}\frac{f(w,t)}{(w-z)^2}dw.$$

因而 $f'(z,t)$ 是 t 的连续函数.

如果以 $N(t)$ 表示 t 固定时 $f(z,t)$ 在 Ω 内零点的个数,由辐角原理得

$$N(t) = \frac{1}{2\pi i}\int_{\gamma}\frac{f'(z,t)}{f(z,t)}dz.$$

以上表示式告诉我们 $N(t)$ 是 t 的连续函数. 由于 $N(t)$ 的取值是整数,所以 $N(t)$ 必须是常数.

以 $Z(t)$ 表示 $f(z,t)$ 在 Ω 内零点的复坐标的平方和. 在定理 4 中令 $g(z)=z^2$,则有

$$Z(t) = \frac{1}{2\pi i}\int_{\gamma}z^2\frac{f'(z,t)}{f(z,t)}dz.$$

其显然是 t 的连续函数.

*§5.3　一些定积分的计算

在数学分析中,积分一般比微分来得复杂,特别是一些初等函数由于不存在初等的原函数,使得定积分变得尤为困难. 在本节中,我们将利用留数定理来计算一些定积分. 值得指出的是我们并不能用留数定理全部解决初等函数的定积分问题. 但对一些特别类型的函数,利用留数定理则能很容易算出它们的定积分,而且方法也颇具一般性,容易掌握.

以下我们举一些例子来说明如何利用留数定理计算定积分.

例1 计算积分
$$I = \int_0^{2\pi} \frac{\mathrm{d}\theta}{a + b\cos\theta} \quad (a > b > 0).$$

解 对于三角函数有理式的积分,可通过 $z = e^{i\theta}$ 将所求积分化为单位圆周上有理函数的积分. 事实上,我们有
$$\cos\theta = \frac{1}{2}\left(z + \frac{1}{z}\right) \quad 和 \quad \mathrm{d}\theta = \frac{\mathrm{d}z}{iz}.$$

代入 I 中得
$$I = \int_{|z|=1} \frac{1}{a + \frac{b}{2}\left(z + \frac{1}{z}\right)} \frac{\mathrm{d}z}{iz} = \frac{2}{i}\int_{|z|=1} \frac{\mathrm{d}z}{bz^2 + 2az + b}.$$

$bz^2 + 2az + b$ 在 $|z| < 1$ 的零点为
$$\alpha = \frac{-a + \sqrt{a^2 - b^2}}{b}.$$

由留数定理及公式(5.4)得
$$I = \frac{2}{i} \cdot 2\pi i \mathrm{Res}\left(\frac{1}{bz^2 + 2az + b}, \alpha\right)$$
$$= 4\pi \left[\frac{1}{2bz + 2a}\right]\bigg|_{z=\alpha}$$
$$= \frac{2\pi}{\sqrt{a^2 - b^2}}.$$

注 如果被积函数中含有 $\sin\theta$,则可以代入 $\sin\theta = \frac{1}{2i}\left(z - \frac{1}{z}\right)$ 而将

积分化为单位圆周上的积分.

例 2 计算积分
$$I = \int_0^{+\infty} \frac{\mathrm{d}x}{(1+x^2)^{n+1}},$$
其中 n 为正整数.

解 由于被积函数为偶函数,我们有
$$I = \frac{1}{2}\int_{-\infty}^{+\infty} \frac{\mathrm{d}x}{(1+x^2)^{n+1}}.$$
对这类有理函数,我们如图 5.3 建立回路 Γ.

取
$$f(z) = \frac{1}{(1+z^2)^{n+1}},$$
并取充分大 R,则有
$$\int_{-R}^{R} f(z)\mathrm{d}z + \int_{\gamma_R} f(z)\mathrm{d}z = 2\pi\mathrm{i}\,\mathrm{Res}(f(z),\mathrm{i}).$$

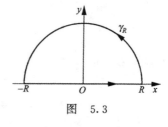

图 5.3

当 $R \to +\infty$,有
$$\int_{-R}^{R} f(z)\mathrm{d}z \to \int_{-\infty}^{+\infty} \frac{\mathrm{d}x}{(1+x^2)^{n+1}}$$
及
$$\left|\int_{\gamma_R} f(z)\mathrm{d}z\right| \leqslant \frac{\pi R}{(R^2-1)^{n+1}} \to 0,$$

$$\mathrm{Res}(f(z),\mathrm{i}) = \frac{1}{n!} \cdot \frac{\mathrm{d}^n}{\mathrm{d}z^n}\left[\frac{1}{(z+\mathrm{i})^{n+1}}\right]\bigg|_{z=\mathrm{i}}$$
$$= \frac{1}{n!} \cdot \frac{(-1)^n(n+1)(n+2)\cdots(2n)}{(2\mathrm{i})^{2n+1}}$$
$$= \frac{1}{\mathrm{i}} \cdot \frac{(2n)!}{2^{2n+1}(n!)^2} = \frac{1}{2\mathrm{i}} \cdot \frac{(2n-1)!!}{(2n)!!}.$$

最后我们得到
$$\int_0^{+\infty} \frac{\mathrm{d}x}{(1+x^2)^{n+1}} = \frac{(2n-1)!!}{2(2n)!!}\pi.$$

例 3 计算积分(Laplace 积分)
$$I = \int_0^{+\infty} \frac{\cos\alpha x}{1+x^2}\mathrm{d}x, \quad \text{其中 } \alpha > 0.$$

解 显然
$$I = \frac{1}{2}\int_{-\infty}^{+\infty}\frac{\cos\alpha x}{1+x^2}dx.$$

注意到如果取
$$f(z) = \frac{\cos\alpha z}{1+z^2},$$

闭曲线如上例，则在 γ_R 上无法估计积分的大小。因此我们取
$$f(z) = \frac{e^{i\alpha z}}{1+z^2}.$$

由留数定理有
$$\int_{-R}^{R}\frac{e^{i\alpha x}}{1+x^2}dx + \int_{\gamma_R}\frac{e^{i\alpha z}}{1+z^2}dz = 2\pi i \operatorname{Res}(f,i).$$

当 $R\to+\infty$ 时，有
$$\int_{-R}^{+R}\frac{e^{i\alpha x}}{1+x^2}dx \to \int_{-\infty}^{+\infty}\frac{e^{i\alpha x}}{1+x^2}dx,$$

$$\left|\int_{\gamma_R}\frac{e^{i\alpha z}}{1+z^2}dz\right| \leqslant \frac{1}{R^2-1}\int_0^{\pi}e^{-\alpha R\sin\theta}Rd\theta$$

$$= \frac{2}{R^2-1}\int_0^{\frac{\pi}{2}}e^{-\alpha R\sin\theta}Rd\theta$$

$$\leqslant \frac{2}{R^2-1}\int_0^{\frac{\pi}{2}}e^{-\frac{2\alpha R\theta}{\pi}}Rd\theta \quad\left(\text{利用}\ \sin\theta \geqslant \frac{2\theta}{\pi}\right)$$

$$= \frac{2\pi}{\alpha(R^2-1)}(1-e^{-\alpha R}) \to 0.$$

又由公式(5.4)有
$$\operatorname{Res}(f,i) = \left[\frac{e^{i\alpha z}}{2z}\right]\bigg|_{z=i} = \frac{e^{-\alpha}}{2i}.$$

由此得
$$\int_{-\infty}^{+\infty}\frac{e^{i\alpha x}}{1+x^2}dx = \pi e^{-\alpha}.$$

对上式取实部即得
$$I = \frac{\pi}{2}e^{-\alpha}.$$

例4 计算积分(Dirichlet 积分)

$$I = \int_0^{+\infty} \frac{\sin x}{x} \mathrm{d}x.$$

解 取 $f(z) = \dfrac{\mathrm{e}^{\mathrm{i}z}}{z}$，并选取图 5.4 所示的回路.

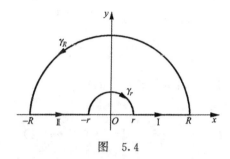

图 5.4

由 Cauchy 定理有

$$\left(\int_{\mathrm{I}} + \int_{\mathrm{II}} + \int_{\gamma_R} + \int_{\gamma_r}\right) f(z) \mathrm{d}z = 0.$$

在 I 上令 $z = x$ 得

$$\int_{\mathrm{I}} \frac{\mathrm{e}^{\mathrm{i}z}}{z} \mathrm{d}z = \int_r^R \frac{\mathrm{e}^{\mathrm{i}x}}{x} \mathrm{d}x.$$

在 II 上令 $z = -x$ 得

$$\int_{\mathrm{II}} \frac{\mathrm{e}^{\mathrm{i}z}}{z} \mathrm{d}z = \int_R^r \frac{\mathrm{e}^{-\mathrm{i}x}}{x} \mathrm{d}x = -\int_r^R \frac{\mathrm{e}^{-\mathrm{i}x}}{x} \mathrm{d}x.$$

如同例 3, 我们类似地可证

$$\lim_{R \to +\infty} \int_{\gamma_R} f(z) \mathrm{d}z = 0.$$

注意到 $z = 0$ 是 $f(z)$ 的一阶极点，且 $\lim_{z \to 0} \mathrm{e}^{\mathrm{i}z} = 1$. 记

$$f(z) = \frac{1}{z} + \frac{\mathrm{e}^{\mathrm{i}z} - 1}{z},$$

则

$$\int_{\gamma_r} f(z) \mathrm{d}z = \int_{\gamma_r} \frac{1}{z} \mathrm{d}z + \int_{\gamma_r} \frac{\mathrm{e}^{\mathrm{i}z} - 1}{z} \mathrm{d}z$$

$$= \int_\pi^0 \mathrm{i}\mathrm{d}\theta + \int_{\gamma_r} \frac{\mathrm{e}^{\mathrm{i}z} - 1}{z} \mathrm{d}z$$

$$= -\pi\mathrm{i} + \int_{\gamma_r} \frac{\mathrm{e}^{\mathrm{i}z} - 1}{z} \mathrm{d}z.$$

由
$$\left| \int_{\gamma_r} \frac{e^{iz}-1}{z} dz \right| \leqslant \frac{2r}{r} \pi r \to 0 \ (r \to 0)$$

得到
$$\lim_{\substack{r \to 0 \\ R \to +\infty}} \int_r^R \frac{e^{ix}-e^{-ix}}{x} dx = \pi i,$$

即
$$\int_0^{+\infty} \frac{\sin x}{x} dx = \frac{\pi}{2}.$$

最后我们举两个多值函数的积分的例子.

例 5 计算积分
$$I = \int_0^{+\infty} \frac{x^{p-1}}{1+x} dx \quad (0 < p < 1).$$

解 取 $f(z) = \dfrac{z^{p-1}}{1+z}$,并选取如图 5.5 所示的回路.

取定 $f(z)$ 在 I 上为正值的那个单值分支. 由留数定理得

$$\left(\int_I + \int_{II} + \int_{\gamma_R} + \int_{\gamma_r} \right) f(z) dz$$
$$= 2\pi i \text{Res}(f, -1)$$
$$= 2\pi i (-1)^{p-1}$$
$$= 2\pi i e^{(p-1)\pi i}$$
$$= -2\pi i e^{p\pi i}.$$

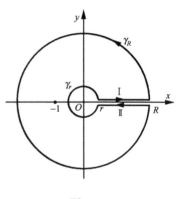

图 5.5

对于 γ_r 及 γ_R 上的积分有

$$\left| \int_{\gamma_r} \frac{z^{p-1}}{1+z} dz \right| \leqslant \int_{\gamma_r} \frac{|z|^{p-1}}{1-|z|} |dz| \leqslant \frac{r^{p-1}}{1-r} 2\pi \theta r \to 0 \quad (r \to 0),$$

$$\left| \int_{\gamma_R} \frac{z^{p-1}}{1+z} dz \right| \leqslant \int_{\gamma_R} \frac{|z|^{p-1}}{|z|-1} |dz| \leqslant \frac{R^{p-1}}{R-1} 2\pi R \to 0 \quad (R \to +\infty).$$

现考虑在 II 上的积分. 对于多值函数而言,当 z 沿着 γ_R 前进一周回到 II 时,z^{p-1} 从 x^{p-1} 变为了 $(xe^{2\pi i})^{p-1}$,从而有

$$\int_{II} \frac{z^{p-1}}{1+z} dz = \int_R^r \frac{x^{p-1} e^{2p\pi i}}{1+x} dx.$$

当 $r \to 0, R \to +\infty$ 时,我们得到

$$\int_0^{+\infty} \frac{x^{p-1}}{1+x}dx - e^{2p\pi i}\int_0^{+\infty} \frac{x^{p-1}}{1+x}dx = -2\pi i e^{p\pi i},$$

即

$$\frac{e^{p\pi i} - e^{-p\pi i}}{2i}\int_0^{+\infty} \frac{x^{p-1}}{1+x}dx = \pi,$$

从而有

$$\int_0^{+\infty} \frac{x^{p-1}}{1+x}dx = \frac{\pi}{\sin p\pi}.$$

注 利用微积分的知识,我们知

$$\Gamma(p)\Gamma(1-p) = \int_0^{+\infty} \frac{x^{p-1}}{1+x}dx \quad (0 < p < 1),$$

因此我们证明了以下有用的等式

$$\Gamma(p)\Gamma(1-p) = \frac{\pi}{\sin p\pi}.$$

例 6 计算积分

$$I = \int_0^{+\infty} \frac{\ln x}{(1+x^2)^2}dx.$$

解 如果取 $f(z) = \frac{\ln z}{(1+z^2)^2}$,并取例 4 中的回路,则可以算出 I 的值.

现在我们给出另一计算方法.

取 $f(z) = \frac{\ln^2 z}{(1+z^2)^2}$,并取例 5 中的回路,则有

$$\int_{I+\mathbf{I}+\gamma_R+\gamma_r} \frac{\ln^2 z}{(1+z^2)^2}dz = 2\pi i(\operatorname{Res}(f,i) + \operatorname{Res}(f,-i)). \quad (5.6)$$

由

$$\int_I \frac{\ln^2 z}{(1+z^2)^2}dz = \int_r^R \frac{\ln^2 x}{(1+x^2)^2}dx,$$

$$\int_{\mathbf{I}} \frac{\ln^2 z}{(1+z^2)^2}dz = \int_R^r \frac{(\ln x + 2\pi i)^2}{(1+x^2)^2}dx$$

$$= -\int_r^R \frac{\ln^2 x + 4\pi i \ln x - 4\pi^2}{(1+x^2)^2}dx,$$

$$\left|\int_{\gamma_r} \frac{\ln^2 z}{(1+z^2)^2}dz\right| \leqslant \frac{\left(\ln \frac{1}{r} + 2\pi\right)^2}{(1-r^2)^2} \cdot 2\pi r \to 0 \quad (r \to 0^+),$$

$$\left|\int_{\gamma_R} \frac{\ln^2 z}{(1+z^2)^2} dz\right| \leqslant \frac{(\ln R + 2\pi)^2}{(R^2-1)^2} \cdot 2\pi R \to 0 \quad (R \to +\infty),$$

以及

$$\operatorname{Res}\left(\frac{\ln^2 z}{(1+z^2)^2}, i\right) = \frac{d}{dz}\left[\frac{\ln^2 z}{(z+i)^2}\right]\bigg|_{z=i}$$

$$= 2\left[\frac{\ln z}{z(z+i)^2} - \frac{\ln^2 z}{(z+i)^3}\right]\bigg|_{z=i}$$

$$= 2\left[\frac{\dfrac{\pi i}{2}}{i(2i)^2} - \frac{\left(\dfrac{\pi i}{2}\right)^2}{(2i)^3}\right]$$

$$= -\frac{\pi}{4} + \frac{\pi^2}{16}i,$$

$$\operatorname{Res}\left(\frac{\ln^2 z}{(1+z^2)^2}, -i\right) = 2\left[\frac{\ln z}{z(z-i)^2} - \frac{\ln^2 z}{(z-i)^3}\right]\bigg|_{z=-i}$$

$$= 2\left[\frac{\dfrac{3\pi i}{2}}{-i(-2i)^2} - \frac{\left(\dfrac{3\pi i}{2}\right)^2}{(-2i)^3}\right]$$

$$= \frac{3\pi}{4} - \frac{9\pi^2}{16}i,$$

代入(5.6)式,并令 $r \to 0^+$, $R \to +\infty$,得

$$\int_0^{+\infty} \frac{\ln x}{(1+x^2)^2} dx = -\frac{\pi}{4}.$$

顺便我们也得出

$$\int_0^{+\infty} \frac{dx}{(1+x^2)^2} = \frac{\pi}{4}.$$

习 题 五

1. 指出下列函数孤立奇点的类型,并计算在该孤立奇点的留数:

(1) $\dfrac{1}{(z-z_1)^k(z-z_2)}$; (2) $z^3\cos\dfrac{1}{z-1}$;

(3) $\dfrac{e^z}{z(z-a)}$; (4) $e^{\frac{1}{z}}\dfrac{1}{1-z}$.

2. 求下列函数在指定点处的留数:

(1) $\dfrac{1}{(z^2+1)^3}, z=-i$;   (2) $\dfrac{\sin z^3}{(1-\cos z)^3}, z=0$;

(3) $\dfrac{z^2+1}{(e^{\pi z}+1)^4}, z=i$;   (4) $z\ln^{-3}(1-z), z=0$.

3. 设 z_k 是 $f(z)=\dfrac{1}{z^4+a^4}$ ($a\neq 0$)的极点,证明
$$\operatorname{Res}(f,z_k)=-\dfrac{z_k}{4a^4}.$$

4. 设 z_0 是解析函数 $f(z)$ 的孤立奇点,证明 $\operatorname{Res}(f,z_0)\neq 0$ 的充要条件是在 z_0 的任何邻域内不存在单值解析函数 $F(z)$,使得
$$F'(z)=f(z).$$

5. 若 $f(z)$ 是偶函数且为 $\mathbb{C}$ 内的亚纯函数,证明:

(1) $\forall a\in\mathbb{C}, \operatorname{Res}(f,a)=-\operatorname{Res}(f,-a)$;

(2) 如果 $f(z)$ 在 $|z|=R$ 无极点,则 $\int_{|z|=R}f(z)\mathrm{d}z=0$.

6. 设 n 为一自然数,求方程 $z^{3n}-5z^{2n}+z^n+1$ 在 $|z|<1$ 内的零点个数.

7. 设 $f(z)=a_0+a_1z+\cdots+a_nz^n (n\geq 2)$ 满足 $\sum_{i=2}^{n}i|a_i|\leq|a_1|$,试证明 $f(z)$ 在 $D(0,1)$ 内单叶.

8. 用 Rouché 定理证明代数学基本定理.

9. 若 $a>e$,证明方程 $e^z=az^n$ 在 $|z|<1$ 内恰有 n 个根.

10. 设 D 为包含 ∞ 的无界域,简单闭曲线 γ 的外部属于 D,函数 $f(z), g(z)$ 在 D 内亚纯,在 γ 上满足 $|g(z)|<|f(z)|<+\infty$,证明 $f(z)$ 和 $f(z)+g(z)$ 在 γ 外部零点个数与极点个数之差是相同的.

11. 设 $|a_k|<1, k=1,2,\cdots,n$ 和
$$f(z)=\prod_{k=1}^{n}\dfrac{z-a_k}{1-\bar{a}_k z},$$
证明:(1) 当 $|b|<1$ 时,$f(z)=b$ 在 $|z|<1$ 内恰有 n 个根;

(2) 当 $|b|>1$ 时,$f(z)=b$ 在 $|z|>1$ 内恰有 n 个根.

12. 设整函数 $f(z)$ 满足 $\lim\limits_{z\to\infty}f(z)=\infty$,证明 $f(\mathbb{C})=\mathbb{C}$.

13. 证明:如果 $\rho<1$,则对充分大的 n,多项式
$$P_n(z)=1+2z+3z^2+\cdots+nz^{n-1}$$

在 $|z|<\rho$ 内无零点.

14. 记
$$P_n(z) = 1 + z + \frac{z^2}{2!} + \frac{z^3}{3!} + \cdots + \frac{z^n}{n!},$$
证明：对任意给定的 $R>0$，存在自然数 N，当 $n>N$ 时，$P_n(z)$ 在 $|z|<R$ 内无零点.

*15. 计算下述积分：

(1) $\int_{-\infty}^{+\infty} \frac{x^2-x+2}{x^4+10x^2+9} dx$;

(2) $\int_{0}^{+\infty} \frac{dx}{1+x^n}$ (n 为自然数,$n\geqslant 3$);

(3) $\int_{0}^{2\pi} \frac{d\theta}{2-\sin\theta}$;

(4) $\int_{0}^{2\pi} \frac{d\theta}{1-2a\cos\theta+a^2}$ ($|a|<1$);

(5) $\int_{0}^{+\infty} \frac{x\sin ax}{a^2+x^2} dx, a>0$;

(6) $\int_{0}^{+\infty} \frac{\cos x - e^{-x}}{x} dx$;

(7) $\int_{0}^{+\infty} \frac{\ln x}{x^2-1} dx$;

(8) $\int_{0}^{+\infty} x^{p-1}\cos x dx, 0<p<1$;

(9) $\int_{-\infty}^{+\infty} \frac{1}{(x^2+1)(x^2+4)} dx$;

(10) $\int_{0}^{+\infty} x(x^2+1)^{-2}\sin x dx$.

16. 设 Γ 是 D 内可求长的 Jordan 曲线且其内部属于 D，再设 $f(z)$ 和 $g(z)$ 在 D 内解析，在 Γ 上满足
$$|f(z)+g(z)| < |f(z)| + |g(z)|,$$
证明 $f(z)$ 和 $g(z)$ 在 Γ 内部有相同的零点个数（按重数计）.

第六章 调和函数

§6.1 调和函数的基本性质

我们知道一个解析函数的实部与虚部是一对共轭的调和函数. 设 $u(x,y)$ 是区域 D 内定义的实函数,回忆一下,我们称 $u(x,y)$ 是 D 内的调和函数,如果 $u(x,y)$ 在 D 内二次连续可微,且满足 Laplace 方程

$$\Delta u = \frac{\partial^2 u}{\partial x^2} + \frac{\partial^2 u}{\partial y^2} = 4\frac{\partial^2 u}{\partial z \partial \bar{z}} = 0.$$

调和函数的概念很容易推广至 n 维欧氏空间的情形. 但当 $n>2$ 时,将不存在解析函数的概念. 从而二维的情形具有一定的特殊性.

一般地,我们称 $f(z)=u(z)+\mathrm{i}v(z)=u(x,y)+\mathrm{i}v(x,y)$ 为复调和函数,如果 u,v 是调和函数.

以下我们讨论调和函数的性质. 为了完整性,我们重新证明以下定理.

定理 1 设 $u(z)$ 是单连通区域 D 内的调和函数,则 $u(z)$ 在 D 内存在共轭调和函数.

证明 取定 $z_0 \in D$,对 D 内任一点 z,考虑在以 z_0 为起点 z 为终点的曲线 γ 上的线积分

$$\int_{z_0}^{z} -\frac{\partial u}{\partial y}\mathrm{d}x + \frac{\partial u}{\partial x}\mathrm{d}y.$$

由于 D 是单连通区域且

$$\frac{\partial}{\partial x}\left(\frac{\partial u}{\partial x}\right) = \frac{\partial}{\partial y}\left(-\frac{\partial u}{\partial y}\right),$$

上面的曲线积分与路径无关. 由微积分的知识我们知道存在 D 内的函数 $v(z)$ 使得

$$\mathrm{d}v = -\frac{\partial u}{\partial y}\mathrm{d}x + \frac{\partial u}{\partial x}\mathrm{d}y.$$

这表明 $v(z)$ 具有连续偏导数且满足

$$\frac{\partial v}{\partial x} = -\frac{\partial u}{\partial y}, \quad \frac{\partial v}{\partial y} = \frac{\partial u}{\partial x}.$$

由此推知 $v(z)$ 是 $u(z)$ 的共轭调和函数,即 $f(z)=u(z)+\mathrm{i}v(z)$ 在 D 内解析. 证毕.

如果 D 不是单连通区域,我们知道曲线积分可能与路径有关,从而整体共轭调和函数可能不存在. 但以上定理告诉我们,任何区域内的调和函数,局部总存在共轭调和函数.

定理 2(平均值定理) 设 $u(z)$ 在圆盘 $|z-z_0|<R$ 内调和,则有

$$u(z_0) = \frac{1}{2\pi} \int_0^{2\pi} u(z_0 + r\mathrm{e}^{\mathrm{i}\theta}) \mathrm{d}\theta \quad (0 \leqslant r < R). \tag{6.1}$$

证明 由 $u(z)$ 在圆盘 $|z-z_0|<R$ 内调和,定理 1 告诉我们,在 $|z-z_0|<R$ 内存在 $u(z)$ 的共轭调和函数 $v(z)$,使得

$$f(z) = u(z) + \mathrm{i}v(z)$$

在 $|z-z_0|<R$ 内解析. 由 Cauchy 公式,对任何的 $0<r<R$,

$$f(z_0) = u(z_0) + \mathrm{i}v(z_0)$$

$$= \frac{1}{2\pi\mathrm{i}} \int_{|z-z_0|=r} \frac{u(z) + \mathrm{i}v(z)}{z - z_0} \mathrm{d}z$$

$$= \frac{1}{2\pi\mathrm{i}} \int_0^{2\pi} u(z_0 + r\mathrm{e}^{\mathrm{i}\theta})\mathrm{i}\mathrm{d}\theta - v(z_0 + r\mathrm{e}^{\mathrm{i}\theta})\mathrm{d}\theta.$$

在以上等式中取实部即得(6.1)式. 证毕.

由平均值公式可以推出以下的结果.

定理 3(最大、最小值原理) 设 $u(z)$ 在区域 D 内调和且非常数,则 $u(z)$ 在 D 内取不到它的最大值和最小值.

证明 我们先证明最大值的情形. 令 $M = \sup\limits_{z\in D} u(z)$. 若 $M = +\infty$,定理显然成立. 现设 $M<+\infty$ 及 $z_0 \in D$ 使 $u(z_0)=M$. 我们将推出一个矛盾.

事实上,先取 $R>0$,使得圆盘 $|z-z_0|<R$ 完全落在 D 内,由平均值公式

$$M = u(z_0) = \frac{1}{2\pi} \int_0^{2\pi} u(z_0 + r\mathrm{e}^{\mathrm{i}\theta}) \mathrm{d}\theta \quad (0 \leqslant r < R),$$

即

$$\frac{1}{2\pi}\int_0^{2\pi}[M - u(z_0 + re^{i\theta})]d\theta = 0 \quad (0 \leqslant r < R).$$

注意到被积函数是非负的关于 r 的连续函数,由此推出

$$u(z_0 + re^{i\theta}) \equiv M \quad (0 < r < R; 0 \leqslant \theta < 2\pi),$$

即

$$u(z) \equiv M \quad (z \in \{|z - z_0| < R\}).$$

对 D 内任意一点 z_1,取 D 内的一根折线 Γ 连结 z_0 和 z_1。由有限覆盖定理,我们可以选择有限个圆盘 $D_1, D_2, \cdots, D_n$,使得它们都落在 D 内,$\Gamma \subset \bigcup_{k=1}^{n} D_k$ 和 D_1 的圆心是 z_0,D_n 的圆心为 z_1,并且 D_k 的圆心落在 $D_{k-1}(k=2,3,\cdots,n)$ 内。

由于 $u(z)$ 在 D_1 内恒等于 M,从而推出 $u(z)$ 在 D_2 的圆心处取值 M。对 $u(z)$ 在 D_2 进行以上的推理,可以证明 $u(z)$ 在 D_2 内恒等于 M。依次下去便可推出 $u(z_1) = M$。由 z_1 的任意性,即得 $u(z)$ 在 D 内为一常数函数。此矛盾便证明定理的第一部分。

对 $-u(z)$ 进行类似的讨论,即可证明 $u(z)$ 在 D 也取不到最小值。定理证毕。

本定理的证明方法也称为滚圆法。

§6.2 圆盘上的 Dirichlet 问题

作为调和函数平均值公式的推广,我们首先证明以下的 Poisson 公式。

定理 1(Poisson 公式) 设函数 $u(z)$ 在 $|z| < R_1$ 内调和,$0 < R < R_1$,则当 $|z| < R$ 时有

$$u(z) = \frac{1}{2\pi}\int_{|\zeta|=R} \frac{R^2 - |z|^2}{|\zeta - z|^2} u(\zeta) d\theta, \quad \zeta = Re^{i\theta}.$$

证明 由于 $|z| < R_1$ 是单连通区域,从而 $u(z)$ 存在共轭调和函数 $v(z)$,使得 $f(z) = u(z) + iv(z)$ 在 $|z| < R_1$ 解析。

在 $|z| \leqslant R$ 用 Cauchy 公式得

$$f(z) = \frac{1}{2\pi i}\int_{|\zeta|=R}\frac{f(\zeta)}{\zeta - z}d\zeta = \frac{1}{2\pi}\int_{|\zeta|=R}\frac{\zeta f(\zeta)}{\zeta - z}d\theta. \quad (6.2)$$

由 Cauchy 定理有

$$\int_{|\zeta|=R} \frac{f(\zeta)}{\zeta - \frac{R^2}{\bar{\zeta}}} \mathrm{d}\zeta = \int_{|\zeta|=R} \frac{\bar{z} f(\zeta)}{\bar{\zeta} - \bar{z}} \mathrm{d}\theta = 0. \qquad (6.3)$$

对上式取共轭后再与(6.2)式相加得

$$\begin{aligned} f(z) &= \frac{1}{2\pi}\int_{|\zeta|=R} \frac{\zeta f(\zeta) + z\overline{f(\zeta)}}{\zeta - z} \mathrm{d}\theta \\ &= \frac{1}{2\pi}\int_{|\zeta|=R} \frac{\zeta + z}{\zeta - z} u(\zeta)\mathrm{d}\theta + \frac{\mathrm{i}}{2\pi}\int_{|\zeta|=R} v(\zeta)\mathrm{d}\theta \\ &= \frac{1}{2\pi}\int_{|\zeta|=R} \frac{\zeta + z}{\zeta - z} u(\zeta)\mathrm{d}\theta + \mathrm{i}\mathrm{Im}f(0). \end{aligned}$$

对上式两边取实部得

$$\begin{aligned} u(z) &= \frac{1}{2\pi}\int_{|\zeta|=R} \mathrm{Re}\, \frac{\zeta + z}{\zeta - z} u(\zeta)\mathrm{d}\theta \\ &= \frac{1}{2\pi}\int_{|\zeta|=R} \frac{R^2 - |z|^2}{|\zeta - z|^2} u(\zeta)\mathrm{d}\theta \quad (\zeta = R\mathrm{e}^{\mathrm{i}\theta}). \end{aligned}$$

定理证毕.

定理 1 可以加强为:

定理 2 设函数 $u(z)$ 在 $|z|<R$ 内调和,在 $|z|\leqslant R$ 上连续,则当 $|z|<R$ 时有

$$u(z) = \frac{1}{2\pi}\int_{|\zeta|=R} \frac{R^2 - |z|^2}{|\zeta - z|^2} u(\zeta)\mathrm{d}\theta, \quad \zeta = R\mathrm{e}^{\mathrm{i}\theta}. \qquad (6.4)$$

定理 2 的证明将作为练习留给读者.

注 1 在(6.4)式中令 $z = r\mathrm{e}^{\mathrm{i}\varphi}$,我们便得到实变函数中常用的 Poisson 公式

$$u(r\mathrm{e}^{\mathrm{i}\varphi}) = \frac{1}{2\pi}\int_0^{2\pi} \frac{R^2 - r^2}{R^2 - 2Rr\cos(\theta - \varphi) + r^2} u(R\mathrm{e}^{\mathrm{i}\theta})\mathrm{d}\theta.$$

注 2 对常数函数 $u(z)=1$ 用 Poisson 公式得

$$1 = \frac{1}{2\pi}\int_{|\zeta|=R} \frac{R^2 - |z|^2}{|\zeta - z|^2} \mathrm{d}\theta \quad (\zeta = R\mathrm{e}^{\mathrm{i}\theta}).$$

值得注意的是:

$$\frac{1}{2\pi} \cdot \frac{R^2 - |z|^2}{|\zeta - z|^2}$$

对所有的 $z\in D(0,R)$ 都是正的. 通常称之为 **Poisson 核**.

作为练习,请读者自己写出关于区域 $D(a,R)$ 的 Poisson 公式.

设 D 是一圆域,边界记为 ∂D. 在 ∂D 上给定一个实连续函数 $u(\zeta)$,我们可以提出以下的所谓 **Dirichlet 问题**:是否存在 D 内的一个调和函数 $u(z)$,使得它在 D 连续且 $u|_{\partial D}=u(\zeta)$?

很显然,以上的 Dirichlet 问题可以对非常广泛的区域提出. 如果所给的区域不共形等价于圆盘,则 Dirichlet 问题的求解过程将很复杂(如需要引入次调和函数的概念). 而对于圆盘上的 Dirichlet 问题,则我们可以通过 Poisson 积分加以解决.

定理 3(Poisson 积分) 设实值函数 $u(\zeta)$ 在 $|\zeta|=1$ 上连续,则函数

$$u(z)=\frac{1}{2\pi}\int_{|\zeta|=1}\frac{1-|z|^2}{|\zeta-z|^2}u(\zeta)\mathrm{d}\theta \quad (\zeta=\mathrm{e}^{\mathrm{i}\theta})$$

在 $|z|<1$ 内调和,且对 $|\zeta_0|=1$,有

$$\lim_{\substack{z\to\zeta_0\\|z|<1}}u(z)=u(\zeta_0). \tag{6.5}$$

证明 对固定的 z,

$$u(z)=\frac{1}{2\pi}\int_{|\zeta|=1}\frac{1-|z|^2}{|\zeta-z|^2}u(\zeta)\mathrm{d}\theta=\frac{1}{2\pi}\int_0^{2\pi}\frac{1-|z|^2}{|\mathrm{e}^{\mathrm{i}\theta}-z|^2}u(\mathrm{e}^{\mathrm{i}\theta})\mathrm{d}\theta.$$

等式右边的被积函数是区间 $[0,2\pi]$ 上的连续函数,从而确定了 $|z|<1$ 内的函数. 另外,从 Poisson 公式的证明中,我们知道

$$u(z)=\mathrm{Re}f(z)=\mathrm{Re}\left(\frac{1}{2\pi\mathrm{i}}\int_{|\zeta|=1}\frac{\zeta+z}{\zeta-z}u(\zeta)\frac{\mathrm{d}\zeta}{\zeta}\right).$$

由于

$$\frac{1}{2\pi\mathrm{i}}\int_{|\zeta|=1}\frac{\zeta+z}{\zeta-z}u(\zeta)\frac{\mathrm{d}\zeta}{\zeta}=\frac{1}{2\pi\mathrm{i}}\int_{|\zeta|=1}\frac{u(\zeta)}{\zeta-z}\mathrm{d}\zeta+\frac{z}{2\pi\mathrm{i}}\int_{|\zeta|=1}\frac{u(\zeta)\frac{1}{\zeta}}{\zeta-z}\mathrm{d}\zeta,$$

而上面等式右边的两个积分是所谓的 Cauchy 型积分,前面我们已经证明它们各自确定 $\mathbb{C}-\{|z|=1\}$ 的一个解析函数,这说明 $f(z)$ 在 $|z|<1$ 内解析,从而 $u(z)$ 在 $|z|<1$ 内调和.

现在我们证(6.5)式成立.

设 ζ_0 在单位圆周 Γ 上,由 $u(\zeta)$ 在 ζ_0 连续,从而对任意给定的 $\varepsilon>$

0,存在 $\delta>0$,当单位圆周 Γ 上的点 ζ 满足 $|\zeta-\zeta_0|<\delta$ 时,
$$|u(\zeta)-u(\zeta_0)|<\varepsilon.$$
记单位圆周上满足 $|\zeta-\zeta_0|<\delta$ 的点 ζ 组成的圆弧为 C_δ. 记 $M=\max\limits_{|\zeta|=1}|u(\zeta)|$. 由 Poisson 核的性质,我们有

$$|u(z)-u(\zeta_0)|=\frac{1}{2\pi}\left|\int_{|\zeta|=1}\frac{1-|z|^2}{|\zeta-z|^2}[u(\zeta)-u(\zeta_0)]\mathrm{d}\theta\right|$$
$$\leqslant \frac{1}{2\pi}\int_{C_\delta}\frac{1-|z|^2}{|\zeta-z|^2}|u(\zeta)-u(\zeta_0)|\mathrm{d}\theta$$
$$+\frac{1}{2\pi}\int_{\Gamma-C_\delta}\frac{1-|z|^2}{|\zeta-z|^2}|u(\zeta)-u(\zeta_0)|\mathrm{d}\theta. \quad (6.6)$$

首先
$$\frac{1}{2\pi}\int_{C_\delta}\frac{1-|z|^2}{|\zeta-z|^2}|u(\zeta)-u(\zeta_0)|\mathrm{d}\theta$$
$$\leqslant \frac{1}{2\pi}\int_{C_\delta}\frac{1-|z|^2}{|\zeta-z|^2}\varepsilon\mathrm{d}\theta$$
$$\leqslant \frac{\varepsilon}{2\pi}\int_{\Gamma}\frac{1-|z|^2}{|\zeta-z|^2}\mathrm{d}\theta<\varepsilon.$$

为了估计(6.6)式的第二个积分,我们注意到(6.5)式是当 z 趋于 ζ_0 时的极限过程. 从而可限制
$$|z-\zeta_0|<\frac{\delta}{2},$$
对单位圆盘内满足此条件的 z,当 ζ 落在 $\Gamma-C_\delta$ 时有
$$|\zeta-z|\geqslant \frac{\delta}{2}.$$
所以
$$\frac{1}{2\pi}\int_{\Gamma-C_\delta}\frac{1-|z|^2}{|\zeta-z|^2}|u(\zeta)-u(\zeta_0)|\mathrm{d}\theta$$
$$\leqslant \frac{1}{2\pi}\int_{\Gamma-C_\delta}\frac{1-|z|^2}{|\zeta-z|^2}2M\mathrm{d}\theta$$
$$\leqslant \frac{M}{\pi}\cdot\frac{4}{\delta^2}(1-|z|^2)\cdot 2\pi=\frac{16M}{\delta^2}(1-|z|).$$

取 $\delta_1=\min\left(\dfrac{\delta^2\varepsilon}{16M},\dfrac{\delta}{2}\right)$,当 $|z-\zeta_0|<\delta_1$ 时就有

$$\frac{1}{2\pi}\int_{\Gamma-C_\delta}\frac{1-|z|^2}{|\zeta-z|^2}|u(\zeta)-u(\zeta_0)||\mathrm{d}\theta<\varepsilon,$$

从而当 $|z-\zeta_0|<\delta_1$ 时,有

$$|u(z)-u(\zeta_0)|<2\varepsilon,$$

即
$$\lim_{\substack{z\to\zeta_0\\|z|<1}}u(z)=u(\zeta_0).$$

证毕.

定理 3 完全解决了圆盘上 Dirichlet 问题. 值得注意的是我们可以将 $u(\zeta)$ 是圆周上的连续函数这一条件减弱至逐段连续的情形. 这时 Poisson 积分定义的函数仍为调和函数并且对 $u(\zeta)$ 的连续点(6.5)式成立. 关于这些事实,请读者自己给出证明.

习 题 六

1. 设 $u(z)$ 在 D 内调和,证明 $\dfrac{\partial u}{\partial z}$ 在 D 内解析.

2. 设 $u(z)$ 在 D 内调和,且非常数,试问 $u(z)$ 可否在 D 内的一条曲线上恒为常数? 若 $D_1\subset D$ 是一区域,$u(z)$ 在 D_1 内恒为常数,证明 $u(z)$ 在 D 恒为常数.

3. 设 $f(z)$ 与 $f^2(z)$ 在 D 内复调和,证明 $f(z)$ 或 $\overline{f(z)}$ 在 D 内解析.

4. 证明 §6.2 中的定理 2.

5. 设 $f(z)$ 与 $f^2(z)$ 在 D 内解析且没有零点,证明 $\ln|f(z)|$ 调和.

6. 设 u,v 都是区域 D 内调和函数,问 uv 是否调和?

7. 设 $f(z)$ 在区域 D 内解析,u 在区域 G 内调和,$f(D)\subset G$,证明 $u[f(z)]$ 在 D 内调和.

8. 设 $u(z)$ 在 $\mathbb{C}$ 上调和且不为常数,证明 $u(z)$ 在 $\mathbb{C}$ 上既无上界,也无下界.

9. 设 $u(z)$ 在区域 D 内调和,且等值线 $\{z|u(z)=c(c 为常数)\}$ 是 D 内一条闭曲线,证明 D 不是单连通的.

10. 证明 $|z|<1$ 内调和函数

满足
$$u(z) = \mathrm{Im}\left[\left(\frac{1-z}{1+z}\right)^2\right]$$

$$\lim_{r\to 1^-} u(re^{i\theta}) = 0 \quad (0 \leqslant \theta \leqslant 2\pi).$$

11. 若函数 $u(z)$ 是 $|z|<1$ 内正的调和函数，$u(0)=1$，证明
$$\frac{1}{3} \leqslant u\left(\frac{1}{2}\right) \leqslant 3.$$
举例说明上述不等式是最佳的。

12. 设 $f(z)$ 为整函数，且 $\lim\limits_{z\to\infty}\dfrac{\mathrm{Re}f(z)}{z}=0$，证明 $f(z)$ 为常数。
$\left(\text{提示：先证 } f'(z)=\dfrac{1}{\pi i}\displaystyle\int_{|\zeta|=\rho}\dfrac{\mathrm{Re}f(\zeta)}{(\zeta-z)^2}\mathrm{d}\zeta\right)$

13. 称区域 D 内实函数 $u(z)$ 满足**次平均值性质**，如果任意 $z_0 \in D$，存在邻域 $D(z_0,\delta) \subset D$，使得
$$u(z_0) \leqslant \frac{1}{2\pi}\int_0^{2\pi} v(z_0+re^{i\theta})\mathrm{d}\theta, \quad 0<r<\delta(z_0).$$
证明这样的函数 $u(z)$ 必满足最大值原理。

14. 试写出圆盘 $|z-a|\leqslant R$ 上的 Poisson 公式。

15. 设 $u_n(z)$ $(n=1,2,\cdots)$ 在 $|z-a|<R$ 内调和，且在该圆盘内满足 $u_n(z)\leqslant u_{n+1}(z)$ $(n=1,2,\cdots)$，证明 $\{u_n(z)\}$ 在圆盘内闭一致收敛于 $+\infty$，或内闭一致收敛于一个调和函数 (Harnack 原理)。

16. 设
$$h(\theta) = \begin{cases} 1, & 0 \leqslant \theta_1 < \theta < \theta_2 \leqslant 2\pi, \\ 0, & \theta \notin [\theta_1,\theta_2], \end{cases}$$
试对 $h(\theta)$ 和 $D(0,1)$ 解 Dirichlet 问题。

第七章 解 析 开 拓

设 D 是 $\mathbb{C}$ 中一个区域,函数 $f(z)$ 在 D 内解析. 若存在区域 $\Omega \supsetneq D$ 及 Ω 上的解析函数 $F(z)$,使得在 D 内 $f(z) \equiv F(z)$,则称 $F(z)$ 是 $f(z)$ 的**解析开拓**,或称 $f(z)$ 可以**解析开拓**到 Ω. 由解析函数的唯一性定理,如果 $f(z)$ 在 Ω 上的解析开拓存在,则必唯一. 因此自然的问题是:怎样将给定的函数 $f(z)$ 解析开拓到尽可能大的区域上? 如果将解析的条件改为亚纯,我们也有同样的问题. 下面以讨论解析开拓为主,其中许多方法和结论对于亚纯开拓也是成立的.

在本章中,我们将介绍两种解析开拓的方法:**对称开拓**和**幂级数开拓**. 前者具有较大的实用性,而后者则具有较大的理论价值.

§7.1 解析开拓的幂级数方法与单值性定理

假定 $f(z)$ 是区域 D 上给定的解析函数. 在本节中,我们主要利用幂级数的方法将 $f(z)$ 从 D 上开拓出去,并讨论 $f(z)$ 最大可能的解析开拓的存在性. 先看下面两个例子.

例 1 设 $f(z)$ 是区域 D 上给定的解析函数. 如果 D 是单连通的,我们知道 $f(z)$ 在 D 上有原函数. 现设 D 不是单连通的. 取 $z_0 \in D$,$f(z)$ 在 z_0 充分小的邻域上有原函数. 取定一个这样的原函数 $F(z)$,则 $F(z)$ 解析开拓到的区域就是 $f(z)$ 存在原函数的区域.

例 2 设 $f(z) = \sum_{n=0}^{+\infty} a_n (z-z_0)^n$ 是给定的收敛半径为 r 的幂级数. 由于幂级数仅在圆盘内收敛,要得到其他区域上的解析函数,就必须考虑 $f(z)$ 在圆盘外的解析开拓. 例如 $\sum_{n=0}^{+\infty} z^n$ 仅在单位圆盘内收敛,而函数 $\dfrac{1}{1-z}$ 是其在 $\mathbb{C} - \{1\}$ 上的解析开拓.

为讨论一个函数 $f(z)$ 最大可能的解析开拓的存在性,我们先给出下面的定义.

定义 1 如果区域 D 上的解析函数 $f(z)$ 不能解析开拓到比 D 更大的区域,则称 $f(z)$ 为 D 上的**完全解析函数**,同时称 D 为 $f(z)$ 的**自然定义域**,∂D 称为 $f(z)$ 的**自然边界**.

定理 1 设函数 $f(z)$ 在区域 D 内解析,则 D 为 $f(z)$ 的自然定义域的充分必要条件是 $\forall z_0 \in D$,$f(z)$ 在 z_0 处展开的幂级数 $f(z) = \sum_{n=0}^{+\infty} \frac{f^{(n)}(z_0)}{n!}(z-z_0)^n$ 的收敛半径为 $\mathrm{dist}(z_0, \partial D)$.

证明 如果 $f(z)$ 可解析开拓到比 D 更大的区域 Ω 上,则存在 $p \in \partial D$,且 p 为 Ω 的内点. 因此存在 $r>0$,使得 $D(p,r) \subset \Omega$. 这时可取 $z_0 \in D(p,r/2) \cap D$,则 $f(z)$ 在 z_0 展开的幂级数的收敛半径大于 $r/2 > \mathrm{dist}(z_0, \partial D)$.

反之,设存在 $z_0 \in D$,使得 $f(z)$ 在 z_0 处展开的幂级数的收敛半径等于 $r_0 > \mathrm{dist}(z_0, \partial D)$. 令 $\Omega = D \cup D(z_0, r_0)$,则 $f(z)$ 可解析开拓到 Ω 上,D 不是 $f(z)$ 的自然定义域. 证毕.

由定理 1,如果一个区域 D 不是解析函数 $f(z)$ 的自然定义域,则总存在 $z_0 \in D$,利用 $f(z)$ 在 z_0 处的幂级数展开可将 $f(z)$ 解析开拓到更大的区域. 这就是解析开拓的幂级数方法.

下面我们先对幂级数在其收敛圆周上的情况进行研究.

设幂级数
$$f(z) = \sum_{n=0}^{+\infty} a_n z^n \tag{7.1}$$
的收敛圆盘是 $D = D(0, R)$,其中 $0 < R < +\infty$ 是收敛半径. 由幂级数的性质知和函数 $f(z)$ 在 D 上解析.

设 ζ_0 是圆周 $|z| = R$ 上一点,$z_0 \neq 0$ 是线段 $\overline{O\zeta_0}$ 上的一点. 由 $f(z)$ 在 z_0 解析,从而在 z_0 的邻域可展成幂级数
$$f(z) = \sum_{n=0}^{+\infty} \frac{f^{(n)}(z_0)}{n!}(z - z_0)^n. \tag{7.2}$$
记此幂级数的收敛半径为 ρ. 易知 $\rho \geq R - |z_0|$. 这时我们有以下两种可能性(如图 7.1):

§7.1 解析开拓的幂级数方法与单值性定理   177

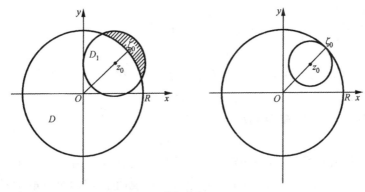

图 7.1

(1) $\rho > R - |z_0|$. 此时(7.2)的收敛圆盘 $D_1 = \{z \mid |z - z_0| < \rho\}$ 内有一部分在 D 的外部. 记 $g(z)$ 为级数(7.2)在 D_1 内的和函数,那么以下函数

$$F(z) = \begin{cases} f(z), & z \in D, \\ g(z), & z \in D_1, \end{cases}$$

在 $D \cup D_1$ 内解析. 这说明 $f(z)$ 可以开拓到区域 $D \cup D_1$. 在这种情况下,我们称 $f(z)$ 可以沿线段 $\overline{O\zeta_0}$ 解析开拓,同时称 $g(z)$ 是 $f(z)$ 的**直接解析开拓**,ζ_0 称为 $f(z)$ 的一个**正则点**.

(2) $\rho = R - |z_0|$. 这时 D_1 与 D 在 ζ_0 相切且 $D_1 \subset D$. 由此推出在 ζ_0 的任何邻域内不存在解析函数 $g(z)$,使得 $g(z)$ 是 $f(z)$ 的解析开拓. 因此 $f(z)$ 不可能沿线段 $\overline{O\zeta_0}$ 解析开拓到 D 的外面. 在这种情况下 ζ_0 称为 $f(z)$ 的一个**奇异点**.

定理 2 设幂级数(7.1)的收敛半径为 R ($0 < R < \infty$),则在圆周 $|z| = R$ 上 $f(z)$ 至少有一个奇异点.

证明 用反证法. 假设圆周 $|z| = R$ 上每一个点都是 $f(z)$ 的正则点. 由圆周 $|z| = R$ 的紧性及有限覆盖定理,我们可以找到有限个圆心在 $|z| = R$ 上的圆盘 $D_1, D_2, \cdots, D_m$ 及 D_j 内的解析函数 $g_j(z)$ 使得在 $D_j \cap D$ 内 $g_j(z) = f(z)$,并且 $\bigcup_{j=1}^m D_j$ 完全覆盖了圆周 $|z| = R$. 由此我们可以推出 $G = \left(\bigcup_{j=1}^m D_j \right) \cup D$ 包含了一个圆盘 $D(0, R_1)$ ($R < R_1$).

在 $D(0, R_1)$ 内,定义函数
$$F(z) = \begin{cases} f(z), & z \in D, \\ g_j(z), & z \in D_j, j = 1, 2, \cdots, m. \end{cases}$$
注意到如果 $D_k \cap D_j \neq \emptyset$,那么在 $D_k \cap D_j \cap D$ 内有
$$g_k(z) = g_j(z) = f(z).$$
根据唯一性定理,在 $D_k \cap D_j$ 内
$$g_k(z) = g_j(z).$$
逐次类推我们可知 $F(z)$ 的定义是合理的,并且可知它还是一个单值解析函数. 由于在 $D(0, R)$ 内 $F(z) = f(z)$,这说明了 $f(z)$ 可以解析开拓至 $D(0, R_1)$. 由此推知 $f(z)$ 在 $z = 0$ 展开的幂级数的收敛半径至少为 R_1. 由 $f(z)$ 的 Taylor 展式的唯一性知幂级数(7.1)的收敛半径必大于 R. 这与幂级数(7.1)的收敛半径为 R 矛盾. 证毕.

从正则点及奇异点的定义可以看出:幂级数(7.1)的正则点集是 ∂D 上的相对开集,即对任意正则点 $p \in \partial D$,存在 $r > 0$,使得 $D(p, r) \cap \partial D$ 中的点都是正则点. 定理 2 则说明了奇异点集是 ∂D 中的非空闭集. 以下例子告诉我们正则点集有可能是空集.

例 3 证明:幂级数
$$f(z) = \sum_{k=1}^{+\infty} z^{k!}$$
的收敛圆周上的每个点都是 $f(z)$ 的奇异点,即 $f(z)$ 是其收敛圆盘内的完全解析函数.

证明 由于幂级数的系数为
$$C_n = \begin{cases} 1, & n = k!, \\ 0, & n \neq k!, \end{cases}$$
知
$$\varlimsup_{n \to +\infty} \sqrt[n]{C_n} = \lim_{k! \to +\infty} \sqrt[k!]{1} = 1.$$
所以该级数的收敛半径 $R = 1$. 由于奇异点集是圆周 $|z| = 1$ 上的闭集,因此我们只要证明在圆周 $|z| = 1$ 上有一稠密子集 E,E 中的点都是 $f(z)$ 的奇异点即可. 为此考察集合
$$E = \left\{ e^{\frac{2\pi i p}{q}} \mid p \geq 0 \text{ 和 } q > 0 \text{ 为整数}, p, q \text{ 无公因子} \right\}.$$
容易看出 $\overline{E} = \partial D(0, 1)$.

任取 $\zeta_0 = e^{\frac{2\pi i p}{q}} \in E$ 和 $r<1$,

$$f(r\zeta_0) = \sum_{k=1}^{q-1} r^{k!}\zeta_0^{k!} + \sum_{k=q}^{+\infty} r^{k!} = \varphi(r) + \psi(r). \quad (7.3)$$

显然对任意 $0 \leqslant r \leqslant 1$,有 $|\varphi(r)| \leqslant q-1$.

对任意给定 $M>0$,总存在自然数 $k_0>M$,从而有

$$\lim_{r \to 1^-} \psi(r) \geqslant \lim_{r \to 1^-} \sum_{k=q}^{q+k_0} r^{k!} = k_0 + 1 > M.$$

由 M 的任意性,我们有

$$\lim_{r \to 1^-} \psi(r) = +\infty.$$

由(7.3)式推知

$$\lim_{r \to 1^-} |f(r\zeta_0)| = +\infty.$$

这说明 ζ_0 是 $f(z)$ 的奇异点. 由 ζ_0 的任意性, E 中的每点都是 $f(z)$ 的奇异点. 证毕.

利用幂级数的方法,如果区域 D 不是解析函数 $f(z)$ 的自然定义域,则我们总可将 $f(z)$ 解析开拓到比 D 更大的区域上去. 这是否意味着我们总可以在 $\mathbb{C}$ 中找到 $f(z)$ 的自然定义域,将 $f(z)$ 解析开拓为完全解析函数呢? 事实并非如此. 通过上面不断的开拓, 一般的我们仅能得到一个多值函数. 原因是解析开拓可能与开拓的路径有关. 为说明此点,我们先给出下面的定义.

定义 2 设 γ 是 $\mathbb{C}$ 中以 a,b 为端点的曲线. $f_0(z)$ 是区域 $\Delta_0 = D(a,R)$ 上给定的解析函数,以 $(f_0(z), \Delta_0)$ 记之,并将之称为一**解析元素**. 我们称 $f_0(z)$ 可以**沿曲线 γ 由 a 解析开拓到 b**,如果存在一串解析元素 $(f_k, \Delta_k = D(a_k, r_k))$, $k = 1, 2, \cdots, n$,使得 $f_k(z)$ 是 Δ_k 上的解析函数,满足:

(1) 每个 Δ_k 的圆心 a_k 都落在 γ 上,且 a_k 落在 Δ_{k-1} 内, $a_n = b$;
(2) 在 $\Delta_k \cap \Delta_{k-1}$ 上, $f_k(z) = f_{k-1}(z)$.

解析元素 $(f_n(z), \Delta_n)$ 称为 $(f_0(z), \Delta_0)$ **沿曲线 γ 由 a 到 b 的解析开拓**.

由 a 到 b 的解析开拓一般与连结 a,b 的曲线的选取有关.

例 4 如图 7.2,记 $\Delta_0 = D\left(1, \frac{1}{2}\right)$,考虑解析元素 $(\ln z, \Delta_0)$ 经过有限个圆心在单位圆上的圆盘逆时针方向绕行一周进行解析开拓后再回

到 Δ_0 时,它变成了 $\ln(z+2\pi i)$.

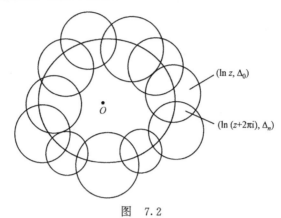

图 7.2

例 5 设 $f(z)$ 是区域 D 上的解析函数,但在 D 上没有原函数. 取 $a \in D, r>0$, 使得 $D(a,r) \subset D$, 设 $F(z)$ 是 $f(z)$ 在 $D(a,r)$ 上给定的一个原函数,则 $F(z)$ 可沿 D 中任意路径作解析开拓. 但由于 $f(z)$ 在区域 D 上没有原函数,因此 $F(z)$ 并不能开拓为 D 上的单值函数,即开拓必然与路径选取有关.

对于解析开拓,当它与路径有关时,如果考虑所有可能的开拓,我们得到的一般是一多值函数. 一个自然的问题是:在什么条件下沿曲线的解析开拓可以与曲线的选取无关呢?或者说什么条件下能通过解析开拓得到一个单值的函数?对此我们有下面重要定理.

定理 3(单值性定理) 设 D 是一个单连通区域,圆盘 $\Delta \subset D$, 其圆心为 a, $(f(z), \Delta)$ 是一个解析元素. 如果 $(f(z), \Delta)$ 可沿 D 内由 a 出发的任何一条曲线 γ 进行解析开拓,则存在 D 内的单值解析函数 $F(z)$, 使得在 a 的邻域内 $F(z) = f(z)$. 即对单连通区域,沿曲线的解析开拓仅与曲线的起点和终点有关,而与曲线的选取无关.

证明 本定理的证明我们只给一轮廓,具体的细节请读者给出.

首先我们假定 $D = D(0,1)$ 为单位圆盘,并且假定 $a = 0$. 在 $z = 0$ 的附近我们有
$$f(z) = \sum_{n=0}^{+\infty} a_n z^n.$$

设它的收敛半径为 R, 我们希望证明必有 $R \geq 1$. 事实上若 $R < 1$, 则在

圆周 $|z|=R$ 上 $f(z)$ 必有一奇异点 ζ_0. 这样一来，$f(z)$ 不可能沿线段 $\overline{O\zeta_0}$（O 为原点）解析开拓，这与定理的假设矛盾.

如果 D 是整个复平面 $\mathbb{C}$，我们将 $f(z)$ 在 $a=0$ 处展成 Taylor 级数，类似于单位圆盘的情形同样可以证明定理.

对于一般情况，利用我们在下一章将证明的 Riemann 存在定理，存在一个单叶解析函数 $z=g(w)$，将单位圆盘映为 D，且 $g(0)=a$. 而由开映射定理，可以找到包含原点的一个小圆盘 $D_r=\{w\mid|w|<r\}$，使得 $g(D_r)\subset\Delta$. 因此 $(f[g(w)],D_r)$ 是一个解析元素，且可验证它可沿单位圆盘内从原点出发的任何曲线进行解析开拓. 从而存在单位圆盘 $\{w\mid|w|<1\}$ 内的解析函数 $F(w)$，使得在 D_r 内有 $F(w)=f[g(w)]$.

容易验证 $F[g^{-1}(z)]$ 是区域 D 上的解析函数，且在 a 的邻域内有 $F[g^{-1}(z)]=f(z)$. 证毕.

单值性定理有许多重要应用，例如当 D 不是单连通区域时，要得到 D 上解析函数的原函数，我们通常需要将 D 沿某些曲线剪开，其目的就是要使剪开后的区域是单连通的. 又例如在本书第二章中我们考虑多值函数的单值解析分支时，常常需要将区域沿某些曲线剪开使其成为单连通的，目的也是使得我们在其上能够应用单值性定理.

*§7.2 完全解析元素与二元多项式方程

回到一般的区域. 如果单值性定理不成立，则我们需要利用 Riemann 曲面来讨论最大解析开拓的存在性.

若两个解析元素 (f_1,Δ_1) 和 (f_2,Δ_2) 满足 $\Delta_1\cap\Delta_2\neq\varnothing$，且在 $\Delta_1\cap\Delta_2$ 上，$f_1(z)\equiv f_2(z)$，则称 (f_2,Δ_2) 是 (f_1,Δ_1) 的**直接解析开拓**. 为了利用幂级数的方法，我们一般要求 Δ_2 的圆心落在 Δ_1 内. 对于给定的解析元素 (f_0,Δ_0)，如果存在有限个解析元素 $(f_1,\Delta_1),(f_2,\Delta_2),\cdots,(f_n,\Delta_n)$，使得对 $k=1,2,\cdots,n$，(f_k,Δ_k) 是 (f_{k-1},Δ_{k-1}) 的直接解析开拓，则我们称 (f_n,Δ_n) 是 (f_0,Δ_0) 的一个**解析开拓**.

对于一个给定的解析元素 (f_0,Δ_0)，其全部解析开拓形成一个集合，记之为 $A(f_0,\Delta_0)$，即

$$A(f_0,\Delta_0)=\{(f,\Delta)\mid(f,\Delta)\text{ 是}(f_0,\Delta_0)\text{ 的一个解析开拓}\}.$$

这个集合称为解析元素 (f_0,Δ_0) 所产生的**完全解析元素**.

一般说来,完全解析元素不能写成平面区域内的单值函数. 对其有下面两种处理方法:

(1) 定义集合 D 为
$$D=\{z\mid 存在(f,\Delta)\in A(f_0,\Delta_0),使得 z\in\Delta\}.$$
不难看出 D 是 $\mathbb{C}$ 中的区域. 我们在 D 上定义一个多值函数 $F(z)$ 为:$\forall\ z\in D$,令
$$F(z)=\{f(z)\mid 存在(f,\Delta)\in A(f_0,\Delta_0),使得 z\in\Delta\}.$$
$F(z)$ 可以看做 (f_0,Δ_0) 通过解析开拓得到的一个多值函数. $A(f_0,\Delta_0)$ 中的元素都可看做 $F(z)$ 的局部单值解析分支.

(2) 利用 $A(f_0,\Delta_0)$ 定义一个曲面 R 为:如果 (f_1,Δ_1) 和 (f_2,Δ_2) 都是 $A(f_0,\Delta_0)$ 中的元素,$\Delta_1\cap\Delta_2\neq\varnothing$,且在 $\Delta_1\cap\Delta_2$ 上 $f_1(z)\equiv f_2(z)$,则将 Δ_1 和 Δ_2 沿 $\Delta_1\cap\Delta_2$ 粘接. 在 $A(f_0,\Delta_0)$ 中做所有这样的粘接,由此所得的曲面记为 R. 以 p 记 R 中的点. 我们可在 R 上定义两个函数 $Z(p)$ 和 $F(p)$ 如下:如果 $p\in R$,则存在 $(f,\Delta)\in A(f_0,\Delta_0)$,使得 $p\in\Delta$,设 $z(p)$ 是点 $p\in\Delta\subset\mathbb{C}$ 在 $\mathbb{C}$ 中的坐标,定义
$$Z(p)=z(p),\quad F(p)=f[z(p)].$$
则 $Z(p)$ 给出了 R 中的点 p 的邻域的坐标,称为 p 点的**局部坐标**. $F(p)$ 给出了 R 上一个单值函数,其在 p 的邻域可展开为 $Z(p)$ 的幂级数,因而称其在 R 上解析.

R 称为由解析元素 (f_0,Δ_0) 确定的 **Riemann 曲面**,$(F(p),R)$ 称为 (f_0,Δ_0) 的**完全解析开拓**.

在第二章中,我们构造了函数 $f(z)=z^2$ 和 $g(z)=e^z$ 的反函数 $f^{-1}(z)=\sqrt{z}$ 和 $g^{-1}(z)=\text{Ln}\,z$ 的 Riemann 曲面,其就是我们上面对解析开拓构造的 Riemann 曲面的特例.

下面我们以求解二元多项式方程 $P(z,w)=0$ 为例,对本节介绍的概念和方法作进一步说明.

设
$$P(z,w)=\sum_{k=0}^{N}\sum_{i+j=k}a_{ij}z^iw^j$$
是一 z 和 w 的二元多项式. 我们一般将其记为

$$P(z,w) = p_0(z)w^n + p_1(z)w^{n-1} + \cdots + p_n(z),$$

其中 $p_0(z), p_1(z), \cdots, p_n(z)$ 都是 z 的多项式. $P(z,w)$ 对 z 和 w 分别都是解析的. 我们以 $\dfrac{\partial P}{\partial z}$ 和 $\dfrac{\partial P}{\partial w}$ 分别记 $P(z,w)$ 对 z 和 w 的导数.

引理(隐函数定理) 设点 (z_0, w_0) 满足方程 $P(z_0, w_0) = 0$, 并且 $\dfrac{\partial P}{\partial w}(z_0, w_0) \neq 0$, 则存在 $r > 0$ 和解析函数 $f: D(z_0, r) \to D(w_0, r)$, 使得点 $(z, w) \in D(z_0, r) \times D(w_0, r)$ 满足方程 $P(z, w) = 0$ 的充分必要条件是 $w = f(z)$.

证明 设 $z = x + iy, w = u + iv$, 其中 x, y 和 u, v 都是实变量. 设 $P(z, w) = H(x, y, u, v) + iG(x, y, u, v)$, 则

$$\begin{aligned}\frac{\partial P}{\partial w}(z_0, w_0) &= \frac{\partial H}{\partial u}(z_0, w_0) + i\frac{\partial G}{\partial u}(z_0, w_0) \\ &= \frac{\partial G}{\partial v}(z_0, w_0) - i\frac{\partial H}{\partial v}(z_0, w_0).\end{aligned}$$

因此利用 C-R 方程, 实值函数 $H(x, y, u, v)$ 和 $G(x, y, u, v)$ 关于变量 u, v 的 Jacobi 行列式为

$$\begin{aligned}\frac{\partial(H, G)}{\partial(u, v)} &= \begin{vmatrix} \dfrac{\partial H}{\partial u} & \dfrac{\partial H}{\partial v} \\ \dfrac{\partial G}{\partial u} & \dfrac{\partial G}{\partial v} \end{vmatrix} = \left(\frac{\partial H}{\partial u}(z_0, w_0)\right)^2 + \left(\frac{\partial G}{\partial u}(z_0, w_0)\right)^2 \\ &= \left|\frac{\partial P}{\partial w}(z_0, w_0)\right|^2 \neq 0.\end{aligned}$$

由微积分中的隐函数定理, 存在 $r > 0$, 方程

$$\begin{cases} H(x, y, u, v) = 0, \\ G(x, y, u, v) = 0 \end{cases}$$

在 $D(z_0, r) \times D(w_0, r)$ 上确定了可微函数 $u = u(x, y), v = v(x, y)$. 化为复变量, 即令 $z = x + iy, w = u + iv$, 得函数 $w = f(z)$. 我们希望证明其是解析的. 对此由 $P(z, f(z)) \equiv 0$ 得

$$0 = \frac{\partial P(z, f(z))}{\partial \bar{z}} = \frac{\partial P}{\partial w} \cdot \frac{\partial f}{\partial \bar{z}}.$$

而 $\dfrac{\partial P}{\partial w} \neq 0$, 因此必须 $\dfrac{\partial f}{\partial \bar{z}} = 0, w = f(z)$ 是解析函数. 证毕.

在讨论二元多项式方程 $P(z, w) = 0$ 之前, 我们先回顾一下关于一

元多项式的判别式的一些基本概念. 我们知道对于一个多项式

$$p(z) = a_0 z^n + a_1 z^{n-1} + \cdots + a_n,$$

如果 $z_1, z_2, \cdots, z_n$ 是方程 $p(z) = 0$ 的根,则

$$\Delta = a_0^{2n-1} \prod_{1 \leqslant i < j \leqslant n} (z_i - z_j)^2$$

称为多项式 $p(z)$ 的判别式. 由 Δ 的定义得方程 $p(z) = 0$ 有重根的充分必要条件是 $\Delta = 0$. 另一方面, $p(z) = 0$ 有重根的充分必要条件是 $p(z)$ 与 $\dfrac{\mathrm{d}p(z)}{\mathrm{d}z}$ 有公因子. 因此 $\Delta = 0$ 也是 $p(z)$ 与 $\dfrac{\mathrm{d}p(z)}{\mathrm{d}z}$ 有公因子的充分必要条件. 而 Δ 是 $z_1, z_2, \cdots, z_n$ 的对称多项式, 因而利用代数学关于对称多项式的定理, 我们知道 Δ 可表示为基本对称多项式

$$e_1 = z_1 + z_2 + \cdots + z_n = -\frac{a_1}{a_0},$$

$$e_2 = z_1 z_2 + z_1 z_3 + \cdots + z_{n-1} z_n = \frac{a_2}{a_0},$$

$$\vdots$$

$$e_n = z_1 z_2 \cdots z_n = (-1)^n \frac{a_n}{a_0}$$

的多项式, 即 Δ 是 $p(z)$ 的系数 $a_0, a_1, \cdots, a_n$ 的多项式(参阅文献[8]).

对于一个二元多项式 $P(z, w)$. 首先用 z 的有理函数域代替复数域 $\mathbb{C}$, 将 $P(z, w)$ 看做以 z 的有理函数为系数, 变元 w 的一元多项式, 则与上面相同讨论可得其判别式 Δ 是系数 $p_0(z), p_1(z), \cdots, p_n(z)$ 的多项式, 因而 Δ 是 z 的多项式. 另一方面, 如果多项式 $P(z, w)$ 可分解为 $P(z, w) = P_1(z, w) P_2(z, w)$, 则求解方程 $P(z, w) = 0$ 与求解方程 $P_1(z, w) = 0$ 和 $P_2(z, w) = 0$ 相同. 因此在考虑方程 $P(z, w) = 0$ 时, 我们总可以假定 $P(z, w)$ 不能分解为两个多项式的乘积. 特别地 $P(z, w)$ 与 $\dfrac{\partial P}{\partial w}$ 无公因子. 利用此则有判别式 Δ 是 z 的不为零的多项式.

现设 $z_1, z_2, \cdots, z_k$ 是判别式方程 $\Delta = 0$ 的解, 而 $z_{k+1}, z_{k+2}, \cdots, z_l$ 是方程 $p_0(z) = 0$ 的解, 其中 $p_0(z)$ 是 $P(z, w)$ 中首项 w^n 的系数, 则对于任意取定的 $z \in \mathbb{C} - \{z_1, \cdots, z_k, z_{k+1}, \cdots, z_l\}$, w 的方程 $P(z, w) = 0$ 有且仅有 n 个互不相等的解 $w_1, w_2, \cdots, w_n$, 并且对 $i = 1, 2, \cdots, n$, 有

$$\frac{\partial P}{\partial w}(z, w_i) \neq 0.$$

因此由上面的隐函数定理知,存在 z 的邻域 $D(z,r)$,使得方程 $P(z,w)=0$ 在 $D(z,r)$ 上确定 n 个解析函数 $w_i=w_i(z)$, $i=1,\cdots,n$. 由于 z 是任意的, 而这些解析函数之间互不相等并且是由 $P(z,w)=0$ 唯一确定, 因此这些解析函数可沿 $\mathbb{C}-\{z_1,\cdots,z_k,z_{k+1},\cdots,z_l\}$ 中任意曲线作解析开拓. 但由于 $\mathbb{C}-\{z_1,\cdots,z_k,z_{k+1},\cdots,z_l\}$ 不是单连通的, 不能应用单值性定理, 这些开拓一般与路径有关, 因此如果不考虑方程 $P(z,w)=0$ 的重根, 比照上面关于完全解析元素讨论中(1)的处理方法, 方程 $P(z,w)=0$ 的解构成 $\mathbb{C}-\{z_1,\cdots,z_k,z_{k+1},\cdots,z_l\}$ 上一个 n-值函数:

$$z \mapsto \{w_1,w_2,\cdots,w_n\}.$$

$w_1(z),w_2(z),\cdots,w_n(z)$ 是这一多值函数局部的单值解析分支.

如果比照上面关于完全解析元素讨论中(2)的处理方法, 我们希望构造一个 Riemann 曲面来表示方程

$$P(z,w) = 0$$

的解空间. 为此对 $i=1,2,\cdots,l$, 作 z_i 到 ∞ 的互不相交的射线 L_i. 如图 7.3, 将 $\mathbb{C}-\{z_1,\cdots,z_k,z_{k+1},\cdots,z_l\}$ 沿射线 L_i 剪开, 剪开的两侧分别记为 L_i^+ 和 L_i^-.

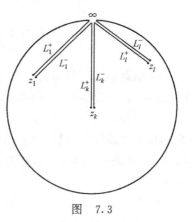

图 7.3

以 D 记剪开后的区域, 则 D 是单连通的. 利用单值性定理得 $P(z,w)=0$ 的 n 个解 $w_1(z),w_2(z),\cdots,w_n(z)$ 可开拓为 D 上的解析函数. 取 n 块曲面 $D_i=D$, $i=1,\cdots,n$, 并将 $w_i(z)$ 看做 D_i 上的函数. 由于对每条射线 L_j 上的点 z, $P(z,w)=0$ 的 n 个解互不相等, 因此 $w_i(z)$ 可连续地开拓到 L_j^+ 和 L_j^- 上, 但 $w_i(z)|_{L_j^+}$ 与 $w_i(z)|_{L_j^-}$ 可能不相等. 由于 $\{w_1(z),w_2(z),\cdots,w_n(z)\}$ 是方程 $P(z,w)=0$ 在 z 固定时的所有解, 因此对每一个 $w_i(z)$, 必存在 $w_t(z)$ 使得 $w_i(z)|_{L_j^+}=w_t(z)|_{L_j^-}$. 这时将 D_i 的 L_j^+ 与 D_t 的 L_j^- 粘接. 做所有这样的粘接, 则我们得到一个曲面 R 和 R 上的两个函数 z 和 $w(z)$, 其中 z 将 D_i 中的点映为其自身的坐标, 而 $w(z)|_{D_i}=w_i(z)$. 在不考虑方程 $P(z,w)=0$ 的重根的情况下,

$\{R, z, w(z)\}$ 构成了方程 $P(z,w)=0$ 的解空间. 每一个点 $p \in R$ 代表一个解,而解析函数 $z, w(z)$ 是这一解的数值表示.

对于 $P(z,w)=0$ 的重根,如果直接加到 R 中会使曲面产生奇异性. 例如我们可将第二章 §2.5 中构造的 $\sqrt{z}$ 的 Riemann 曲面看做方程 $w^2 - z = 0$ 的解空间,当 $z=0$ 时产生重根. 如果直接将 $z=0$ 加入曲面,则 $z=0$ 成了曲面的奇异点. 以后在有关的 Riemann 曲面的理论中,将讨论怎样在 R 中加入 $P(z,w)=0$ 的重根的点,使得加入后的曲面没有奇异性,并且 z 和 $w(z)$ 都可亚纯开拓到新加进的点上,从而得到 $P(z,w)=0$ 的所有解. 有兴趣的读者可参阅相关的书,这里就不讨论了.

§7.3 对 称 原 理

所谓**对称原理**是指当一个区域 D 的边界上有一圆弧 γ(或直线段)时,区域通过该圆弧(或直线段)利用我们在第二章 §2.6 中对直线和圆定义的对称变换得到另一区域 D',使得 $D \cup \gamma \cup D'$ 为一区域. 如果 $f(z)$ 在 D 内解析,在 $D \cup \gamma$ 内连续,且 $f(\gamma)$ 也为一圆弧(或直线段)时,则 $f(z)$ 可通过对称变换解析开拓至 $D \cup \gamma \cup D'$. 首先我们证明一个简单情形.

定理 1 设 D 是一个区域,且位于实轴的一侧,其边界含有实轴上一个区间 γ,D' 是 D 关于实轴的对称区域,再设函数 $f(z)$ 在 D 内解析,在 $D \cup \gamma$ 内连续且在 γ 上取实值,则存在 $\Omega = D \cup \gamma \cup D'$ 内的解析函数 $F(z)$,使得在 D 内 $F(z) = f(z)$.

证明 如图 7.4,定义

$$F(z) = \begin{cases} f(z), & z \in D \cup \gamma, \\ \overline{f(\bar{z})}, & z \in D'. \end{cases}$$

我们首先证明 $F(z)$ 在 D' 内解析. $\forall z_0 \in D'$,则 $\bar{z}_0 \in D$,从而有

$$\lim_{z \to z_0} \frac{F(z) - F(z_0)}{z - z_0} = \lim_{z \to z_0} \frac{\overline{f(\bar{z})} - \overline{f(\bar{z}_0)}}{z - z_0}$$

$$= \lim_{\bar{z} \to \bar{z}_0} \overline{\frac{f(\bar{z}) - f(\bar{z}_0)}{\bar{z} - \bar{z}_0}} = \overline{f'(\bar{z}_0)}.$$

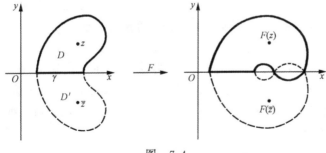

图 7.4

再证 $F(z)$ 在 Ω 连续. 显然只要证 $F(z)$ 在 $\gamma \cup D'$ 连续即可. 设 $x \in \gamma$, 考虑函数 $F(z)$ 在 $z \in D'$, $z \to x$ 的极限. 由
$$\lim_{z \to x} F(z) = \lim_{z \to x} \overline{f(\bar{z})} = \lim_{\bar{z} \to x} \overline{f(\bar{z})} = f(x)$$
推知 $F(z)$ 在 $\gamma \cup D'$ 连续.

现证 $F(z)$ 在 Ω 内解析. 为此任取 Ω 内的一个三角形 T, 使得其内部落在 Ω 内. 若 $T \subset D \cup \gamma$ 或 $T \subset D' \cup \gamma$, 我们有
$$\int_T F(z) \mathrm{d}z = 0.$$
若以上两种情形均不发生, 则 γ 必将 T 分成两个多边形 T_1 和 T_2. $F(z)$ 在 T_1 和 T_2 的内部解析, 且在边界连续, 由 Cauchy 定理知
$$\int_{T_1} F(z) \mathrm{d}z = 0, \quad \int_{T_2} F(z) \mathrm{d}z = 0.$$
从而
$$\int_T F(z) \mathrm{d}z = 0.$$
由 Morera 定理得 $F(z)$ 在区域 Ω 解析. 证毕.

注 1 从定理的证明及解析函数的唯一性定理可以看出: 关于实轴对称的区域上的函数解析开拓后, 所得函数的值域也关于实轴对称.

注 2 如果以 $S(z)$ 表示我们在第二章 §2.6 分式线性变换一节中定义的关于实轴的对称映射, 则上面定理可以表示为: 函数 $f(z)$ 可以通过对称映射 $S(z)$ 解析开拓到 $\Omega = D \cup \gamma \cup S(D)$ 上, 而 $S \circ f \circ S$ 就是 $f(z)$ 在 $S(D)$ 上的解析开拓.

解析开拓的存在性作为解析函数的一种性质应该在解析同胚下保持不变. 利用 $\overline{\mathbb{C}}$ 的解析自同胚群, 即分式线性变换群, 可以将实轴变为

$\mathbb{C}$ 中任意的圆或直线. 因此定理 1 可以通过分式线性变换用一般的圆或直线段代替实轴, 这就是下面我们要考虑的情形.

定理 2 设 D 为圆周 Γ 所围圆盘内的区域, D 的边界含有 Γ 上的圆弧 γ, D' 为 D 关于 Γ 的对称区域. 再设 $f(z)$ 在 D 内解析, 在 $D \cup \gamma$ 连续, 且 $f(\gamma)$ 落在一个圆周 Γ' 上. 若圆周 Γ' 的圆心 $b \notin f(D)$, 则 $f(z)$ 可以解析开拓到区域 $\Omega = D \cup \gamma \cup D'$; 若 $b \in f(D)$, 则 $f(z)$ 可亚纯开拓到区域 Ω (如图 7.5).

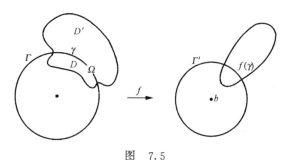

图 7.5

证明 我们只给出证明的轮廓, 读者不难补出具体细节.

取两个分式线性变换 $\varphi(z')$ 及 $\psi(w)$, 使得 $z = \varphi(z')$ 将实轴映成 Γ, 而 $\psi(w)$ 将 Γ' 映成实轴. 现考察 $F(z') = \psi \circ f \circ \varphi(z')$. 由定理 1, 对 $F(z')$ 可以进行关于实轴的解析开拓. 从而
$$f = \psi^{-1} \circ F \circ \varphi^{-1}(z)$$
可开拓至 Ω.

如果以 S_Γ 和 $S_{\Gamma'}$ 分别表示关于圆周 Γ 和 Γ' 的对称映射, 则 $D' = S_\Gamma(D)$, $S_{\Gamma'} \circ f \circ S_\Gamma$ 是 f 在 D' 上的解析开拓, 其将 $D' = S_\Gamma(D)$ 映为 $S_{\Gamma'}(f(D))$. 定理 2 因此而称为**对称原理**.

习 题 七

1. 设 $a = \mathrm{i}$, 证明级数
$$1 + az + a^2 z^2 + \cdots + a^n z^n + \cdots$$
与

$$\frac{1}{1-z} - \frac{(1-a)z}{(1-z)^2} + \frac{(1-a)^2 z^2}{(1-z)^3} - \cdots$$

所定义的函数互为直接解析开拓.

2. 幂级数 $\sum\limits_{n=1}^{+\infty} \dfrac{z^n}{n}$ 与 $\mathrm{i}\pi + \sum\limits_{n=1}^{+\infty} (-1)^n \dfrac{(z-2)^n}{n}$ 的收敛圆盘无公共部分,试证明它们互为解析延拓.

3. 设函数 $f(z)$ 在 $|z|<1$ 内解析,且在 $z=0$ 的邻域内满足条件
$$f(2z) = zf(z)f'(z),$$
证明 $f(z)$ 可解析开拓到 $\mathbb{C}$.

4. 设 $f(z) = \sum\limits_{n=0}^{+\infty} a_n z^n$ 的收敛圆周上只有唯一的一个极点,证明幂级数 $\sum\limits_{n=0}^{+\infty} a_n z^n$ 在圆周上的每一点都发散.

5. 设 $f(z) = \sum\limits_{n=0}^{+\infty} a_n z^n$ 的收敛圆周上只有唯一的一个奇异点 ζ_0,且这个奇异点是一阶极点,证明
$$\lim_{n\to\infty} \frac{a_n}{a_{n+1}} = \zeta_0.$$

6. 设 $f(z) = \sum\limits_{n=0}^{+\infty} a_n z^n$ 的收敛半径为 1,且 $a_n \geqslant 0$,证明 $z=1$ 是 $f(z)$ 的一个奇异点.

7. 设 $f(z)$ 在单位圆盘 Δ 内解析,在 $\Delta \cup \partial\Delta$ 连续,且非常数,再设 $\gamma \subset \partial\Delta$ 为一段弧,证明 $f(\gamma)$ 不可能是单点集.

8. 设 $f(z) = \sum\limits_{n=0}^{+\infty} a_n z^n$ 的收敛半径为 1,所有系数 a_n 都为实数,并且设 $S_n = \sum\limits_{k=0}^{n} a_k \to +\infty$,证明 $z=1$ 是 $f(z)$ 的奇点. 试举例说明若仅有 $|S_n| = \left| \sum\limits_{k=0}^{n} a_k \right| \to +\infty$,命题的结论不一定成立. $\left(\text{提示:} f(z) = \dfrac{1}{(1+z)^2}\right)$

9. 试问在 $-1<x<1$ 上定义的函数
$$f(x) = \mathrm{e}^{-\frac{1}{x^2}}, \quad x \neq 0, \quad f(0) = 0$$
能否将其解析开拓到复平面 $\mathbb{C}$ 上?

10. 证明函数
$$f(z) = \sum_{n=1}^{\infty} \frac{z^n}{1-z^n}$$
在单位圆盘内解析,且单位圆周是它的自然边界.

11. 试问以下函数是否多值函数?

(1) $f(z) = \dfrac{\sin\sqrt{z}}{\sqrt{z}}$;   (2) $f(z) = \cos\sqrt{z}$.

12. 设 $f(z)$ 在 $\mathbb{C}$ 上亚纯,并且存在两个圆周 K, K',使得 $f(K) \subset K'$,证明 $f(z)$ 是一有理函数.

第八章 共形映射

如果区域 D_1, D_2 之间的映射 f 是解析同胚，则 f 称为**共形映射**，并称区域 D_1, D_2 **共形等价**. 共形等价将 $\overline{\mathbb{C}}$ 中的区域分为共形等价类. 给出这种分类是复变函数要讨论的重要课题之一. 而这其中首先需要考虑的是单连通区域的分类. 这章中我们将讨论这一问题. 我们知道 $\overline{\mathbb{C}}$ 中的单连通区域一般可以分成三类：第一类是 $\overline{\mathbb{C}}$ 本身. 第二类是 $\overline{\mathbb{C}}-\{z_0\}$. 对此类区域作共形映射

$$\varphi(z) = \frac{1}{z-z_0},$$

则 D 被映成 $\mathbb{C}$. 第二类与 $\mathbb{C}$ 共形等价；第三类是边界在 $\overline{\mathbb{C}}$ 中至少包含两个点的单连通区域. 在本章中我们要证明的 Riemann 存在定理将告诉我们，对于第三类单连通区域，必存在其到单位圆盘 $D(0,1)$ 的共形映射. 如果我们将共形等价的区域认为是相同的话，则 $\overline{\mathbb{C}}$ 中有且仅有三个不同的单连通区域，即 $\overline{\mathbb{C}}, \mathbb{C}$ 和 $D(0,1)$.

Riemann 存在定理是单复变函数理论中最重要的定理之一. 这是 Riemann 对共形映射理论的重要贡献. 一般认为 **Cauchy 积分理论**、**Weierstrass 级数理论**和**共形映射理论**是单复变函数理论中的三个最重要的组成部分.

§8.1 共形映射的性质

设 D 是一个区域，$f(z)$ 在 D 内单叶解析，这时 $f(D)$ 也是区域，并且 $f: D \to f(D)$ 为解析同胚，即共形映射. 在本节中，为了对共形映射作系统的讨论，我们先对单叶解析函数的基本性质作一些研究.

定理 1 设 $f(z)$ 在区域 D 内单叶解析，则 $\forall z \in D, f'(z) \neq 0$. 反之，若 $z_0 \in D$ 且 $f'(z_0) \neq 0$，则存在 z_0 的邻域 $D(z_0, \rho) \subset D$，使得 $f(z)$ 在 $D(z_0, \rho)$ 内单叶解析.

证明 设 $f(z)$ 在区域 D 内单叶解析. 倘若存在 $z_0 \in D$, 使得 $f'(z_0)=0$, 则 z_0 是 $f(z)-f(z_0)$ 的 $m(m \geqslant 2)$ 阶零点. 由分歧覆盖定理知, 对 $f(z_0)$ 附近的值 w, $f(z)-w$ 在 z_0 附近有 m 个不同的零点. 这与 $f(z)$ 的单叶性矛盾.

定理 1 的后一部分结论是分歧覆盖定理的直接推论. 证毕.

推论 如果 $f(z)$ 是区域 D 上的单叶解析函数, 则映射 f: $D \to f(D)$ 是解析同胚.

注意 函数 e^z 在 $\mathbb{C}$ 上解析, 且它的导数恒不为零. 但它仅是局部单叶的, 而不是整体单叶的.

当 $f(z)$ 在区域 D 上单叶解析时, 映射 f: $D \to f(D)$ 在 D 的每一点都是保角的, 并且 $f(z)$ 作为解析映射同时是保向的. 因此对于 D 内一个以有限条光滑曲线为边界的区域, 如果我们认为其几何形状是由边界曲线之间的夹角决定的, 则映射 f 保持这样图形的几何形状. 因此 f 称为**共形(保形)映射**(见图 8.1).

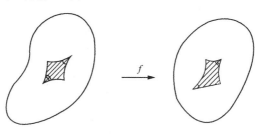

图 8.1

定理 2 若 $D \subset \mathbb{C}$ 为单连通区域, $f(z)$ 在区域 D 内单叶解析, 则 $G=f(D)$ 为单连通区域.

证明 设 Γ 是 G 内一条可求长的 Jordan 曲线, 只要证其内部 $G_1 \subset G$ 即可. 由于 $f(z)$ 单叶解析, 它的反函数 $z=g(w)$ 在 G 单叶解析, 把 G 映成 D, 并且将 Γ 映成 D 内一条可求长的 Jordan 曲线 γ. 由于 D 是单连通的, γ 的内部 $D_1 \subset D$, 因此我们只要证明 $f(D_1) \supset G_1$ 即可.

任取 $w_0 \in G_1$, 由辐角原理知 $f(z)-w_0$ 在 γ 内部的零点个数 $N \geqslant 0$ 可由下式表出

$$N = \frac{1}{2\pi i} \int_\gamma \frac{f'(z)}{f(z)-w_0} dz = \pm \frac{1}{2\pi i} \int_\Gamma \frac{dw}{w-w_0}.$$

在上式中,当 $f(z)$ 将 γ 的正向映成 Γ 的正向时,应选"＋"号,否则选"－"号. 由于 $N \geqslant 0$, 而

$$\left|\frac{1}{2\pi i}\int_\Gamma \frac{dw}{w-w_0}\right|=1,$$

由此我们推知 $N=1$, 且 $f(z)$ 将 γ 的正向映成 Γ 的正向. 这说明 $f(z)$ 在 γ 的内部必能取到 w_0, 从而有 $G_1 \subset f(D_1) \subset G$. 证毕.

以下我们来讨论单叶函数序列的极限问题,它们将被应用到 Riemann 存在定理的证明中.

定理 3 设函数列 $\{f_n(z)\}$ 在区域 D 内解析, 且在 D 上内闭一致收敛到一个不恒为零的函数 $f(z)$, 再设 γ 是 D 内可求长的简单闭曲线, 内部属于 D, 且 $f(z)$ 在 γ 上无零点, 则存在正整数 N, 使得当 $n \geqslant N$ 时, $f_n(z)$ 和 $f(z)$ 在 γ 内部的零点个数(按重数计)是相同的.

证明 利用 Morera 定理, 在第三章 §3.3 的定理 4 中, 我们证明了解析函数列内闭一致收敛的极限函数也是解析的. 因此 $f(z)$ 在 D 内解析. 记

$$\alpha = \min_{z \in \gamma} |f(z)|.$$

由于 $f(z)$ 在 γ 上无零点, 所以 $\alpha>0$. 因为 $\{f_n(z)\}$ 在 γ 上一致收敛于 $f(z)$, 从而 $\exists N$, 当 $n \geqslant N$ 时, 在 γ 上有

$$|f_n(z)-f(z)|<\alpha \leqslant |f(z)|.$$

由 Rouché 定理知 $f(z)$ 与 $f_n(z)$ 在 γ 内部的零点个数相同. 证毕.

定理 4(Hurwitz 定理) 设对 $n=1,2,\cdots$, 函数 $f_n(z)$ 在区域 D 内单叶解析, 并且函数列 $\{f_n(z)\}$ 在 D 上内闭一致收敛于函数 $f(z)$, 则或者 $f(z)$ 恒为常数, 或者 $f(z)$ 在区域 D 内单叶解析.

证明 首先注意到 $f(z)$ 在区域 D 内解析. 如果 $f(z)$ 恒为常数, 则定理得证.

现设 $f(z)$ 不恒为常数. 倘若 $f(z)$ 在区域 D 内不单叶, 则在 D 内存在 $z_1, z_2 (z_1 \neq z_2)$, 使得 $f(z_1)=f(z_2)$. 以 $z_j (j=1,2)$ 为圆心作充分小的圆周 γ_j, 使得 γ_j 及其内部都包含于 D 内, 且 γ_j 所围的小圆盘互不相交, 并且 $f(z)-f(z_1)$ 在 γ_j 上无零点. 由定理 3 可知当 n 充分大时 $f_n(z)-f(z_1)$ 在 $\gamma_j (j=1,2)$ 的内部至少有一个零点. 这与 $f_n(z)$ 的单叶性矛盾. 证毕.

例 如果令 $f_n(z) = \dfrac{z}{n}$,则 $f_n(z)$ 在 $\mathbb{C}$ 上是单叶解析的,且在 $\mathbb{C}$ 上内闭一致收敛于 0.

§8.2 Riemann 存在定理

Riemann 存在定理(也称 Riemann 映射定理)是单复变函数几何理论的重要基础. 1851 年 Riemann 给出了此定理,但其证明中存在一些缺陷, 1869 年 Schwarz 用不同的方法严格地证明了此定理.

定理 1(Riemann 存在定理) 设 $D \subset \mathbb{C}$ 为单连通区域,且不等于 $\mathbb{C}$,再设任意给定 $z_0 \in D, \theta_0 \in [0, 2\pi)$,则存在 D 上唯一的一个共形映射 $f(z)$ 满足:

(1) $f(z)$ 将 D 映成单位圆盘 $D(0,1)$;

(2) $f(z_0) = 0, \arg f'(z_0) = \theta_0$.

Riemann 存在定理告诉我们如果 $\mathbb{C}$ 中单连通区域 $D \neq \mathbb{C}$,则其必解析同胚于单位圆盘. 定理 1 中的映射 f 也称为是 D 上的 **Riemann 映射**.

为了证明 Riemann 存在定理,我们需要做一些准备工作.

设 D 是单连通区域,$z_0 \in D$ 是给定的点. 如果 $f: D \to D(0,1)$ 是满足 $f(z_0) = 0$ 的解析同胚,则对于任意 D 到 $D(0,1)$ 的解析映射 $g: D \to D(0,1)$,若 $g(z_0) = 0$,则解析映射 $g \circ f^{-1}: D(0,1) \to D(0,1)$ 满足 $g \circ f^{-1}(0) = 0$. 因此由 Schwarz 引理得

$$|(g \circ f^{-1})'(0)| = |g'(z_0) \cdot [f'(z_0)]^{-1}| \leqslant 1.$$

由此得到 $|g'(z_0)| \leqslant |f'(z_0)|$,并且等式成立当且仅当

$$f(z) \equiv g(z) \mathrm{e}^{\mathrm{i}\theta},$$

其中 θ 为常数. 如果 Riemann 存在定理中的映射 f 存在,以上讨论告诉我们 $|f'(z_0)|$ 是所有满足 $g(z_0) = 0$ 的解析映射 $g: D \to D(0,1)$ 中 $|g'(z_0)|$ 最大的一个. 因此我们考虑由所有满足上面条件的函数构成的空间. 定义

$$\mathscr{F} = \{g \mid g: D \to D(0,1) \text{ 为解析映射},\text{且 } g(z_0) = 0\}.$$

在 $\mathscr{F}$ 上定义一个映射 $\varphi: \mathscr{F} \to \mathbb{R}, \varphi(g) = |g'(z_0)|$. 我们需要证明 φ 在

$\mathscr{F}$ 上有最大值. 对此, 比照微积分中闭区间上连续函数最大、最小值定理及其证明, 我们希望在 $\mathscr{F}$ 中定义一个极限, 使得映射 φ 对于这一极限是连续的, 而 $\mathscr{F}$ 对于这一极限是紧的, 即 $\mathscr{F}$ 中任意序列对于这一极限都有收敛子列. 对于在 $\mathscr{F}$ 中定义极限的问题, 利用我们前面已经讨论过并且较为熟悉的内闭一致收敛的概念, 我们在 $\mathscr{F}$ 中按下面的方式定义极限.

定义 1 $\mathscr{F}$ 中序列 $\{f_n(z)\}$ 称为在 $\mathscr{F}$ 中**收敛**于 $f(z)$, 如果 $\{f_n(z)\}$ 在 D 上内闭一致收敛于 $f(z)$.

利用第四章 §4.2 中定理 2 的推论, 我们知道解析函数列 $\{f_n(z)\}$ 如果在区域 D 上内闭一致收敛于 $f(z)$, 则其任意阶导函数序列 $\{f_n^{(k)}(z)\}$ 在 D 上也内闭一致收敛于 $f^{(k)}(z)$. 因此对于上面定义的极限, 映射 $\varphi(g)=|g'(z_0)|$ 是连续的. 而对于 $\mathscr{F}$ 相对于此极限的紧性, 我们将利用解析函数研究中的另一重要概念——正规族的概念来进行讨论.

定义 2 设 $\mathscr{F}=\{f(z)\}$ 为区域 D 内的一族解析函数, $z_0 \in D$. 我们称这一函数族 $\mathscr{F}$ 在 z_0 是**正规**的, 若存在 z_0 的邻域 $D(z_0, \delta)$, 使得对任何函数列 $\{f_n(z)\} \subset \mathscr{F}$, 都存在子列 $\{f_{n_k}(z)\} \subset \{f_n(z)\}$, 满足 $\{f_{n_k}(z)\}$ 在 $D(z_0, \delta)$ 内一致收敛. 若函数族 $\mathscr{F}$ 在 D 内的每一点都正规, 则称 $\mathscr{F}$ 在 D 内正规, 或称 $\mathscr{F}$ 是 D 上的**正规族**.

容易看出 $\mathscr{F}$ 在 D 内正规的充分必要条件是对 $\mathscr{F}$ 中任意的函数列 $\{f_n(z)\}$ 和任意紧集 $K \subset D$, 都存在子列 $\{f_{n_k}(z)\} \subset \{f_n(z)\}$, 使得 $\{f_{n_k}(z)\}$ 在紧集 K 上一致收敛.

定义 3 设 D 是一区域, $\mathscr{F}$ 是 D 上的一族函数. 如果对任意的紧集 $K \subset D$, 都存在常数 $M=M(K)$, 使得对任意的 $f(z) \in \mathscr{F}$ 和 $z \in K$, 有 $|f(z)| \leqslant M$, 则称函数族 $\mathscr{F}$ 在 D 上**内闭一致有界**. 如果对任意紧集 $K \subset D$, 以及任意 $\varepsilon>0$, 存在 $\delta=\delta(\varepsilon, K)>0$, 使得当 $z_1, z_2 \in K$, $|z_1-z_2|<\delta$ 时, 对任意 $f(z) \in \mathscr{F}$, 有
$$|f(z_1)-f(z_2)|<\varepsilon.$$
则称函数族 $\mathscr{F}$ 在 D 上**内闭等度连续**.

下面给出的关于正规族的重要结果——Montel 定理不仅在

Riemann 存在定理的证明中有重要应用,而且在复变函数的其他方面也经常被用到. Montel 定理的推广至今仍是复变函数研究的重要对象.

定理 2(Montel 定理) 设 $\mathscr{F}$ 是区域 D 上的一个内闭一致有界的解析函数族,则 $\mathscr{F}$ 在 D 内正规.

证明 我们分几步来证明此定理.

首先我们证明 $\mathscr{F}$ 在 D 上内闭等度连续. 设紧集 $K \subset D$,记 $\rho = \text{dist}(K, \partial D)$,则 $\rho > 0$. 构造另一紧集

$$K' = \left\{ z \mid z \in D, \text{dist}(z, K) \leqslant \frac{\rho}{2} \right\}.$$

由于 $\mathscr{F}$ 在 K' 上一致有界,存在 $M = M(K') > 0$,使得对任意的 $f(z) \in \mathscr{F}$,$\forall z \in K'$,有

$$|f(z)| \leqslant M.$$

现设 $z_1, z_2 \in K$,且 $|z_1 - z_2| < \frac{\rho}{4}$,则圆周 $\gamma : |\zeta - z_1| = \frac{\rho}{2}$ 的内部属于 K'. 由 Cauchy 公式得

$$\begin{aligned}
|f(z_1) - f(z_2)| &= \left| \frac{1}{2\pi i} \int_\gamma \frac{f(\zeta)}{\zeta - z_1} d\zeta - \frac{1}{2\pi i} \int_\gamma \frac{f(\zeta)}{\zeta - z_2} d\zeta \right| \\
&= \frac{|z_1 - z_2|}{2\pi} \left| \int_\gamma \frac{f(\zeta)}{(\zeta - z_1)(\zeta - z_2)} d\zeta \right| \\
&\leqslant \frac{|z_1 - z_2|}{2\pi} \cdot \frac{M}{\frac{\rho}{2} \cdot \frac{\rho}{4}} \cdot 2\pi \cdot \frac{\rho}{2} \\
&= \frac{4M}{\rho} |z_1 - z_2|.
\end{aligned}$$

因此对于任意 $\varepsilon > 0$,令

$$\delta = \min\left(\frac{\rho}{4}, \frac{\rho \varepsilon}{4M} \right) > 0,$$

则当 $|z_1 - z_2| < \delta, z_1, z_2 \in K$ 时,就有

$$|f(z_1) - f(z_2)| < \varepsilon.$$

这说明了函数族 $\mathscr{F}$ 在 D 上内闭等度连续.

设 $\{f_n(z)\} \subset \mathscr{F}$ 为任意给定的一个函数列. 取 D 中的一个序列 $\{z_n\}$,使得集合 $E = \{z_1, z_2, \cdots, z_n, \cdots\}$ 是 D 的稠密子集. 例如可将 D 中两个实坐标均为有理数的点排为序列 $\{z_n\}$. 首先我们证明存在 $\{f_n(z)\}$

的子序列$\{f_{n_k}(z)\}$在 E 上点点收敛.

事实上,$\{f_n(z)\}$在 $z=z_1$ 有界,从而存在子列$\{f_{n,1}(z)\}\subset\{f_n(z)\}$使得$\{f_{n,1}(z_1)\}$收敛.依次类推,我们可以证明存在$\{f_{n,k}(z)\}$的子列$\{f_{n,k+1}(z)\}$使得$\{f_{n,k+1}(z_{k+1})\}$($k=1,2,\cdots$)收敛.由此我们得到下面的函数列方阵:

$$\begin{matrix} f_{1,1}(z) & f_{2,1}(z) & f_{3,1}(z) & \cdots \\ f_{1,2}(z) & f_{2,2}(z) & f_{3,2}(z) & \cdots \\ f_{1,3}(z) & f_{2,3}(z) & f_{3,3}(z) & \cdots \\ \cdots & \cdots & \cdots & \cdots \\ f_{1,n}(z) & f_{2,n}(z) & f_{3,n}(z) & \cdots \\ \cdots & \cdots & \cdots & \cdots \end{matrix}$$

这个方阵具有以下性质:从第二行开始,每一行的函数列均是上面一行函数列的子列,且第 k 行的函数列在 $z_1,z_2,\cdots,z_k$ 收敛.我们取此方阵的对角线序列$\{f_{n,n}(z)\}$,则它在 E 上收敛.

最后我们来证明定理:设$\{f_n(z)\}\subset\mathscr{F}$,$K\subset D$ 是一个紧集.选 D 的一个稠密子集 $E=\{z_n\}$ 以及$\{f_{n_k}(z)\}\subset\{f_n(z)\}$使得$\{f_{n_k}(z)\}$在 E 上点点收敛.我们希望证明$\{f_{n_k}(z)\}$在 K 上一致收敛.

由于$\{f_{n_k}(z)\}$在 K 等度连续,因此,$\forall\,\varepsilon>0$,$\exists\,\delta>0$,当 $z_1,z_2\in K$,$|z_1-z_2|<\delta$ 时,就有

$$|f_{n_k}(z_1)-f_{n_k}(z_2)|<\frac{\varepsilon}{3}.$$

选取 D 内的有限个圆盘 Γ_j($j=1,2,\cdots,N$)覆盖 K,使得每个 Γ_j 的半径小于$\frac{\delta}{2}$.由 E 在 D 内稠密,从而每个 Γ_j 中必有 E 中的点.在 Γ_j 内任取一个 E 中的点并且将其记为 z_j.由于 $f_{n_k}(z)$ 在$\{z_1,z_2,\cdots,z_N\}$收敛,从而存在 N,当 $k,k'\geqslant N$ 时,有

$$|f_{n_k}(z_j)-f_{n_{k'}}(z_j)|<\frac{\varepsilon}{3},\quad 1\leqslant j\leqslant N.$$

对任意的 $z\in K$,它必属于某个 Γ_j,注意到 Γ_j 的半径小于$\frac{\delta}{2}$,从而$|z-z_j|<\delta$.由 $f_{n_k}(z)$ 的等度连续性,我们有

$$|f_{n_k}(z)-f_{n_{k'}}(z)|\leqslant|f_{n_k}(z)-f_{n_k}(z_j)|+|f_{n_k}(z_j)-f_{n_{k'}}(z_j)|$$

$$+ |f_{n_{k'}}(z_j) - f_{n_{k'}}(z)| < \varepsilon.$$

这表明 $f_{n_k}(z)$ 在 K 上一致收敛. 证毕.

经过上面准备, 现在我们来证明 Riemann 存在定理(定理 1).

Riemann 存在定理的证明 我们可以假定 $\theta_0=0$. 事实上, 如果存在共形映射 $f(z)$ 将 D 映成单位圆盘 $D(0,1)$, 满足 $f(z_0)=0, f'(z_0)>0$, 则当 $\theta_0 \neq 0$ 时, $e^{i\theta_0}f(z)$ 将满足定理 1 的要求.

现在假设 $\theta_0=0$, 定理的证明分以下几步进行:

(1) 考虑 D 内解析函数族

$$\mathscr{F} = \{g(z) | g(z_0)=0, g'(z_0)>0 \text{ 且 } |g(z)|<1\}.$$

由于我们讨论的是共形映射, 因此可以仅考虑 $\mathscr{F}$ 中的单叶函数, 即假定 $g \in \mathscr{F}$, 则 g 是 D 到 $D(0,1)$ 的某一子区域且满足条件 $g(z_0)=0$, $g'(z_0)>0$ 的共形映射.

首先我们证明在 $\mathscr{F}$ 中这样的 $g(z)$ 是存在的. 任取 $a \in \mathbb{C}$ 且 $a \notin D$. 由于 D 是单连通的, 函数 $z-a$ 在 D 内处处不为零, 因而在 D 内 $\sqrt{z-a}$ 有两个单值解析分支. 将 $\sqrt{z-a}$ 的两个单值解析分支记为

$$\xi = \pm \varphi(z) = \pm \sqrt{z-a}.$$

对于任意 $z_1, z_2 \in D$, 由 $[\varphi(z_1)-\varphi(z_2)][\varphi(z_1)+\varphi(z_2)]=z_1-z_2$, 因此如果 $z_1 \neq z_2$, 则 $\varphi(z_1) \neq \varphi(z_2)$. 于是得 $\varphi(z)$ 在 D 内单叶. 同理, 如果 $\varphi(z_1)=-\varphi(z_2)$, 则 $z_1=z_2$ 并且 $\varphi(z_1)=0$, 与 $z-a$ 在 D 内处处不为零矛盾. 所以

$$\varphi(D) \cap \{-\varphi(D)\} = \varnothing.$$

记 $\Omega = \varphi(D)$. 设 $\zeta_0 = \varphi(z_0)$, 取 $r>0$ 充分小, 使得 $D(\zeta_0,r) \subset \Omega$, 则 $D(-\zeta_0,r) \subset \{-\varphi(D)\}$, 因而 $D(-\zeta_0,r) \cap \Omega = \varnothing$. 取一分式线性变换 $R(\zeta)$, 使得 $R(\zeta_0)=0$, 并且将 $\partial D(-\zeta_0,r)$ 映为单位圆周. 因而, $R \circ \varphi(z)$ 将 D 映成单位圆盘内的一个单连通子区域. 设

$$\theta = -\arg(R \circ \varphi)'(z_0),$$

则

$$g(z) = e^{i\theta} R[\varphi(z)] \in \mathscr{F}.$$

所以 $\mathscr{F} \neq \varnothing$.

(2) 记

$$\lambda = \sup\{g'(z_0) | g \in \mathscr{F}\},$$

则 $\lambda>0$. 我们先证 $\lambda<+\infty$. 事实上,取 $r_0>0$,使得 $D(z_0,r_0)\subset D$. 在 $D(z_0,r_0)$ 上对 $g(z)\in\mathscr{F}$ 应用 Schwarz 引理得

$$|g'(z_0)|\leqslant\frac{1}{r_0}.$$

由此证明了 λ 为一有限正数. 下面我们证明存在 $f(z)\in\mathscr{F}$ 使得

$$f'(z_0)=\lambda.$$

事实上,由上确界的定义知存在一列函数 $\{g_n(z)\}\subset\mathscr{F}$,使得 $g'_n(z_0)\to\lambda$. 由于 $\{g_n(z)\}$ 在 D 内一致有界,由 Montel 定理知存在子序列 $\{g_{n_k}(z)\}$ 在 D 上内闭一致收敛于一个函数 $f(z)$. 因而 $f(z)$ 在 D 内解析,并且

$$0<\lambda=\lim_{k\to\infty}g'_{n_k}(z)=f'(z_0),$$

这说明 $f(z)$ 不是常数. 由 Hurwitz 定理知 $f(z)$ 在 D 内单叶. 由于 $f(z_0)=0$,从而 $f(z)\in\mathscr{F}$.

(3) 现在我们来证明 $w=f(z)$ 将 D 映为 $D(0,1)$. 倘若 $f(D)\neq D(0,1)$,我们取 $a\in D(0,1)-f(D)$. 令

$$\varphi(z)=\frac{z-a}{1-\bar{a}z},$$

则 $\varphi(z)$ 在 $f(D)$ 上处处不为零. 取 $\sqrt{\varphi(z)}$ 的一个单值解析分支 $g(z)$. 由于 $\varphi(z)$ 单叶解析,而对于任意 $z_1,z_2\in f(D)$,由

$$[g(z_1)-g(z_2)][g(z_1)+g(z_2)]=\frac{(z_1-z_2)(1-|a|^2)}{(1-\bar{a}z_1)(1-\bar{a}z_2)},$$

因此如果 $z_1\neq z_2$,则 $g(z_1)\neq g(z_2)$. 因而 $g(z)$ 在 $f(D)$ 内也是单叶解析的. 记

$$g(0)=b=\sqrt{-a}.$$

显然 $0<|b|<1$. 再令

$$\psi(z)=\frac{z-b}{1-\bar{b}z},$$

则函数

$$h(z)=e^{i\arg b}\psi[g(z)]:f(D)\to D(0,1)$$

在 $f(D)$ 内单叶解析且满足 $h(0)=0$ 和

$$h'(0)=e^{i\arg b}\psi'(b)g'(0)=e^{i\arg b}\psi'(b)\frac{\varphi'(0)}{2g(0)}$$

$$= e^{i\arg b} \cdot \frac{1}{1-|b|^2} \cdot \frac{1-|a|^2}{2b}$$
$$= \frac{1+|b|^2}{2|b|} > 1.$$

由于 $F(z)=h[f(z)]\in\mathscr{F}$，并且
$$F'(z_0) = h'(0)f'(z_0) > f'(z_0) = \lambda,$$
因此与 λ 的定义矛盾. 这说明 $f(z)$ 将 D 映满了 $D(0,1)$.

(4) 最后证明定理的唯一性部分. 设 $D\to D(0,1)$ 的共形映射 $f_j(z)(j=1,2)$ 都满足 $f_j(z_0)=0, f_j'(z_0)>0$. 考察 $D(1,0)$ 到 $D(1,0)$ 的共形映射
$$F(w) = f_1 \circ f_2^{-1}(w),$$
则 $F(0)=0$. 由 Schwarz 引理得 $|F(w)|\leqslant|w|$，从而当 $z\in D$ 时有即
$$|f_1(z)| \leqslant |f_2(z)|.$$

若考虑 $F^{-1}(w)=f_2\circ f_1^{-1}(w)$，同理可推出
$$|f_2(z)| \leqslant |f_1(z)|, \quad z \in D.$$
因此
$$|f_1(z)| \equiv |f_2(z)|.$$
由此推出，存在实常数 α，使得在 D 内成立
$$f_1(z) = e^{i\alpha}f_2(z).$$
由于 $f_1'(z_0)=e^{i\alpha}f_2'(z_0)$，我们推知 $\alpha=0$. 这样我们便证明了 $f_1(z)\equiv f_2(z)$. 证毕.

§8.3 边 界 对 应

共形映射 $f: D\to f(D)$ 如果可连续开拓为 $\overline{D}$ 到 $\overline{f(D)}$ 的一一映射，并且其逆映射 $f^{-1}: \overline{f(D)}\to\overline{D}$ 也是连续的，则 $f: \overline{D}\to\overline{f(D)}$ 为连续的同胚映射. 这时 f 必将内点映为内点，边界点映为边界点.

我们知道平面内的单连通区域 D 的边界可以是非常复杂的. 设 $f: D\to\Delta$ 是一个 Riemann 映射，一般说来 f 不可能延拓成 $\overline{D}\to\overline{\Delta}$ 的同胚映射. 但在很多理论问题中，D 往往是具有较简单的情形. 本节我们主要介绍 Jordan 区域的情形.

定理(边界对应原理) 设区域 D 的边界 Γ 是一条 Jordan 曲线，

f 是 D 到单位圆盘 Δ 的一个共形映射,则 f 可以扩充成 $\overline{D} \to \overline{\Delta}$ 的一个同胚映射 $\tilde{f}$,即 $\tilde{f}$ 是 $\overline{D} \to \overline{\Delta}$ 的一个一一对应,并且 $\tilde{f}$ 在 $\overline{D}$ 上连续,$\tilde{f}^{-1}$ 在 $\overline{\Delta}$ 上连续.

*证明 (1) 先证明函数 $f(z)$ 在 D 内一致连续.

倘若 $f(z)$ 在 D 内不一致连续,则存在正数 ε_0(不妨设 $\varepsilon_0 < 1$)及 D 内两个点列 $\{z_n'\}, \{z_n''\}$,使得对任意的 n,有 $|z_n' - z_n''| < \dfrac{1}{n}$,但
$$|f(z_n') - f(z_n'')| \geqslant \varepsilon_0.$$
由于 D 是有界区域,所以 $\{z_n'\}$ 有一个子列收敛到一点 ξ. 为了记号简便,我们不妨假设 $\lim\limits_{n \to \infty} z_n' = \xi$. 由 $|z_n' - z_n''| \to 0 (n \to \infty)$,我们推知 $\lim\limits_{n \to \infty} z_n'' = \xi$. 因为 $f(z)$ 在 D 内解析,从而它在 D 内连续. 由此看出 ξ 必属于 Γ. 这是因为倘若 $\xi \in D$,则
$$\lim_{n \to \infty} |f(z_n') - f(z_n'')| = |f(\xi) - f(\xi)| = 0.$$
这与 $|f(z_n') - f(z_n'')| \geqslant \varepsilon_0$ 矛盾.

现记 $w_n' = f(z_n'), w_n'' = f(z_n'')$. 由于 w_n', w_n'' 落在 Δ 内,从而它们又存在收敛的子序列. 为了记号简便起见,我们仍设
$$w_n' \to w', \quad w_n'' \to w'' \quad (n \to \infty).$$
由
$$|w_n' - w_n''| = |f(z_n') - f(z_n'')| \geqslant \varepsilon_0,$$
推知
$$|w' - w''| \geqslant \varepsilon_0.$$

由于 $f(z)$ 的反函数 $z = g(w)$ 在 Δ 内单叶解析,我们推知 w' 与 w'' 必落在 $\partial \Delta$ 上.

现取定 D 内一点 z_0,由于 Γ 是 Jordan 曲线,我们可以作一条连结 z_0 与 ξ 的连续曲线 γ,使得 $\gamma - \{\xi\} \subset D$. 在 Δ 内取定两点 w_1, w_2,使得当 n 充分大时,线段 $\overline{w_1 w_n'}$ 和 $\overline{w_2 w_n'}$ 之间的距离大于 $\dfrac{\varepsilon_0}{2}$.

设 $z_1 = g(w_1), z_2 = g(w_2)$. 以 ξ 为圆心,作半径为 r 的圆周 C_r,使得 z_0 在 C_r 的外部,如图 8.2. 由此我们可以得到 Jordan 域 $D_r \subset D$,使得 D_r 的边界是由两条 Jordan 弧构成,其中一条是 C_r 的一部分,而另一条是 Γ 的一部分.

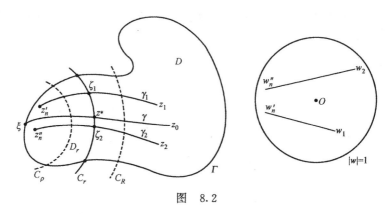

图 8.2

当 r 充分小时,点 z_1, z_2 落在 D_r 的外部,设线段 $\overline{w_1 w_n'}$ 和 $\overline{w_2 w_n'}$ 在 D 内的原象是 γ_1, γ_2. 当 n 充分大时,z_n', z_n'' 都将落在 D_r 内. 设 γ_1, γ_2 与 C_r 的交点分别为 ζ_1, ζ_2,于是我们有

$$\frac{\varepsilon_0}{2} < |f(\zeta_1) - f(\zeta_2)| = \left| \int_{\zeta_1}^{\zeta_2} f'(z) dz \right|$$

$$= \left| \int_{\theta_1}^{\theta_2} f'(\zeta + re^{i\theta}) rie^{i\theta} d\theta \right|$$

$$\leqslant \int_{\theta_1}^{\theta_2} r |f'(\zeta + re^{i\theta})| d\theta.$$

由 Schwarz 不等式得

$$\frac{\varepsilon_0^2}{4} \leqslant \left[\int_{\theta_1}^{\theta_2} r |f'(\zeta + re^{i\theta})| d\theta \right]^2 \leqslant 2\pi r \int_{\theta_1}^{\theta_2} r |f'(\zeta + re^{i\theta})|^2 d\theta,$$

即

$$\frac{\varepsilon_0^2}{4r} \leqslant 2\pi \int_{\theta_1}^{\theta_2} r |f'(\zeta + re^{i\theta})|^2 d\theta.$$

上面不等式从 ρ 到 R 对 r 积分得

$$\frac{\varepsilon_0^2}{4} \ln \frac{R}{\rho} \leqslant 2\pi \int_{\rho}^{R} dr \int_{\theta_1}^{\theta_2} r |f'(\zeta + re^{i\theta})|^2 d\theta$$

$$< 2\pi \iint_{D} |f'(z)|^2 d\sigma = 2\pi^2.$$

令 $\rho \to 0$,从上面不等式推出矛盾. 这说明 $f(z)$ 在 D 内一致连续.

(2) 下面我们证明 $f(z)$ 可连续延拓至 $\overline{D}$. 为此先定义 Γ 上的值.

设 $\zeta \in \Gamma$, 我们将证明存在以下极限:
$$\lim_{D \ni z \to \zeta} f(z).$$
如若不然, 则存在 D 内点列 $z_n' \to \zeta$ 和 $z_n'' \to \zeta$, 使得
$$\lim_{n \to \infty} f(z_n') = w', \quad \lim_{n \to \infty} f(z_n'') = w''.$$
且 $w' \neq w''$. 这样一来, 当 n 充分大时, 有
$$|f(z_n') - f(z_n'')| > \frac{1}{2}|w' - w''|.$$
这与 $f(z)$ 在 D 内一致连续矛盾.

因此对任意的 $\zeta \in \Gamma$, 我们可定义
$$f(\zeta) = \lim_{D \ni z \to \zeta} f(z).$$

设 $\zeta_0 \in \Gamma$, 任给 $\varepsilon > 0$, 由 $f(z)$ 在 D 内一致连续, 存在 $\delta > 0$, 使得 D 内任意两点 z_1, z_2, 当 $|z_1 - z_2| < \delta$ 时, 有
$$|f(z_1) - f(z_2)| < \varepsilon.$$
现对每一 $\zeta \in \Gamma$, 且 $|\zeta - \zeta_0| < \frac{\delta}{2}$, 取
$$z \in D, \quad |z - \zeta| < \frac{\delta}{4}, \quad |f(z) - f(\zeta)| < \frac{\varepsilon}{2};$$
$$z_0 \in D, \quad |z_0 - \zeta_0| < \frac{\delta}{4}, \quad |f(z_0) - f(\zeta_0)| < \frac{\varepsilon}{2}.$$
这时 z 与 z_0 满足
$$|z - z_0| \leqslant |z - \zeta| + |\zeta - \zeta_0| + |\zeta_0 - z_0| < \delta.$$
从而有
$$|f(z) - f(z_0)| < \varepsilon.$$
因此当 $|\zeta - \zeta_0| < \frac{\delta}{2}$ 时有
$$|f(\zeta) - f(\zeta_0)| \leqslant |f(\zeta) - f(z)| + |f(z) - f(z_0)|$$
$$+ |f(z_0) - f(\zeta_0)| < 2\varepsilon.$$
这说明了 $f(z)$ 在 Γ 上连续. 由 $f(z)$ 的定义, 我们可知 $f(z)$ 在 $\overline{D}$ 上连续. 易知 $f(\Gamma) \subset \partial \Delta$.

同理, 我们可以证明 $g(w)$ 在 Δ 内一致连续. 类似地, 对 $W \in \partial \Delta$, 定义

$$g(W) = \lim_{\Delta \ni w \to W} g(w),$$

则 $g(w)$ 在 $\overline{\Delta}$ 上连续，且 $g(\partial\Delta) \subset \Gamma$。由此 $f \circ g(w)$ 在 $\overline{\Delta}$ 连续，当 $w \in \Delta$ 时，

$$f \circ g(w) \equiv w.$$

由连续性知上述等式在 $\overline{\Delta}$ 上成立。这说明 $f(z)$ 是 $\overline{D}$ 到 $\overline{\Delta}$ 的一个同胚。证毕。

§8.4 共形映射的例子

由上节证明的 Riemann 存在定理，我们知道 $\mathbb{C}$ 中边界多于一点的单连通区域 D 都存在共形映射 f，使得将 D 映为单位圆盘 Δ。由于 D 的复杂性，这样的 f 一般不可能是初等函数。另外，我们知道当 D 是一些特别的区域时，f 可以有简单的形式，如 D 是上半平面时，f 可以(并且一定)是一分式线性变换。

在本章中，我们讨论一些区域之间的共形映射的例子，这些映射可以由初等函数来实现。因此在本节中，我们要求读者应该熟悉基本初等函数如分式线性变换、指数函数、幂函数等的映射性质。

例1 设 H 表示上半平面，并令 $D = H - [0, ih]$ ($h > 0$)，求把 D 映为 H 的共形映射。

解 首先利用

$$z_1 = z^2,$$

把 D 映为 $D_1 = \mathbb{C} - [-h^2, +\infty)$；再作平移变换

$$z_2 = z_1 + h^2,$$

把 D_1 映为 $D_2 = \mathbb{C} - [0, +\infty)$；最后作变换

$$w = \sqrt{z_2},$$

将 D_2 映为上半平面 H，这里根式是取 $\sqrt{-1} = i$ 的那个分支。所以函数

$$w = \sqrt{z^2 + h^2}$$

把 D 共形映射成为上半平面 H (如图 8.3)。把 D 的边界 $(-\infty, 0)$ 和 $(0, +\infty)$ 映为 H 的边界 $(-\infty, -h)$ 和 $(h, +\infty)$。

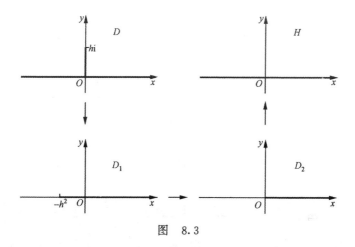

图 8.3

例 2 求将单位圆盘 $|z|<1$ 内去掉线段 $\left[\frac{1}{2},1\right)$ 的区域 D 映为上半平面 H 的共形映射.

解 作分式线性变换
$$z_1 = i\frac{1-z}{1+z},$$
把 D 映为 $D_1 = H - \left[0,\frac{i}{3}\right]$. 由例 1 知,变换
$$w = \sqrt{z_1^2 + \frac{1}{9}}$$
把 D_1 映为上半平面 H(如图 8.4). 所以变换
$$w = \sqrt{-\left(\frac{1-z}{1+z}\right)^2 + \frac{1}{9}} = \frac{2i}{3(1+z)}\sqrt{(2z-1)(z-2)}$$
把带裂缝的单位圆盘 D 映为上半平面 H.

注 用两种不同的方法实现 D 到 H 的共形映射,所得的映射函数在形式上可以不同,但这两个函数只能相差一个从上半平面到上半平面的分式线性变换. 如例 2 中先作儒可夫斯基变换
$$z_1 = \frac{1}{2}\left(z + \frac{1}{z}\right),$$
把 D 映为 $D_1 = \mathbb{C} - \left[-1,\frac{5}{4}\right]$;再作变换

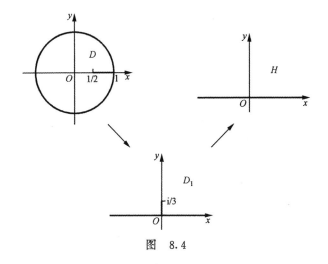

图 8.4

$$z_2 = \frac{8}{9}\left(z_1 - \frac{1}{8}\right),$$

把 D_1 映为 $D_2 = \mathbb{C} - [-1, 1]$；然后作儒可夫斯基变换的逆变换

$$z_3 = z_2 + \sqrt{z_2^2 - 1},$$

把 D_2 映为 $|z_3| < 1$，其中根式取 $z_2 > 1$ 时为负的那个分支；最后作变换

$$w_1 = \mathrm{i}\frac{1 + z_3}{1 - z_3},$$

把 $|z_3| < 1$ 映为上半平面 H. 所以复合函数

$$w_1 = \mathrm{i}\frac{\sqrt{2}(z+1)}{\sqrt{(2z-1)(z-2)}}$$

把 D 映为 H. w 与 w_1 只相差从 H 到 H 的分式线性变换：

$$w = -\frac{2\sqrt{2}}{3w_1}.$$

下面讨论由两个圆周所决定的区域. 当两个圆周围成一个单连通区域 D 时，我们总能求出 D 到 Δ 的共形映射 $\varphi(z)$. 一个基本的方法是利用一个分式线性变换将圆周上的某个点映到 ∞，从而可使一些圆周映成了直线.

例3 设 D 是圆周
$$\left|z-\frac{1}{2}\right|=\frac{1}{2}$$
和虚轴围成的无界区域,求把 D 映为上半平面 H 的共形映射.

解 先作变换
$$z_1=\frac{1}{z},$$
它把虚轴变为虚轴,实轴变为实轴,因此把与实轴正交的圆周
$$\left|z-\frac{1}{2}\right|=\frac{1}{2}$$
映为与实轴正交的直线 $\mathrm{Re}z_1=1$,把 D 映为 $D_1: 0<\mathrm{Re}z_1<1$;再作变换
$$z_2=\pi\mathrm{i}z_1,$$
它把垂直带形域 D_1 变为水平带形域 $D_2: 0<\mathrm{Im}z_2<\pi$;最后作变换
$$w=\mathrm{e}^{z_2},$$
把带形域 D_2 变为上半平面 H. 所以函数
$$w=\mathrm{e}^{\frac{\pi\mathrm{i}}{z}}$$
把 D 映为 H(见图 8.5).

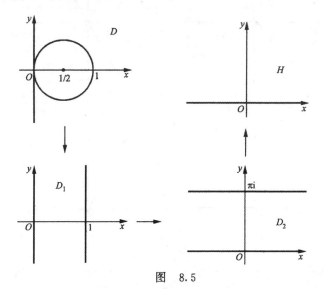

图 8.5

例 4 求把圆盘 $|z-1|<2$ 和圆盘 $|z+1|<2$ 的公共部分 D 映为上半平面 H 的共形映射.

解 容易求出圆周 $|z+1|=2$ 和 $|z-1|=2$ 的交点为 $z=\pm\sqrt{3}\,\mathrm{i}$. 作分式线性变换

$$z_1 = \frac{z-\sqrt{3}\,\mathrm{i}}{z+\sqrt{3}\,\mathrm{i}},$$

它把

$$z=-1 \mapsto z_{11}=-\frac{1}{2}+\frac{\sqrt{3}}{2}\mathrm{i}, \quad z=1 \mapsto z_{12}=-\frac{1}{2}-\frac{\sqrt{3}}{2}\mathrm{i}.$$

所以它将圆周 $|z-1|=2$ 变为过原点与 z_{11} 的射线 L_1,将圆周 $|z+1|=2$ 变为过原点与 z_{12} 的射线 L_2(见图 8.6). 为了看出 D 映成了哪个角域,我们只要注意到 $z=0 \mapsto z_1=-1$ 就可以发现它将域 D 变为角域

$$D_1: \frac{2\pi}{3} < \arg z_1 < \frac{4\pi}{3}.$$

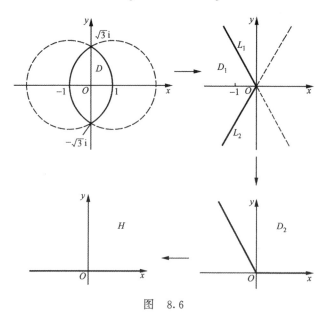

图 8.6

再作旋转变换

$$z_2 = \mathrm{e}^{-\frac{2\pi\mathrm{i}}{3}} z_1,$$

它把 D_1 变为角域 D_2: $0<\arg z_2<\frac{2\pi}{3}$. 最后作变换
$$w = z_2^{\frac{3}{2}},$$
它把角域 D_2 变为 H. 所以复合函数
$$w = -\left(\frac{z-\sqrt{3}\,\mathrm{i}}{z+\sqrt{3}\,\mathrm{i}}\right)^{\frac{3}{2}}$$
把 D 映为 H(见图 8.6).

在本章最后,我们来讨论一个给定边界条件的共形映射问题.

例 5 设 R_1 与 R_2 是平面内两个矩形区域,证明存在 R_1 到 R_2 且满足顶点相互对应的共形映射的充要条件是 R_1 与 R_2 的对应边成比例.

证明 如果 R_1 与 R_2 的对应边成比例,不难看出通过平移、旋转及伸缩变换,我们就可以将 R_1 映成 R_2,并且保持 R_1 及 R_2 的顶点相互对应.

现在假设存在 R_1 到 R_2 的共形映射 $f(z)$ 使得它保持 R_1 及 R_2 的顶点相互对应.通过平移及旋转变换,我们不妨假定 R_j 的四点顶点是 $0, x_j, x_j+y_j\mathrm{i}, y_j\mathrm{i}\,(x_j>0, y_j>0, j=1,2)$,并且
$$f(0)=0,\ f(x_1)=x_2,\ f(x_1+y_1\mathrm{i})=x_2+y_2\mathrm{i},\ f(y_1\mathrm{i})=y_2\mathrm{i}.$$
由于矩形区域均为 Jordan 区域,类似于边界对应定理的证明,我们推知 $f(z)$ 可延拓成 $\overline{R}_1$ 到 $\overline{R}_2$ 的同胚.再由顶点对应,我们可知 $f(z)$ 将 $[0,x_1]$ 同胚映成 $[0,x_2]$,因此我们可以用对称开拓的办法将 $f(z)$ 解析开拓到矩形区域 R_1 关于实轴的对称区域 R_1'. 设 R_2 关于实轴的对称区域为 R_2'. 不难看出开拓后的函数是 $R_1 \cup [0,x_1] \cup R_1'$ 到 $R_2 \cup [0,x_2] \cup R_2'$ 的共形映射.

由于 $f(z)$ 可沿着矩形区域的各边不断地解析开拓下去,我们推知 $f(z)$ 可开拓成复平面 $\mathbb{C}$ 到自身的共形映射,从而具有形式
$$f(z) = az+b.$$
由 $f(0)=0, f'(0)>0$,知 $f(z)=az\,(a>0)$. 由此我们推出
$$\frac{y_2}{x_2} = \frac{|f(y_1\mathrm{i})|}{|f(x_1\mathrm{i})|} = \frac{|ay_1\mathrm{i}|}{|ax_1\mathrm{i}|} = \frac{y_1}{x_1}.$$

证毕.

以上例子告诉我们矩形区域的边长的比可以认为是某种共形不变量.这个简单的事实在其他学科(如拟共形映射)有重要的应用.

习 题 八

1. 设 $f(z)$ 在区域 $D-\{z_0\}$ $(z_0\in D)$ 内解析,z_0 是 $f(z)$ 的一阶极点. Γ 是 D 内的 Jordan 曲线,其内部记为 D_1,$z_0\in D_1\subset D$. 假定 $f(z)$ 将 Γ 一一映成 Jordan 曲线 γ,且把 Γ 的正向映成 γ 的负向. 证明 $f(z)$ 必将 Γ 的内部单叶地映成 γ 的外部.

2. 设 $f(z)$ 在 Jordan 区域 D 内解析,在 $D\cup\partial D$ 上连续. 若存在一段弧 $\gamma\subset\partial D$ 使得 $f(z)=a,z\in\gamma$,证明在 D 内 $f\equiv a$.

3. 设 $f(z)$ 是一整函数,并且将实轴映为实轴,将虚轴映为虚轴,证明 $f(z)$ 是一奇函数.

4. 设 $D\neq\mathbb{C}$ 是一个单连通区域,$z_0\in D$. 现已知存在一个 D 到 $|z|<1$ 的满足 $f(z_0)=0$ 和 $f'(z_0)=1$ 的共形映射 $f(z)$. 试从 $f(z)$ 出发构造 D 到 $|z|<1$ 的满足 $g(z_0)=\dfrac{1}{2}$ 和 $g'(z_0)>0$ 的共形映射 $g(z)$.

5. 设 $D\neq\mathbb{C}$ 是一个单连通区域,$z_0\in D$,证明:存在唯一的正数 $r>0$,使得存在 D 到 $|z|<r$ 的满足 $f(z_0)=0$ 和 $f'(z_0)=1$ 的共形映射 $f(z)$.

6. 设 Γ_D 是 Jordan 曲线,其围成的区域为 D. 若 z_1,z_2,z_3 是 Γ_D 上三点,w_1,w_2,w_3 是单位圆周上三点,它们均按正向排列,证明:存在唯一的共形映射 $f(z):D\to|w|<1$,使得 $w_j=f(z_j),j=1,2,3$.

7. 设 λ 是过 $-1,1$ 的任意圆周,z_1,z_2 两点不在 λ 上,且 $z_1z_2=1$,证明 z_1,z_2 中有且仅有一点位于 λ 内部.

8. 设 $R_j=\{z\mid 1\leqslant|z|\leqslant r_j\}$ $(j=1,2)$ 是两个圆环,证明存在 R_1 到 R_2 的共形映射的充要条件是 $r_1=r_2$.

9. 设 $D\neq\mathbb{C}$ 是可求面积的单连通区域,$f(z)$ 是 D 到 $D(0,1)$ 的 Riemann 映射,证明 $\iint\limits_{D}|f'(z)|^2\mathrm{d}x\mathrm{d}y\leqslant\pi$.

10. 设单连通区域 $D\neq\mathbb{C}$ 满足:

(1) $0 \in D$；　　(2) 若 $z \in D$，则 $-z \in D$.

设 $f(z)$ 是 D 到 $D(0,1)$ 的 Riemann 映射,并且满足 $f(0)=0$,证明 $f(z)$ 是一奇函数.

11. 设 D 是 $\mathbb{C}$ 中的区域,∂D 由两个不相交的圆周组成,证明必存在分式线性变换将 D 映为圆环 $D(0,r,1) = \{z \mid r < |z| < 1\}$,其中 $r > 0$.

12. 求出以下区域 D 到上半平面的共形映射:

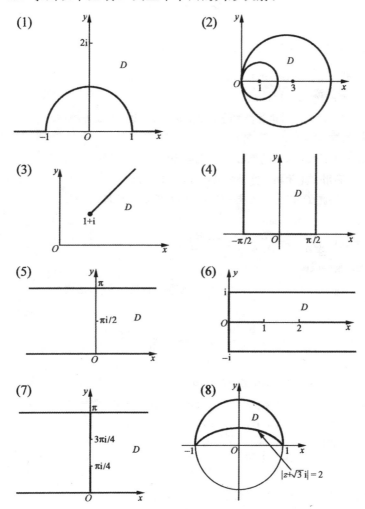

部分习题的参考解答或提示

第 一 章

1. $\cos\dfrac{n\pi}{2}+\mathrm{i}\sin\dfrac{n\pi}{2}$; $(\sqrt{2})^n\cos\dfrac{n\pi}{3}+\mathrm{i}\sin\dfrac{n\pi}{3}$; $2(\sqrt{2})^n\cos\dfrac{n\pi}{4}$.

2. $\sqrt[10]{2}\,\mathrm{e}^{\mathrm{i}\frac{7\pi+2k\pi}{40}}, k=0,1,2,3,4$.

3. $c^x[\cos(y\ln c)+\mathrm{i}\sin(y\ln c)]$.

4. 平行四边形对角线长度的平方和等于其四边长度的平方和.

5. 旋转(乘 $\mathrm{e}^{\mathrm{i}\theta}$)后可设 $z_1=1$.

8. (2) 直线是以 ∞ 为圆心，$+\infty$ 为半径的圆.

12. 利用 S 是闭集等价于 S 包含其所有极限点.

14. $\forall z_0 \in \Omega$，存在 Ω 中唯一的最大连通开集 O，使得 $z_0 \in O$.

18. 令 $z=\cos\theta+\mathrm{i}\sin\theta$.

23. $(1+\mathrm{i})\dfrac{\partial^2}{\partial z^2}+2\dfrac{\partial^2}{\partial z\partial\bar z}+(1-\mathrm{i})\dfrac{\partial^2}{\partial \bar z^2}$.

25. 直线或圆.

*27. 因 $f(\infty)=\infty$，需对因变量和自变量都作坐标变换，函数为 $\dfrac{1}{f\left(\dfrac{1}{w}\right)}=w\overline{w}$.

第 二 章

4. $f(\mathbb{C})$ 中无内点，因此 $f'(z)\equiv 0$.

6. (1) $a+c=0; v(x,y)=bx^2-by^2-2axy+\tilde c$，其中 $\tilde c$ 为任意常数.

9. 对任意开集 $\Omega, A(\Omega)=\iint_\Omega |f'(z)|^2 \mathrm{d}S$，因此 $|f'(z)|\equiv 1$.

*12. (3) 令 $u=(z-z_0)h(z)$，则 $z\mapsto u$ 局部是一一对应的，而 $w=u^n$ 局部是 n 对 1 的.

*13. 参看 §4 中定理 5 的证明.

18. e^z 在 $D(0,1)$ 上单叶，因此 D 的面积

$$A(D) = \int_0^1 \int_0^{2\pi} |e^z|^2 r d\theta dr = \int_0^1 \int_0^{2\pi} \left(\sum_{n=0}^{+\infty} \frac{r^n e^{in\theta}}{n!} \right) \left(\sum_{m=0}^{+\infty} \frac{r^m e^{-im\theta}}{m!} \right) r d\theta dr.$$

逐项积分可得.

19. $(1+i)^{(1+i)} = e^{(1+i)\ln(1+i)}$.

20. 由 $y>0$ 时,$v(x,y)>0$,而 $v(x,0)=0$,得 $\dfrac{\partial v(x,0)}{\partial y} \geqslant 0$,再利用 C-R 方程.

21. 利用 $z_1 - z_2 = (\sqrt{z_1} - \sqrt{z_2})(\sqrt{z_1} + \sqrt{z_2})$;$f_1 = -f_2$.

28. 利用复变量表示 $f(z)$ 的微分.

第 三 章

3. 证明局部有 $(z-z_0)$ 的幂级数展开.

8. 令 $c = \dfrac{1}{2\pi i} \int_{|z|=\varepsilon} f(z) dz$.

9. 利用 Morera 定理.

11. 利用幂级数收敛半径的公式.

15. 取 $\overline{D(z_0, r)} \subset \Omega$,对任意 n,$f^{(n)}(z)$ 在 $\overline{D(z_0, r)}$ 内仅有有限个零点.

18. 利用 $L = \int_0^{2\pi} f'(e^{i\theta}) d\theta$.

19. 利用 $A(D) = \iint_{D(0,1)} |f'(z)|^2 dx dy$.

20. (1) 在 $R \leqslant |z| \leqslant R'$ 上对 $\dfrac{f(z) - f(z_0)}{z}$ 应用 Cauchy 公式,再令 $R' \to \infty$.

22. 利用最大、最小模原理.

23. 在 $|z| \geqslant R$ 对 $\dfrac{f(z)}{z^n}$ 应用第 20 题中的(2).

24. 利用平均值不等式.

*25. 平方可积则函数有界.

27. ~**31.** 利用 Schwarz 引理.

32. 参考 §3.4 中的例 4.

33. 令 $p(z) = \sum_{k=0}^n \dfrac{f^{(k)}(0)}{k!} z^k$.

第 四 章

2. 对 $\cos\left(1 - \dfrac{1}{1+z}\right)$ 应用和角公式.

3. 逐项积分.

4. 此题是多元复函数中可去奇点的推广形式.

7. 考虑 $\dfrac{f(z)}{g(z)}$.

8. 如果 $f: D(0,0,1) \to D(0,r,R)$ 是同胚，考虑 $f(0)$ 可能的情况.

9. 设 z_0 是 $f^2(z)$ 和 $f^3(z)$ 的 n 和 m 阶零点，比较 n 与 m.

11. 利用 Weierstrass 定理证明如果 z_0 是 $f(z)$ 的本性奇点，则其是 $g[f(z)]$ 的本性奇点.

12. $f(z) - \dfrac{a}{1-z} = \sum\limits_{n=0}^{+\infty}(a_n - a)z^n$ 以 $z=1$ 为可去奇点.

15. 令 $M(r) = \max\limits_{|z|=r}|f(z)|$. 设 $f(z) = \sum\limits_{n=0}^{+\infty}a_n z^n$，$a > 0$ 给定，由 Cauchy 不等式得 $|a_n| \leqslant \dfrac{M(r)}{r^n} = \dfrac{M(r)}{r^a} \cdot \dfrac{1}{r^{n-a}}$，由于有无穷多个 a_n 不为零，则必须 $\lim\limits_{r \to +\infty} \dfrac{M(r)}{r^a} = +\infty$.

16. 比较单位圆盘上类似的定理.

*17. 不妨设 $f(z) = u + iv$ 将上半平面映为上半平面，则在 $\mathbb{R}$ 上 $f'(x) = \dfrac{\partial v(x,0)}{\partial x} \geqslant 0$，$f(x)$ 严格单调（因而是一一映射）. 如果 $z = \infty$ 是 $f(z)$ 的 $n(n>1)$ 阶极点，则对任意 $x \in \mathbb{R}$，$f(z) = x$ 有 n 个解. 但只有一个实数解，与假设矛盾. 同理，由 Picard 大定理，∞ 也不能是 $f(z)$ 的本性奇点.

18. 前者成立，后者不成立.

*24. 证明 $\left(\dfrac{1}{\sin z}\right)^2 - \sum\limits_{n=-\infty}^{+\infty} \dfrac{1}{(z-\pi n)^2}$ 在 $\mathbb{C}$ 上解析且有界.

26. (1) $z = e^{i\theta}z + c$，即 $\mathbb{C}$ 的平移和旋转.

(2) $w = \dfrac{az+c}{-cz+\bar{a}}$.

第 五 章

3. 注意 $z_k^4 = -a^4$.

4. $\mathrm{Res}(f, z_0) = 0$ 的充分必要条件是 $f(z)$ 沿任何围绕 z_0 的闭曲线的积分为零.

5. (1) 由留数定义并利用积分变换； (2) 证明 $\mathrm{Res}(f, 0) = 0$.

6. 5.

7. 将 $f(z) = a_n z^n + a_{n-1}z^{n-1} + \cdots + a_0$ 与 $a_n z^n$ 比较.

9. 利用有界区域 Rouché 定理的证明方法.

10. 利用 Rouché 定理及第 9 题.

11. 反证法. 若 f 不取 a，证明 $\dfrac{1}{f-a}$ 为常数.

13. $P_n(z)$ 在 $|z| \leqslant \rho$ 上一致收敛于 $\dfrac{1}{(1-z)^2}$.

14. $P_n(z)$ 在 $|z| \leqslant R$ 上一致收敛于 e^z.

第 六 章

1. 因 $\dfrac{\partial}{\partial \bar{z}}\left(\dfrac{\partial u}{\partial z}\right)=0$.
2. 可以. 如 $\ln|z|$ 在 $|z|=1$ 上.
3. 证明两个函数中必有一个关于 $\bar{z}$ 的偏导数为零.
10. 利用分式线性变换 $w_1=\dfrac{1-z}{1+z}$ 及 $w=w_1^2$ 的映射性质.
11. 利用 Poisson 公式表示 $u\left(\dfrac{1}{2}\right)$. 讨论 $\mathrm{Re}\,\dfrac{1+z}{1-z}$.
13. 利用调和函数平均值性质的证明方法.
15. 写出 $u_n(z)$ 和 $u_m(z)$ 的 Poisson 公式,再考虑 $u_n(z)-u_m(z)$.

第 七 章

1. 第一个级数的收敛圆盘为 $|z|<1$,第二个级数的收敛圆盘为 $|z+1|<\sqrt{2}$. 它们的和函数都是 $\dfrac{1}{1-az}$.
2. 求出和函数.
3. 两边的函数可在原点的邻域内展成幂级数并且它们具有相同的收敛半径.
4. 设极点为 ζ. 若在 z_0 收敛,证明 $\lim\limits_{z\to\zeta}(z-\zeta)\sum\limits_{n=0}^{+\infty}z^n$ 收敛.
5. 利用 $f(z)-\dfrac{a}{z-\zeta_0}\,(a=\mathrm{Res}(f,\zeta_0))$ 的幂级数的收敛圆盘半径大于 $f(z)$ 幂级数的收敛圆盘半径,再将 $\dfrac{a}{z-\zeta_0}$ 展成幂级数.
6. 取 $0<r<1$. 证明 $|f^{(k)}(re^{i\theta})|\leqslant f^{(k)}(r)$,对任意的 $\theta\in[0,2\pi)$ 及任意 $k\in\mathbf{N}$ 成立. 再假定 $z=1$ 是正则点,进而推出矛盾.
7. 反证法. 通过关于 γ 的对称延拓并由解析函数的唯一性定理推出矛盾.
9. 不能.

第 八 章

1. 利用 Rouché 定理.
2. 利用 Riemann 存在定理及边界对应定理转化成单位圆盘的情形.
4. 利用单位圆盘到自身的分式线性变换.
5. 利用满足 $g(z_0)=0, g'(z_0)>0$ 的 Riemann 映射,再考虑 $f(z)=\dfrac{g(z)}{g'(z_0)}$.
6. 利用三点对应确定的分式线性变换的唯一性.
7. 利用对称延拓.

符 号 说 明

符号	含义	页码
$\mathbb{C}$	复数域	1
$\mathbb{R}$	实数域	1
$\mathrm{Re}z$	复数 z 的实部	1
$\mathrm{Im}z$	复数 z 的虚部	1
$|z|$	复数的模	3
$\mathrm{Arg}z$	辐角	3
$\mathrm{arg}z$	主辐角	3
$\bar{z}$	共轭复数	5
$d(z,w)=|z-w|$	距离函数	7
$D(z_0,\varepsilon)$	以 z_0 为心的 ε-圆盘	11
$D_0(z_0,\varepsilon)$	以 z_0 为心的 ε-空心圆盘	11
S^0	集合 S 的内点集	12
$\bar{S}$	集合 S 的闭包	12
∂S	集合 S 的边界	12
$\mathrm{d}s=|\mathrm{d}z|$	弧长微元	15
$\frac{\partial}{\partial x}, \frac{\partial}{\partial y}$	关于 x,y 的偏导数	21
$\mathrm{d}f$	函数 f 的微分	22
$\frac{\partial}{\partial z}, \frac{\partial}{\partial \bar{z}}$	关于 $z,\bar{z}$ 的形式偏导数	22
T_p	p 点的切空间	23
$f^*: T_p \to T_{f(p)}$	切映射	23
$\overline{\mathbb{C}}=\mathbb{C}\cup\infty$	扩充复平面(Riemann 球面)	25
Δ	Laplace 算子	40
$A^2(\Omega)$	Ω 上平方可积函数的全体	106
(f,g)	函数 $f(z)$ 和 $g(z)$ 在 $A^2(\Omega)$ 中的内积	106

$\|f\|$	$\|f\|=\sqrt{(f,f)}$ 为 f 的长度	108
$A(\Omega)$	Ω 的全纯自同胚群	113
$D(z_0,r,R)$	以 z_0 为心,以 r,R 为半径的圆环	124
$m(\Omega)$	Ω 上亚纯函数域	136
$\mathrm{Res}(f,z)$	函数 f 在 z 点的留数	144

参 考 文 献

[1] Ablfors L V. Complex Analysis. 3rd ed. New York: McGraw-Hill, 1979.
[2] Conway J B. Functions of One Complex variable. 2nd ed. New York: Springer-Verlag, 1978.
[3] Lang S H W. Complex Analysis. 2nd ed. New York: Springer-Verlag, 1985.
[4] Palka B. An Introduction to Complex Function Theory. New York: Springer-Verlag, 1990.
[5] 庄圻泰,张南岳. 复变函数. 北京:北京大学出版社,1985.
[6] 方企勤. 复变函数教程. 北京:北京大学出版社,1996.
[7] 龚升. 简明复分析. 北京:北京大学出版社,1996.
[8] 许以超. 代数学引论. 上海:上海科学技术出版社,1965.
[9] 彭立中,谭小江. 数学分析(Ⅰ,Ⅱ,Ⅲ).高等教育出版社,2005.

名词索引

A

Abel 定理   50

B

闭集   11
闭包   12
闭区间套定理   13
边界,边界点   12
本性奇点   129

C

Cauchy 准则   10
Cauchy-Riemann 方程(C-R 方程)   37
Cauchy 定理   84
Cauchy 公式   87
Cauchy 不等式   101
超越整函数   103
Cousin 问题 1   139
Cousin 问题 2   139

D

单连通   18
连续   20
单叶解析函数   35
多值函数   57
单值解析分支   58
对数支点   61
代数支点   61
对称点   70
对称映射   70
代数学基本定理   99
Dirichlet 问题   171
单值性定理   180
对称原理   188

E

Euler 公式   4,56

F

复数域 $\mathbb{C}$ 2
模 $|z|$ 3
辐角 $\mathrm{Arg}\, z$ 3
反解析函数   48
分式线性变换   66
分式线性变换群   67
非欧几何   114
辐角原理   150
分歧覆盖定理   155

G

共轭运算 $z \mapsto \bar{z}$ 5
共轭复数 $\bar{z}$ 5
孤立点   13
光滑曲线,逐段光滑曲线   15
共形映射   35
共轭调和函数   40
Green 公式   83

H

弧长微元	15
Hurwitz 定理	193

J

距离函数 $d(z,w)$	7
紧集	14
极限点原理	14
Jordan 曲线(简单闭曲线)	18
紧致化	26
解析函数	32
Jacobi 行列式	45
交比	72
解析函数的唯一性定理	96
极点	129
极点的阶	132
解析开拓	181

K

开集	11
开覆盖	14
开复盖定理	14
扩充复平面	25
控制收敛原理	50
开映射	98
开映射定理	98
可去奇点	129

L

连通性	15
连通	17
Laplace 算子 Δ	40
路径积分	80
零点孤立性定理	96
Liouville 定理	102
Lauren 级数	123
Lauren 级数的正则部分	123
Lauren 级数的主部	123
留数	144
留数定理	145

M

幂级数	49
Möbius 群	67
Morera 定理	91
Mittag-Leffler 问题	137
正则点	177
奇异点	177
Montel 定理	196

N

内闭一致收敛	93
内闭一致有界	195
内闭等度连续	195

O

欧氏度量	114
欧氏几何	114

P

Picard 小定理	104
Picard 大定理	133
平均值定理	104
平均值不等式	105
平方可积函数	106
Poincarè 度量	114
平均值定理(调和函数)	168
Possion 公式	169
Possion 积分	171

Q

曲线连通	15
区域	15
切空间,切映射	23
全纯函数	32
全纯切面	47
全纯切映射	47

R

Riemann 球面	29
Riemann 曲面	60
儒可夫斯基函数	63
Rouché 定理	152
Riemann 存在定理	194

S

实部 $\text{Re}z$	1
实数域 $\mathbb{R}$	2
三角不等式	8
收敛半径	51
Schwarz 引理	111,113

T

调和函数	40

W

完备性	10
Weierstrass-Bolzano 定理	15
Weierstrass 定理	103,133
完全解析函数	176

X

虚根 i	1
虚部 $\text{Im}z$	1
形式导数 $\frac{\partial}{\partial z};\frac{\partial}{\partial \bar{z}}$	22

Y

ε-圆盘	11
ε-空心圆盘	11
一致连续定理	20
原函数	92
亚纯函数	135
亚纯函数域	136

Z

主辐角 $\arg z$	3
最大连通分支	18
最大(最小)模定理	20
最大模原理	98
整函数	103
最大、最小值原理(调和函数)	165
自然定义域	176
自然边界	176
正规族	195